Mineralernes verden

Ole Johnsen

后浪出版公司

世界矿物图鉴

[丹] 奥勒·约翰森 著　刘衔宇 译　陈全莉　殷杰 审校

浙江教育出版社·杭州

图书在版编目（CIP）数据

世界矿物图鉴 /（丹）奥勒·约翰森（Ole Johnsen）
著；刘衔宇译 . -- 杭州：浙江教育出版社，2025. 2.
ISBN 978-7-5722-8736-7

Ⅰ . P57-64

中国国家版本馆 CIP 数据核字第 2024K81K76 号

世界矿物图鉴
SHIJIE KUANGWU TUJIAN

[丹] 奥勒·约翰森 著

刘衔宇 译

陈全莉　　殷　杰 审校

选题策划：后浪出版公司　　　　　　　　　出版统筹：吴兴元
统筹编辑：费艳夏　　　　　　　　　　　　责任编辑：高露露
特约编辑：孟　培　　　　　　　　　　　　美术编辑：韩　波
责任校对：姚　璐　　　　　　　　　　　　责任印务：陈　沁
封面设计：墨白空间·曾艺豪　　　　　　　图文制作：文明娟
营销推广：ONEBOOK
出版发行：浙江教育出版社（杭州市环城北路 177 号　电话：0571-88909724）
印刷装订：河北中科印刷科技发展有限公司
开本：889mm×1194mm　1/32
印张：13.75
字数：330 千
版次：2025 年 2 月第 1 次印刷
印次：2025 年 2 月第 1 次印刷
标准书号：ISBN 978-7-5722-8736-7
定价：128.00 元

译者序

在翻译《世界矿物图鉴》的过程中，我再次深刻感受到了矿物学的博大精深与独特魅力，同时也深知肩负着将这一知识宝库精准呈现给中文读者的重任——矿物作为地球的宝贵财富，承载着地球数十亿年演变的历史信息，其形态、性质、成因等无不蕴含着丰富的科学内涵。《世界矿物图鉴》以其翔实的内容、精美的图片和系统的分类，为矿物爱好者、地质学家以及相关专业的师生提供了一本极具价值的参考资料。将这样一部优秀的矿物学著作翻译成中文，旨在丰富国内矿物图鉴领域的图书品类，让更多读者能够便捷地获取矿物知识，激发他们对矿物学的兴趣与探索欲望。

然而，翻译工作并非易事。矿物学是一门高度专业化的学科，涉及大量专业术语、复杂的化学成分与晶体结构描述，以及精细的矿物分类体系。在翻译时，我需要格外谨慎，确保术语的准确性、表述的严谨性以及知识的完整性。同时，书中丰富的矿物图片和详细的产地信息，也需要在翻译过程中与文字内容精准对应，以便读者更好地理解矿物的特征与分布。

矿物学专业术语的准确翻译是本书翻译中的核心工作之一。我利用矿物学的专业文献、教材和词典，对矿物名称、化学元素符号、晶体学名词等进行了系统梳理，建立了一个详尽的专业术语库。虽然在翻译过程中尽可能谨慎，但仍可能存在一些错误，也请读者在阅读过程中批评指正。对于一些较为生僻或新出现的矿物名称，我参照了国际矿物学协会（IMA）的最新命名规则和相关文献，结合矿物的化学成分、晶体结构特点等进行尽可能准确的翻译，并在书中加以注释，说明其命名依据和相关特性，以便读者更好地理解。

书中对矿物的化学成分、晶体结构、形成条件等的描述较为复杂，涉及大量的化学公式、晶体学参数和地质学概念。为了使这些内容更加通俗易懂，我在翻译时尽量采用简洁明了的语言进行表述，避免堆砌过度晦涩的术语。

书中大量画质清晰而精美的矿物图片是其一大特色，直观展示了矿物的形态、颜色和光泽等特征。在翻译过程中，我仔细对照每一张图片，以便使文字描述与图片内容精准对应。对于图片中的矿物标本，我会在文字中详细说明其产地、尺寸和特征，使读者在欣赏图片的同时，能够通过文字深入了解矿物的相关信息。例如，在介绍黄铁矿时，图片展示了其典型的立方体晶形，文字中则详细描述了黄铁矿的结晶习性、颜色、硬度等特征，以及它在不同产地的形态差异，让读者能够将图片与文字有机结合，全面认识黄铁矿这一矿物。

完成《世界矿物图鉴》的翻译工作，对我来说不仅是一次语言转换的实践，更是一个再度深入学习矿物学知识、拓宽视野的过程。

这部图鉴能给国内的矿物爱好者提供一本权威、翔实的参考资料，他们可以通过这本书深入了解多种矿物的特征，提升矿物鉴赏能力；对于地质学、矿物学等相关专业的学生和学者，这本书则是一本极具价值的参考书，有助于他们更好地掌握矿物学的基础知识；此外，对于广大科普爱好者，这本书亦是一本生动有趣的科普读物，能够激发他们对地球科学的兴趣、对自然世界的探索精神。

总之，《世界矿物图鉴》的翻译是一次充满挑战与收获的学术之旅。我深知翻译仍有不足之处，但我会继续努力，为推动矿物学知识的传播与普及贡献自己的力量。在翻译的过程中，我要特别感谢中国地质大学（武汉）珠宝学院陈全莉教授和殷杰教授给予的帮助和支持，同时也非常希望这本书能够成为读者了解矿物世界的一个窗口，引领大家走进矿物学的奇妙殿堂，探索地球深处的奥秘。

刘衔宇

2025 年 1 月于上海

前　言

该书是一本全面、系统介绍矿物的专业图鉴。写这本图文书既充满挑战又令人兴奋。书中对 500 余种矿物进行了详细描述，其中约 200 种较为常见，其他的相对少见。目前已知的矿物有 4 000 多种，有些显然必须收录，有些需舍弃，剩下的部分则必须仔细评估其是否需要被录入本图鉴。一开始我寻求客观的选择标准，但最终我做了个人选择。其他作者的选择无疑会不一样。世事本如此！

我写过关于矿物及其性质的文章，因为它们用肉眼或放大镜就能观察，仅列举几例就能说明矿物内部结构与其外部特征之间紧密的一致性。因此，本书并未涵盖晶体光学和 X 射线晶体学等被列入矿物学书籍的常规论题。毕竟，在野外或家中进行矿物收藏工作时，光学和 X 射线方法都不实用。

对于本书中所使用的矿物名称需要说一下。大部分矿物采用的是具体名称，但出于简单和实用的原因，少数矿物仅采用了"根名"：例如磷灰石，尽管在实际中这个术语包含了一些密切相关的矿物种类（氟磷灰石、羟磷灰石等），但这些矿物通常无法用肉眼区分。同理，像莱文森后缀［Levinson suffix，例如褐钇铌矿-（Y）中的-（Y）］这样的后缀则被省略，仅在特例中有所提及。

所有的矿物描述几乎都用绘图或彩色照片加以说明。这些照片尤其值得一提。在理想情况下，一张完美的矿物照片会展示其典型外观，突出其典型特征，并显示其矿物组合，同时还要表现出矿物的美学特质。实际上，对每一张照片的选择我都要做出妥协。我选择的是表现质量高于平均水平的矿物标本，可突出发育良好的晶体（crystal），更好地展示矿物的外部特征，尽管这意味着在某种程度上放弃了更典型的标本。

所有的拍摄标本（除 5 件来自私人收藏外）都属于丹麦哥本哈根大学地质博物馆的矿物藏品。

为节省空间，本书对矿物的描述在两种风格中切换，对众多性质进行描述时采用的是电报风格，对矿物产状部分则采用了更叙述性的语言形式。这里通常使用精确的专业术语，而没有用冗长的解释。所有专业术语都在本书末尾的矿物性质介绍部分或术语表中加以解释。这些术语也包含在索引中。在附表部分也提供了化学元素的名称和符号；不过，在矿物描述中仅采用了符号。电荷符号则仅在相关语境中使用。

如果没有我所在机构的大力支持，本书不可能完成。我要感谢哥本哈根大学地质博物馆，特别是我亲密的同事奥勒·V. 彼得森（Ole V. Petersen），感谢他在本书编写过程中的持续关注。我要特别感谢荣誉教授哈里·米克尔森（Harry Micheelsen），他对本书初稿进行了全面检查，并提出了很多极其有帮助的建设性意见。我还要感谢以下帮我核查了许多矿物产地的朋友，他们是挪威奥斯陆大学地质博物馆的贡纳尔·拉德（Gunnar Raade）、挪威矿业博物馆（位于孔斯贝格）的弗雷德·斯泰纳尔·努尔吕姆（Fred Steinar Nordrum）、瑞典自然历史博物馆（位于斯德哥尔摩）的达恩·霍尔特斯坦（Dan Holtstam），以及加拿大自然博物馆（位于渥太华）的罗伯特·A. 高尔特（Robert A. Gault）。无论从同事那里获得的宝贵意见如何，对本书中可能出现的疏漏，我自然是唯一的负责人。

奥勒·约翰森

2002 年 2 月

地名注释：

本书中的地名拼写沿用《泰晤士地图集》（The Times Atlas）。

目　录

前　言 5

第一部分　矿物学和结晶学 9

　什么是矿物？ 11

　　矿物名称 15

　结晶学 18

　　晶体几何学 19

　　等轴晶系 26

　　四方晶系 31

　　六方晶系 34

　　三方晶系 37

　　斜方晶系 41

　　单斜晶系 43

　　三斜晶系 45

　　晶体的形成与生长 46

　　晶体的化学性质 54

　　晶体的物理性质 60

　　晶体的光学性质 65

第二部分　矿物描述 75

　自然元素 77

　硫化物 93

　卤化物 129

　氧化物和氢氧化物 145

碳酸盐、硝酸盐和硼酸盐 183

硫酸盐、铬酸盐、钼酸盐和钨酸盐 209

磷酸盐、砷酸盐和钒酸盐 227

硅酸盐 249

　　岛状硅酸盐 253

　　双岛状硅酸盐 275

　　环状硅酸盐 287

　　链状硅酸盐 299

　　层状硅酸盐 331

　　架状硅酸盐 354

有机矿物 395

第三部分　附表 397

附表　常见矿物及其性质 397

　　表 1　金属或半金属光泽矿物（按硬度和密度排列） 398

　　表 2　非金属光泽矿物（按硬度和密度排列） 402

元素周期表 420

选定元素的元素符号和原子序数 421

术语表 422

索　引 427

第一部分

矿物学和结晶学

什么是矿物？

矿物（mineral）一词在不同语境下有不同含意。在地理书籍中，它指的是地球上丰富的矿产资源；在一些周刊杂志中，它代表的是健康食品中所富含的维生素与矿物质；而在一些广告中，它又特指矿泉水。在一个名为"动物、矿物，还是蔬菜？"（Animal, Mineral, or Vegetable?）的古老游戏中，人们首先会问某物体是否属于上述三种类别中的一类，从而认识到传统意义上对自然界的三分法（林奈将自然界分成植物界、动物界和矿物界），其中那些无机或无生命特征的物质被归为矿物类。那么，这些观点是如何统一的呢？或者更确切地说，矿物究竟为何物？对于这个问题，自然需要咨询专家——矿物学家。他们的回答如下：

> 一般来说，矿物是由地质作用形成的、通常呈结晶态的单质或化合物。[E. H. Nickel (1995), *Canadian Mineralogist* 33, p. 689]

这个定义简明扼要。首先，它告诉我们，矿物是由地质作用形成的，也就是说，其形成过程是通过自然手段，没有人为干扰的。根据定义，这样的过程发生在地球上，不过，太阳系其他天体上也具有地质活动。地质作用不会在实验室里发生，即便它能在实验室被人类模拟，那也只是表明它所产生的是一种合成物质而非天然矿物。譬如，在岩石中发现的金刚石是天然矿物，在实验室中制作出来的金刚石则不是，因而被叫作人造金刚石或另有其名。

定义中，对矿物的第二个描述是它通常呈结晶态，换言之，它应该由晶体组成。晶体是由晶面（crystal face，是晶体内部结构的外部表现）包围起来的固体，晶体内部的质子（原子、离子或分子）在三维空间周期性地重复排列，即晶格（crystal lattice，也称格子构造），所以晶体是具有格子构造的固体。晶面只有在特殊的生长条件下才能形成。因此，晶体材料有两个特点：（1）化学组成，即它的组成元素；（2）这些元素在晶格中的排列方式（包括晶格的尺寸和对称性）。由此看来，晶体材料是均一的（homogeneous）。从某种意义上说，晶体各个部分具有相同的物理性质和化学性质，而且不论其形成环境如何，同一晶体材料都具有这些性质。不管形成于何处，石英就是石英。

一些矿物，如玉髓（chalcedony），具有特殊的晶体结构，没有形成一般晶体所具有的晶面。还有一些矿物根本不是晶体，这要么是因为它们从未结晶，要么是因为它们的晶格因放射性衰变遭到破坏。不过，这些化合物仍可被视为矿物，因为它们具有地质成因，而且相对均一，具有确定的化学和物理性质。

大多数矿物是由两种或两种以上元素组

图 1 黄铁矿，产自秘鲁瓦努科省万萨拉（Huanzala）。黄铁矿是最常见的矿物之一，常形成发育良好的晶体。对象：60 mm × 87 mm。

成的化合物，只有少数由单一元素组成。几乎所有矿物都是无机物，但也有一些由碳氢化合物或类似的有机化合物组成。

矿物通常以组合的形式产出。它们在较大区域的产出表现为岩石，小区域的产出表现为矿脉（vein）、孔洞、薄层、结壳等。

地质学家通常把岩石分为"硬"岩和"软"岩。"硬"岩包括在地壳（crust）深部的地质过程中形成的火成岩（igneous rock）和变质岩（metamorphic rock）；而"软"岩指沉积岩（sedimentary rock），主要是地球表面岩石遭受侵蚀而形成的。大部分"硬"岩由一些主矿物和少量副矿物组成。一旦知晓了其中单个矿物的形成过程，就可以理解这些矿物组合所讲述的地质事件。

当矿物的形成条件（温度、压力、pH、成分浓度等）在一定范围内时，矿物就会结晶。如果这些条件中的一个或几个发生变化，那么矿物可能将不再稳定，就可能会转变为另一种矿物。矿物获得的能量用来打破现有的化学键，并重新组织或改变矿物的化学成分；如果有足够的能量和时间，矿物将在新的物理化学条件下，转变成另一种矿物。

然而，可用的能量并不总是足以显著改变一个矿物组合。因此，对于形成压力和温度对应地球表面 4 km 以下的矿物，倘若部分厚度约 1 km 的地壳发生侵蚀，导致矿物所处的物理化学条件完全改变，其仍可在近地表环境中继续存在数百万年。

在其他矿物组合中，条件的变化确实会导致一种矿物向另外一种矿物转变。典型的例子见于铜矿床中。黄铜矿等原生矿物在矿床上部不稳定，在富含氧的循环流体影响下会转变为孔雀石或蓝铜矿。

图 2　石英，产自奥地利蒂罗尔州。石英通常呈晶体产出。晶体是由晶面包围的固体，晶面是晶体内部格子构造的外在表现。当矿物具有这种内部秩序时，不管是否被晶面包围，它就是晶体。视场：16 mm×24 mm。

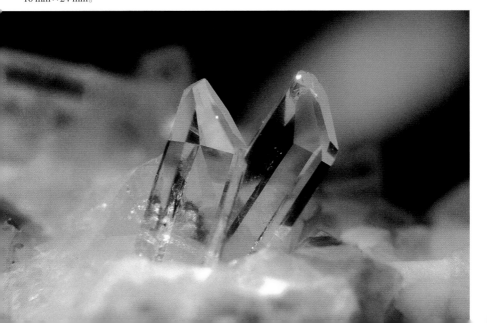

图3 位于方解石（白色）之上的自然硫（黄色），产自西班牙安达卢西亚自治区科尼尔（Conil）。当周围环境提供足够的空间时，自然硫晶体会形成发育良好的晶面。视场：29 mm×40 mm。

地球上已知的矿物有4 000多种。每一种矿物都有它自己的故事。每一种矿物都具有在特定地质条件下形成的特定化学成分和晶体结构。由于这种多元性，很多矿物都是相关联的，它们或者有相同的化学成分，或者有相同的晶体结构类型。例如，石英和方石英的化学式都是SiO_2，但它们的晶体结构类型不同；方解石（$CaCO_3$）和菱铁矿（$FeCO_3$）的晶体结构类型相同（通常都是三方晶系），但化学成分不同。其他一些矿物之所以独特，要么是

图4 玉髓，产自法罗群岛。玉髓不是传统意义上的晶体，而是由非常细小的纤维构成的。通常呈钟乳状。视场：102 mm×131 mm。

图 5 片麻岩（gneiss），产自格陵兰萨肯博格（Zackenberg）。片麻岩是一种由长石、石英和黑云母等暗色矿物组成的岩石。这些矿物呈层状排列，使岩石具有叶片状外观。片麻岩由其他岩石在高温高压下发生变质作用而形成。对象：107 mm×230 mm。

因为其元素组合不常见，要么是因为其晶体结构类型稀有，或是两者兼而有之。通常这类矿物的形成条件也较为独特。例如，硅铍锡钠石是一种非常特殊的含锡硅酸盐，仅产出于格陵兰伊利马萨克杂岩体（Ilímaussaq complex）中，尽管它的产量在此地相对来说较大。

图 6 菱长斑岩（rhomb porphyry），产自丹麦日德兰半岛布尔山（Bulbjerg）。菱长斑岩是一种火成岩，其细粒基质中含有菱形的长石颗粒。在岩浆房中，长石颗粒在岩浆（岩石的熔融物）被挤压到地壳上部至喷出地表之前形成，在那里剩余岩浆迅速结晶成细颗粒物。图中岩石来自挪威奥斯陆裂谷，其在第四纪冰期被冰川带到了丹麦。对象：73 mm×79 mm。

图 7 粗粒霞石正长岩（coarse-grained nepheline-syenite），产自格陵兰伊利马萨克杂岩体的康格卢阿尔苏克（Kangerluarsuk）。岩石主要由长石（白色）、霞石（灰白色）、钠铁闪石（黑色）、星叶石（黄棕色），以及一些看不见的稀有矿物组成。这些矿物由一种含特殊成分的岩浆形成，这种岩浆中 SiO_2 含量较低，而 Na、Ti、Zr 和一些稀有元素的含量很高。这种岩浆为许多稀有矿物的发育提供了适宜的条件。对象：170 mm×184 mm。

矿物名称

矿物和岩石的英文名称一般都以 ite 或者 lite 结尾，后者源于希腊语 *lithos*：石头。一些矿物名字非常古老，其来源往往模糊不清。其他的名字源于一些古老的采矿术语，特别是德语。例如，后缀 -spat 和 -blende 分别表示矿物有好的解理和不含贵金属。绝大多数矿物名称是在过去的两个世纪中被命名的。在过去几十年里，对新矿物的命名有了大幅提升；在当代基本每年约有 50 种新矿物被记录。近些年矿物记录大爆炸的原因，是有了更好的研究手段，使得证明更多矿物种属的存在成为可能。

图 8 蓝铜矿，产自美国亚利桑那州比斯比（Bisbee）。蓝铜矿是发现于铜矿床上部的含铜矿物，它由铜矿石（如黄铜矿）蚀变而形成。视场：19 mm×25 mm。

起初，矿物的命名通常根据矿物的典型性质。例如，斧石（axinite）这个名称源自希腊语中的斧头 axine，因为这种矿物的晶体形状很像斧子的头部；而星叶石（astrophyllite）的得名则结合了希腊语中的 astron（星星）和 phyllon（叶子），因为它有光泽，并具有明显的片理化。矿物还可以通过化学组成进行命名。例如铬铁矿，因其含有 Cr 元素。后来，随着这些命名的可能性逐渐耗尽，人们便根据矿物的地理位置来拟定矿物名称，既可以是某矿物的典型产地（例如，某矿物第一次被描述的地点），也可以是典型产地所在的景点、村庄或区域。例如，文石［aragonite，西班牙阿拉贡（Aragon）］、锰铝榴石［spessartine，德国施佩萨特（Spessart）］，以及锂电气石［elbaite，意大利厄尔巴岛（Elba）］。还有根

图9 斧石，产自俄罗斯乌拉尔山脉（Ural Mountains，简称 Urals）的普伊瓦（Puiva）。斧石这个名字源自希腊语"axine"，指矿物晶体的形状类似于斧头。对象：36 mm×57 mm。

图10 锰铝榴石，产自美国科罗拉多州纳斯罗普（Nathrop）。锰铝榴石以其最早研究地点（它最早被描述的地方）的名字命名，位于德国巴伐利亚州施佩萨特附近。视场：11 mm×17 mm。

图 11 钙十字沸石，产自澳大利亚塔斯马尼亚州加兹山（Gads Hill）。钙十字沸石以英国矿物学家威廉·菲利普斯（1775—1828）的名字命名。视场：64 mm×90 mm。

据人名来命名的，特别是化学家和矿物学家的名字。如钙十字沸石和紫脆石分别是根据英国矿物学家威廉·菲利普斯（William Phillips）和丹麦地质学家 N. V. 乌辛（N. V. Ussing）的名字命名的。

现代矿物命名所遵循的原则与过去的相同，但现在新矿物和它的拟用名称在发表前必须经过相关国际协会委员会的批准。

图 12 与金云母生长在一起的磷灰石，产自巴西米纳斯吉拉斯州阿尔德亚泽平托（Zé Pinto）。对象：66 mm × 78 mm。

结晶学

几乎所有矿物都是结晶质的。晶体是指其化学成分在特定三维空间内有序排列的固体。在理想条件下，晶体被晶面包围，但是大多数晶体的形成条件不足以使其发育出完好的晶面。即便如此，由于其内部结构是有序的，材料仍是结晶质的。

结晶态完全不同于气态和液态，后两者的化学成分呈无序分布。例如玻璃（通常被认为是固体）之类的物质是非晶质的。玻璃可看作在冷却过程中来不及结晶的超低温液体。这是一种不稳定相，会慢慢向晶体转变。玻璃等非晶材料是非晶质的（amorphous），它们没有晶形（crystal form）。

晶体材料和非晶材料有根本的区别。非晶材料的物理化学性质在各个方向是均一的，但晶体材料在不同方向上所测得的物理化学性质并不一致。这显而易见，例如光学性质、解理和硬度。这些在后面都会讲到。

结晶学是自然科学的一个分支，它研究有关晶体及其形状和对称性、内部结构，以及由它们的结构所决定的物理化学性质等问题。所以，它是矿物学的基础部分。下面将对一些基本的结晶学要素进行概述。真正的晶体通常是不完美的，但是为了解释现象，我们一般以理想晶体作为模型来考虑。

晶体几何学

晶体几何学（crystal geometry）或者晶体形态学（crystal morphology）是研究晶体及其对称性、面和形状，以及用于描述晶体的术语的学科。

我们说某事物对称时，往往是说它在一定程度上具有规律性或一致性，但无须考虑它的对称类型。不过，最常见的是两边对称，例如人体。在**结晶学**中，我们必须拓宽并具体化对称的定义。我们可以从以下对称要素分类开始：

（1）关于一个面对称：对称面（plane of symmetry）；

（2）关于一个点对称：对称中心（centre of symmetry）；

（3）关于一个轴对称：对称轴（axis of symmetry）；

（4）旋转反伸对称：倒反轴（inversion axis）。

对对称要素的操作，即反映、旋转等，被称为对称操作（symmetry operation）。

对称面

对称面可将一个晶体分成两半，其中一半是另外一半的镜像。一个晶体可以被许多面分成两半，但只有将晶体分成两个互为镜像的面才是对称面。晶体可以有一个或几个对称面，也可能没有对称面。对称面又称镜面（mirror plane），在接下来要介绍的 32 种晶类（crystal class）中用符号 *m* 表示。

对称中心

晶体的对称中心是一个点，晶体中的面可以通过它"反伸"到与之截然相反的对应（倒反）面上。在一个具有对称中心并发育完

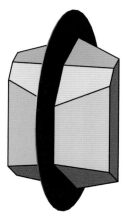

图 13 对称面将晶体分成彼此互为镜像的两部分。

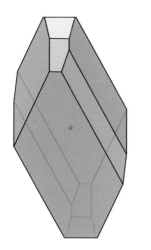

图 14 对称中心（或倒反点）使每个面产生一个完全相反且位置颠倒的对应面。

好的晶体上，每一个晶面都有与之截然相反且平行的对应面。一些晶形没有对称中心，例如四面体（tetrahedron）。对称中心又称倒反点（point of inversion）。

对称轴

　　对称轴是贯穿晶体的一条直线或轴，晶体可围绕着它旋转，在旋转一周过程中可使相同部分重复。围绕一个对称轴，如果旋转 360° 相同部分可以重复 6 次，即每 60° 重复 1 次，这个轴就是六次轴（sixfold axis）。如果两相邻晶体相同部分之间的夹角（基转角）为 90°，那么就是四次轴（fourfold axis）；如果基转角是 120°，是三次轴（threefold axis）；如果基转角为 180°，则是二次轴（twofold axis）。在旋转 360° 的过程中，如果只重复 1 次，则可称之为一次轴（onefold axis）。事实上每个晶体都有无数个一次轴，但这个概念依然是有意义的，下面将给大家讲述。对称轴符号是旋转一整圈后晶体相同部分重复的次数，例如 6。一个晶体可以有若干个对称轴。如果它有一个六次轴和若干个二次轴，则六次轴被

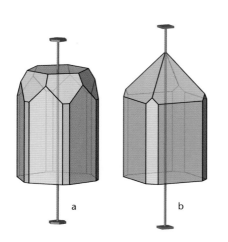

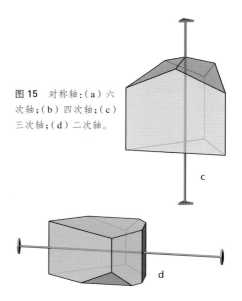

图 15 对称轴：(a) 六次轴；(b) 四次轴；(c) 三次轴；(d) 二次轴。

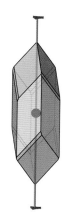

图 16 通过三次倒反轴使一个面重复的对称操作为旋转 120°，再按倒反点进行倒反。

旋转 360° 记作 $\bar{1}$，相当于具有一个对称中心；旋转 180° 记作 $\bar{2}$，相当于具有一个对称面；旋转 120° 记作 $\bar{3}$，相当于一个三次轴和一个对称中心的组合；旋转 60° 记作 $\bar{6}$，相当于一个三次轴和一个与之垂直的对称面的组合。旋转 90° 记作 $\bar{4}$，这是一个独立的对称要素，只有通过特定的面组合才能完成对称操作。

称作主轴（principal axis），在晶类符号中放在前面（见第 22 页）。其他对称轴，例如五次轴，是不可能存在的。

倒反轴

倒反轴（也称旋转反伸轴）是一种对称要素，可以解释为先后进行旋转（不超过360°）操作和通过一个假想的对称中心或倒反点进行反伸操作的组合。倒反轴有如下几种：

对称要素组合

对称要素可以有不同的组合方式：几个对称面组合，几个对称轴组合，以及对称轴和对称轴组合，等等。然而，由于对称要素互相影响，组合的可能性是有限的。图 18 展示了四方晶系（tetragonal system）晶体的例子。假设 a 轴是 1 个二次轴，由于有 1 个四次轴垂直于纸面以及 a 轴和 b 轴，那么 b 轴也必然是 1 个二次轴。另外，在同一平面内，这个二次轴

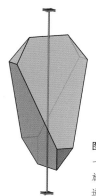

图 17 通过四次倒反轴使一个面重复的对称操作为旋转 90°，再按一个假想点进行倒反。

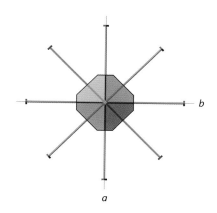

图 18 对称元素互相影响：例如，假如 1 个二次轴垂直于 1 个四次轴，那么另外 3 个二次轴也与这个四次轴垂直。

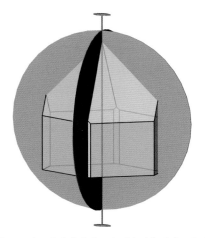

图 19 当一个晶体有且只有两个对称面时，这两个对称面必定互相垂直，并且它们的交线自动形成一个二次轴。

将每 45° 出现一次。因此，一共有 4 个二次轴垂直于这个四次轴。

同样，在 1 个对称面和 1 个对称轴的组合中也能证明对称要素相互依存。除非对称轴垂直于对称面，否则将不可避免地产生新的对称要素。只有两个对称面的晶体能进一步证实对称要素相互依存：它们必须相互垂直，因此此其交叉处将自动产生 1 个二次轴（图 19）。

总体上，对称要素组合的可能性有 32 种。它们被称为晶类或点群（point group），并被分为七个晶系（crystal system，图 20）。

晶　胞

由于存在着多种晶面和晶面组合，我们需要建立一个描述晶体外观的准则。我们以晶胞（unit cell）为出发点来阐述这种原则。

晶胞就像是一个盒子，可根据其化学组成和形状（例如尺寸和对称性）来定义矿物。因此，晶胞实际上是晶体中最小的单位，可以设想晶体是大量晶胞在三维空间中无间隙的堆积。堆积形式可以有很多种，因此导致不同的晶形，这些晶体的对称性和晶胞的相同，并且由晶胞尺寸可推导出面角。

图 21 显示了自然硫的晶胞。它的大小是 $10 Å × 13 Å × 25 Å$（埃，$1 Å = 10^{-10}$ m），相邻棱之间的夹角都是 90°。自然硫的对称性为斜方晶系（orthorhombic system，又称正交晶系）

晶系	32 种晶类
等轴晶系	$4/m\bar{3}2/m$、$2/m\bar{3}$、$\bar{4}3m$、432、23
六方晶系	$6/m2/m2/m$、$6mm$、$6/m$、6、622、$\bar{6}m2$、$\bar{6}$
三方晶系	$\bar{3}2/m$、$3m$、32、$\bar{3}$、3
四方晶系	$4/m2/m2/m$、$4/m$、4、$\bar{4}2m$、$4mm$、422、$\bar{4}$
斜方晶系	$2/m2/m2/m$、$mm2$、222
单斜晶系	$2/m$、m、2
三斜晶系	$\bar{1}$、1

图 20 对称元素总共有 32 种可能的组合，它们被称为晶类或点群。这些符号的含义如下：$4/m$（读作"4/m"），1 个四次轴和垂直于它的对称面的组合；$6mm$（读作"6mm"），1 个六次轴和 2 对称面的组合，即总共 6 个对称面。当不含斜线（/）时，表示对称轴不是垂直于对称面，而是包含在对称面中。32（读作"32"）表示 1 个三次轴和垂直于它的 1 组二次轴的组合，即 3 个二次轴。对称轴上方的横线表示该轴为倒反轴；例如，$\bar{3}$。符号顺序很重要：例如，$3m$ 晶类属三方晶系，以 1 个三次轴为主轴；而 $m3$ 晶类属等轴晶系，m 在 3 之前，指的是下文（见第 26 页）中所描述的"轴面"。

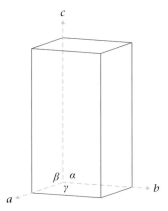

图 21 晶胞的尺寸用三组晶棱的长度和三组晶棱之间的夹角表示。这里所示的是斜方晶胞，三组晶棱的长度不同且彼此成直角。

对称，包括 1 个对称中心、3 个相互垂直的对称面，以及 3 个位于平面交叉处的二次对称轴。晶胞的 3 个棱表示一个坐标系统，据此可明确定义晶胞的 6 个参数：棱长（也称轴长）a、b 和 c，棱之间的夹角 α、β 和 γ。在自然硫的晶胞中，这些参数分别是 10 Å、13 Å 和 25 Å，$\alpha = \beta = \gamma = 90°$。

a、b 和 c 所代表的三个方向同时也指示了结晶轴（crystallographic axis），它和晶体的 3 个二次对称轴方向一致。

三轴坐标系可以用来表示全部 7 个晶系。截距和轴角根据晶系的不同而有所变化，适用于以下关系：

三斜晶系： $a \neq b \neq c$，$\alpha \neq \beta \neq \gamma \neq 90°$。

单斜晶系： $a \neq b \neq c$，$\alpha = \gamma = 90°$，$\beta \neq 90°$。

斜方晶系： $a \neq b \neq c$，$\alpha = \beta = \gamma = 90°$。

四方晶系： $a = b \neq c$，$\alpha = \beta = \gamma = 90°$。

等轴晶系： $a = b = c$，$\alpha = \beta = \gamma = 90°$。

三方晶系： $a = b = c$，$\alpha = \beta = \gamma \neq 90°$。

六方晶系： $a = b \neq c$，$\alpha = \beta = 90°$，$\gamma = 120°$。

六方晶系（hexagonal system）和三方晶系（trigonal system）也适用于四轴坐标系，因为它能更好地体现这两个晶系的对称关系。

晶　面

图 22 表示大量晶胞堆积形成一个由格点组成的三维点阵，每一个格点都是 8 个晶胞角顶的会聚处。点阵代表晶体的内部结构：晶胞的尺寸、距离和夹角是必不可少的点阵元素。以格点为界的平面称为晶格面（lattice plane），它们代表可能的晶面。只有晶格面才可发育成晶面，这就解释了一个重要事实，即对于一种特定的矿物，晶面有特定的方向，相应地，晶面之间也有特定的角度。

图 23 在二维情况下说明了这个原理：对于一个给定的面网，如果这些直线与格点相交，则直线只有特定的方向。如果在三维情况下一个平面与格点相交，平面也同样将受到

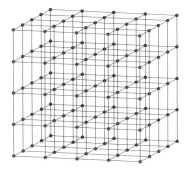

图 22 晶胞堆积，它们的角顶形成晶格。包含格点的平面是可能的晶面。

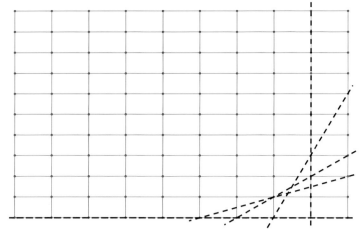

限制。

与密度最大的面网相交的平面通常发育成最突出的晶面。

晶面名称

晶体表面用特定的符号来标记。这些符号称为米勒指数（Miller indices），由用圆括号括起来的三个数字（指数）组成，例如（100）、（110）或（321）。第一个数字表示 a 轴，第二个数字表示 b 轴，第三个数字表示 c 轴。当指数值未知时，就简单写作（hkl）。

这种晶面命名方法基于这样一个几何规则：不同晶面在晶轴上的截距以简单的比率相互关联。这是晶体结构规律性造成的结果，只在某些方向上才有可能形成晶面。

为了具体说明晶面指数，选择一个与三轴相交的平面作为参考平面。指定该平面为单位平面，以它在三个轴上的截距为单位，为其他面做索引。原理如图 24 所示，可能的面被

绘制在点阵上。将平面 $A_1B_1C_1$ 选为参考平面，它在 a 轴、b 轴和 c 轴上的截距分别是参考单位 a、b 和 c。

现在，其他每一个晶面都可以通过将它在三个轴上的截距与单位平面的截距联系起来描述。做法如下：

在 a 轴上的截距 $= a/h$，
在 b 轴上的截距 $= b/k$，
在 c 轴上的截距 $= c/l$，

其中，a、b 和 c 是单位平面的截距，h、k 和 l 是简单的整数或 0。单位平面的符号是（111），因为它的截距正好是 a、b 和 c。代入方程中，这些截距得到的值为 $1/h$、$1/k$ 和 $1/l$。现在，平面 $A_1B_2C_2$（图 24）的指数有：

$$A_1 - O = a = a/h,$$
$$B_2 - O = 2b = b/k,$$
$$C_2 - O = 2c = c/l,$$

图 24 晶格和两个可能的晶面。绿色平面 ($A_1B_1C_1$) 被选作单位平面，因此其指数为（111）。蓝色平面 ($A_1B_2C_2$) 的指数则为（211）。详细解释见正文。

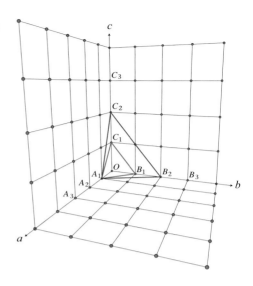

其中，*hkl* 分别为 1、1/2、1/2。不过，我们处理比率时，可以通过乘以分母系数来消除分数，得到符号（211）。读作晶面 211，通常在书写时不加逗号。

其他晶面的指数也如此推导。例如，$A_1B_3C_3$：（331）和 $A_2B_1C_1$：（122）。包含 A_1 和 B_2 且与 *c* 轴平行的平面具有 $a = a/h$、$2b = b/k$、∞（无穷大）$= c/l$，指数为 1、1/2、0，在消除分数后表示为（210）。

只与 *a* 轴相交、与其他两个晶轴平行的面表示为（100），用同样的方法，我们可得到（010）和（001）。轴负端上的截距在相应指数的上方用负号做标记：例如（1$\bar{1}$0）。

指数通常尽可能写得精确；当数值已知时，就把它们括起来，例如（320）。如果不知道具体值，前面例子中的指数也可以简单写为（*hk*0）。在一些晶形中，尽管已知它们之间的相互关系，但可能不知道确切值。例如，某晶面被写为（*hhl*），表示 *h* = *k*。

六方晶系和三方晶系的晶体通常用另一种方法标记，这会在介绍六方晶系时描述。

晶　形

形（form）在结晶学中具有特殊意义。晶形是与对称要素有相同关系的晶面的集合。

如上所述，晶面由一组指数（*hkl*）定义，这些指数描述的是晶面相对于结晶轴的方向。例如，基于斜方晶系的对称元素，斜方晶系晶体的锥面（111）将重复 7 次。这 8 个与对称要素关系相同的晶面构成了一个晶形；在这个例子中是斜方双锥（orthorhombic bipyramid）。单个晶面符号用小括号括起来，晶形符号（简称形号）则用大括号（花括号）括起来：{111}。

方括号 [001] 的含义有所不同。它们用于指示晶体的方向：在本例中是 *c* 轴的方向。

晶形可以是开形（open form）或闭形（closed form）。立方体（cube）{100} 是封闭空间，可以单独存在；而斜方柱 {*hk*0} 是开形，必须与其他晶形结合才能形成封闭的空间。

许多晶形以晶面的数量命名，或以在晶体上单一出现的晶面的形状命名。例如，菱形十二面体（rhombic dodecahedron）是具有 12 个相同菱形面的晶形（*dodeca* 在希腊语中的意思是"十二"；*hedron* 在希腊语中的意思是"面")。

当晶形相对于晶体的对称要素是特殊方向时，晶形为特殊形（special form）。晶面可以与一组对称面平行，也可以垂直于对称轴。当晶面相对于对称要素为一般、非特殊或"倾斜"方向时，晶形为一般形（general form）。在一个晶类中，一般形具有最多的可能晶面数。

等轴晶系

等轴晶系［isometric system，又称立方晶系（cubic system），本书统一使用等轴晶系一词］，包括 5 个晶类，其特征是都拥有 4 个三次对称轴，不过其他对称元素各不相同（图 20）。六八面体晶类（hexoctahedral class），$4/m\overline{3}2/m$，具有最高的立方对称性，因此可能是所有晶类中对称性最高的一类。一般来说，晶系中对称性最高的晶类被称为全面象晶类（holohedral class），所以 $4/m\overline{3}2/m$ 是立方全面象晶类。我们将重点讨论这一晶类，简单介绍另外两个晶类：$\overline{4}3m$ 和 $2/m\overline{3}$（可简化为 m3）。

六八面体晶类，$4/m\overline{3}2/m$

图 25 说明了六八面体晶类诸多的对称要素：3 个四次对称轴，4 个三次倒反轴，以及 6 个二次轴。如立方体上所见，四次轴穿过两个相对面的中心并彼此垂直，三次轴从一个角顶贯穿到对角的角顶；二次轴穿过相对棱的中点。它共有 9 个对称面，其中 3 个与立方体面平行并且互相垂直（"轴面"），6 个平面各包含一对对棱（"对角面"）。最后，这一晶类有 1 个对称中心。如上所述，1 个三次轴

与 1 个对称中心结合在一起相当于 1 个三次倒反轴。因此，这一晶类完整的对称型符号是 $4/m\overline{3}2/m$。

为了表示单个晶形，必须选择一组晶轴。对于等轴晶系，3 个四次轴是一个明显的选择。这 3 个轴长度相等，因此 $a = b = c$。

晶形：

立方体，$\{100\}$。晶面与对称要素呈特殊关系，垂直于 1 个四次轴，故平行于其他 2 个四次轴。晶面符号是（100）或（$\overline{1}00$）（晶面截晶轴于负端）。尽管这一晶类有许多对称元素，但晶面（100）仅重复 5 次：（010）、（$0\overline{1}0$）、（001）、（$00\overline{1}$）和（$\overline{1}00$）。这 6 个面共同构成了众所周知的立方体，也叫作六面体（hexahedron，6 个面），其形号为 $\{100\}$。对于所有的立方晶体，其立方体都是闭形。

图 25 晶类 $4/m\overline{3}2/m$：立方体 $\{100\}$，（a）包含而（b）不包含对称要素的信息。没有显示对称中心。

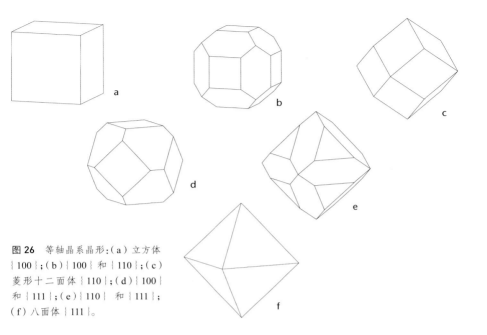

图 26 等轴晶系晶形:(a)立方体 {100};(b){100}和{110};(c)菱形十二面体{110};(d){100}和{111};(e){110}和{111};(f)八面体{111}。

八面体(octahedron),{111}。晶面垂直于三次轴,在三个轴上的截距相等。当晶面截晶轴于正端时,晶面符号为(111)。根据对称要素,面将重复7次,共同构成一个八面体(8个面){111}。

菱形十二面体,{110}。晶面垂直于二次轴,与两个晶轴的截距相等,并与第三个轴平行,晶面符号为(110)。它重复11次,得到菱形十二面体(12个面){110}。

如果立方体、八面体和菱形十二面体这三种晶形单独出现在晶体上,晶面将分别为正方形、等边三角形和菱形。图26显示了不同的晶面大小和形状组合。这些组合清楚地表明,不能依靠轮廓来识别晶面,而应通过其相对于对称要素的方向来识别。立方体的晶面垂直于四次对称轴,八面体的晶面垂直于三次对称轴,菱形十二面体的晶面垂直于二次对称轴。

立方体、八面体和菱形十二面体均是特殊形,因为它们相对于对称要素具有特定的方向。其他特殊形还有:

四六面体(tetrahexahedron),{hk0},其晶面平行于1个四次对称轴,并且在其他两个四次轴上的截距不相等。晶形有24个面,其符号为{210}、{310},或根据在两个轴上的截距比确定。

三角三八面体(trisoctahedron),{hhl},也是24个面。特殊形号{hhl}表示h=k且h>l。晶体符号可以是{221}或{331}。

四角三八面体(icositetrahedron),{hkk},

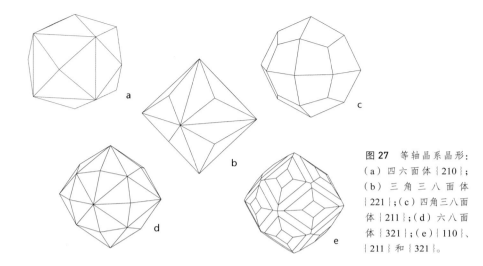

図 27　等轴晶系晶形：（a）四六面体 {210}；（b）三角三八面体 {221}；（c）四角三八面体 {211}；（d）六八面体 {321}；（e）{110}、{211} 和 {321}。

也是 24 个面。在本例中，符号表示 $h > k = l$。四角三八面体的符号可以是 {211}。四角三八面体也称为偏方面体（trapezohedron）。

六八面体（hexoctahedron），{hkl}。与特殊形相比，这是一种一般形，其晶面相对于对称要素没有特定方向。因此，面被最大限度地

图 28　钙铝榴石，{110}，产自罗马尼亚 Ocna de Fier。视场：27 mm × 45 mm。

重复，有 48 个面。它在三个轴上的截距长度不同，因此形号为 $\{hkl\}$，例如 $\{321\}$。其一般形用作该类的名称。

自然金、自然银、自然铜等金属属于该类。其他著名的例子还有金刚石、石盐、萤石、方铅矿、磁铁矿和石榴子石。

六四面体晶类，$\bar{4}3m$

与全面象晶类相比，六四面体晶类（hextetrahedral class）已经丢失了一些对称元素。它没有 3 个对称面（轴面），也没有 6 个二次轴；四次轴也降为四次倒反轴 $\bar{4}$。这些对称元素的缺失对 $\{100\}$ 和 $\{110\}$ 没有影响，它们仍然是立方体和菱形十二面体，但 $\{111\}$ 在这一类中是四面体（4 个面）。四面体相对于轴有两个可能的方向，正向 $\{111\}$ 和负向 $\{1\bar{1}1\}$。三四面体（tristetrahedron）$\{hkk\}$ 是另一种特殊形，例如 $\{211\}$。该类的一般形是由 24 个面组成的六四面体（hextetrahedron，

图 29 磁铁矿，$\{111\}$、$\{311\}$ 和小晶面 $\{110\}$，产自格陵兰加德纳杂岩体（Gardiner complex）。视场：44 mm × 75 mm。

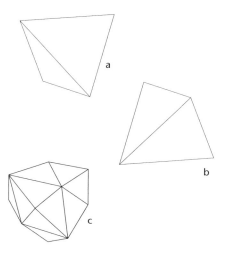

图 30 晶类 $\bar{4}3m$：（a）正四面体 $\{111\}$；（b）负四面体 $\{1\bar{1}1\}$；（c）六四面体 $\{321\}$。

图31　黝铜矿，以｛211｝为主，产自德国莱茵兰－普法尔茨州霍尔豪森（Horhausen）。视场：58 mm×87 mm。

6×4），晶形符号为｛hkl｝或｛h$\bar{k}$l｝。闪锌矿和黝铜矿是这一类中广为人知的矿物实例，后者还以晶形命名。

偏方复十二面体晶类，$2/m\bar{3}$

在偏方复十二面体晶类（didodecahedral class）中，6个对角对称面和6个二次轴不存在，3个四次轴降为二次轴。轴面对称面和三次倒反轴仍然存在。这个晶类中也有立方体｛100｝、八面体｛111｝和菱形十二面体｛110｝。｛hk0｝在全面象晶类中是四六面体，在该类中却是五角十二面体（pentagonal dodecahedron，也作pyritohedron，12个五边形面），例如｛210｝；该单形是以黄铁矿的名称

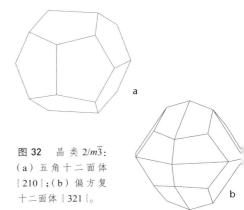

图32　晶类$2/m\bar{3}$：（a）五角十二面体｛210｝；（b）偏方复十二面体｛321｝。

"pyrite"来命名的。它的一般形 $\{hkl\}$ 是偏方复十二面体（didodecahedron，也作 diploid，2×12）。

黄铁矿是这一晶类中最著名的例子。这一类晶体的特征是它们显示出比它们实际拥有的更高的对称性。因此，立方体看似是全对称的，拥有所有可能的立方体对称要素，但实际上等轴晶系的 5 个晶类都有立方体。仅凭立方体形态不能把一个晶体划分到一个特定的立方体类别中。为此，必须展现这个晶体的一般形，或者其特殊形的聚形，以明确地表明晶类。

黄铁矿通常呈立方体形态。立方体表面的条纹显示其并不是全对称的晶形（图33）。条纹显示它缺少四次轴。它的晶纹是由两种晶形 $\{100\}$ 和 $\{hk0\}$ 交替生长而形成的。

四方晶系

四方晶系包括 7 个晶类。所有晶类都以唯一的四次轴作为主轴。该轴可以单独存在，也可以与对称中心、对称面和二次轴组合。在这里我们主要介绍全面象晶类，$4/m2/m2/m$，并简单提及 $4/m$ 和 $\overline{4}2m$。

复四方双锥晶类，$4/m2/m2/m$

复四方双锥晶类（ditetragonal bipyramidal class）的对称要素有：（1）1 个四次轴，且是主轴，垂直于一个对称面；（2）4 个位于对称面内的二次轴，两两相互垂直，两对之间成 45° 角；（3）4 个对称面，每个都包括主轴和一个二次轴；（4）1 个对称中心（图34）。完整

图33 黄铁矿，$\{210\}$，产自秘鲁瓦努科省万萨拉。晶面条纹是由 $\{210\}$ 和 $\{100\}$ 两种晶形交替生长而形成。对象：31 mm×48 mm。

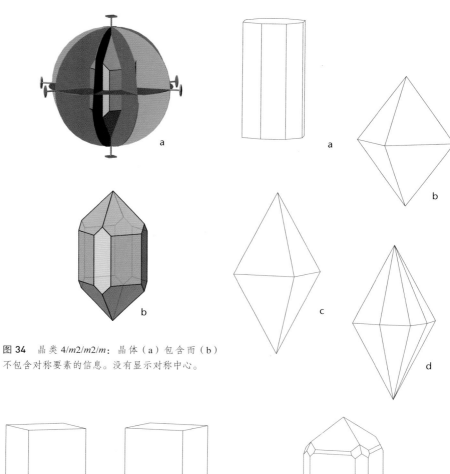

图 34 晶类 4/*m*2/*m*2/*m*：晶体（a）包含而（b）不包含对称要素的信息。没有显示对称中心。

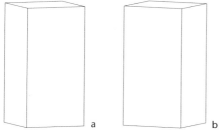

图 35 四方晶系晶形：（a）第一四方柱 {110} 和平行双面 {001}；（b）第二四方柱 {100} 和平行双面 {001}。

图 36 四方晶系晶形：（a）复四方柱 {210} 和平行双面 {001}；（b）第一四方双锥 {*hhl*}；（c）第二四方双锥 {*h0l*}；（d）复四方双锥 {*hkl*}；（e）锆石，{100}、{110}、{101}、{301} 和 {211}。

的对称型符号是 4/m2/m2/m。晶轴是一个直角坐标系。主轴是 c 轴，一对二次轴分别是 a 轴和 b 轴。从四次轴的存在可得出 a 轴和 b 轴等长：a = b ≠ c。因为有两组二次轴，所以有两个等效的定向。方向一旦选定就不再改变。垂直轴总是作为主轴。

晶形：

平行双面（pinacoid），{001}。晶面垂直于四次轴并重复一次，所形成的晶形仅有（001）和（00$\bar{1}$）两个面。

四方柱（tetragonal prism），{110} 或 {100}。晶面平行于四次轴，垂直二次轴并重复，形成四面棱柱，横切面为正方形。因为有两个可能的晶体方向，四方柱可能是 {110}，在两个水平轴上的截距相等；也可能是 {100}，晶面垂直于水平轴。{110} 被叫作第一四方柱，{100} 被叫作第二四方柱。这

图 37 锡石，产自中国四川雪宝顶。对象：53 mm × 76 mm。

图 38 钼铅矿，产自美国亚利桑那州皮纳尔县马默斯－泰格矿区圣安东尼矿（St. Anthony Mine）。视场：10 mm × 18 mm。

两种四方柱能同时存在于同一个晶体中。

复四方柱（ditetragonal prism），$\{hk0\}$。晶面平行于四次对称轴，并且在水平轴上的截距不同，重复 7 次形成复四方柱。这种晶形有 8 个面：$2 \times 4 = 8$。

四方双锥（tetragonal bipyramid），$\{hhl\}$ 或 $\{h0l\}$。晶面同时切割主轴和水平轴，垂直于竖向对称面并重复，形成上下两部分锥体并组合，最终形成四方双锥。这个晶形有 8 个面，和四方柱一样，它可以用两个方向表示，第一四方双锥 $\{hhl\}$ 或第二四方双锥 $\{h0l\}$。

复四方双锥（ditetragonal bipyramid），$\{hkl\}$。晶面按照一定方向重复，形成具有 16（$2 \times 4 \times 2$）个面的复四方双锥。锡石、金红石、锆石和鱼眼石等矿物就属于此类。

四方双锥晶类，$4/m$

四方双锥晶类（tetragonal bipyramidal class）没有二次轴，也没有垂直对称面。它的四次轴垂直于唯一的对称面，并且它还有 1 个对称中心。这一晶类中也含有特殊的全面象晶形，但 $\{hk0\}$ 除外。由于二次轴和垂直对称面的缺失，$\{hk0\}$ 被降为四方柱，也导致了仅有 8 个面的一般形四方双锥 $\{hkl\}$ 的形成。钼铅矿、方柱石和白钨矿都属于这个晶类。

四方偏三角面体晶类，$\overline{4}2m$

在四方偏三角面体晶类（tetragonal scalenohedral class）中，主轴减为 1 个四次倒反轴，没有水平对称面，并且仅有 1 组二次轴和 1 组垂直对称面。全面象晶类的开形、第二四方双锥也存在于这个晶类中。不过，相应的第一晶形有四个面，四方四面体（tetragonal sphenoid）$\{hhl\}$。这个晶形清楚地证实了四次倒反轴的存在。这个晶类的一般形是四方偏三角面体（teragonal scalenohedron）$\{hkl\}$。黄铜矿就属于此类。

六方晶系

六方晶系包括 7 个晶类，都以六次轴作为主轴。由于六次对称和三次对称关系紧密，六方晶系和三方晶系有时合并成一个晶系。

复六方双锥晶类，$6/m2/m2/m$

六方晶系的复六方双锥晶类（dihexagonal bipyramidal class）属于全面象晶类，有以下几个对称要素：（1）1 个六次对称轴，并且垂直于水平对称面；（2）6 个与六次轴相交的垂直对称面；（3）二次轴垂直于每一个垂直对称

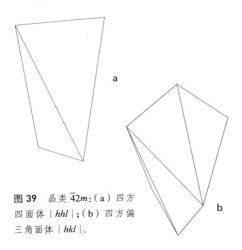

图 39 晶类 $\overline{4}2m$：（a）四方四面体 $\{hhl\}$；（b）四方偏三角面体 $\{hkl\}$。

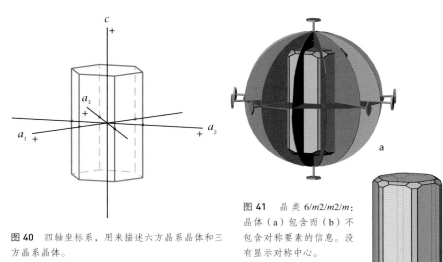

图 40 四轴坐标系，用来描述六方晶系晶体和三方晶系晶体。

图 41 晶类 6/m2/m2/m：晶体（a）包含而（b）不包含对称要素的信息。没有显示对称中心。

面，因此 6 个二次轴也被认为是 2 组三次轴，相邻对称轴间的夹角为 30°；（4）1 个对称中心。这些对称要素用符号 6/m2/m2/m 表示。

三方晶系和六方晶系最适合用四轴坐标系来描述，如图 40 所示。两个晶系都有一个主轴和两组二次轴中的一组，使三个水平轴的长度相等，其正端如图所示。这些轴被标记为 $a_1 = a_2 = a_3 \neq c$。由于另一组二次轴同样好用，两种定向方法均有效。采用 4 个参考轴而不是 3 个，需要一个额外的晶面指数。设 i 为第 4 个指数，完整的指数为（hkil），其中 h 对应 a_1 轴，k 对应 a_2 轴，i 对应 a_3 轴，l 对应 c 轴。注意，a_3 轴的负端指向观察者。它们的几何关系表明 $h + k + i = 0$。

晶形：

平行双面，{0001}。晶面垂直于主轴，并重复一次，得到开形，具有两个面：（0001）

和（000$\bar{1}$）。

六方柱（hexagonal prism），{10$\bar{1}$0} 或 {11$\bar{2}$0}。晶面平行于主轴且垂直于一组垂直对称面，组成具有 6 个面的棱柱。对轴的选

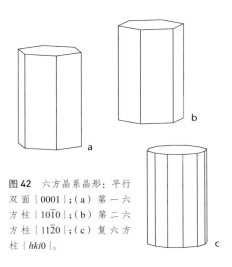

图 42 六方晶系晶形：平行双面 {0001}；（a）第一六方柱 {10$\bar{1}$0}；（b）第二六方柱 {11$\bar{2}$0}；（c）复六方柱 {hki0}。

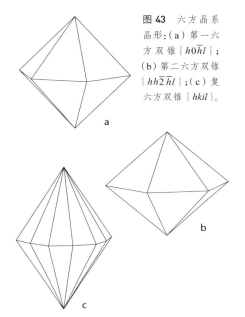

图 **43** 六方晶系晶形：(a) 第一六方双锥 $\{h0\bar{h}l\}$；(b) 第二六方双锥 $\{hh\bar{2}\bar{h}l\}$；(c) 复六方双锥 $\{hkil\}$。

择涉及两种可能性：第一六方柱 $\{10\bar{1}0\}$ 和第二六方柱 $\{11\bar{2}0\}$。例如，六方柱 $\{10\bar{1}0\}$ 包括以下晶面：$(10\bar{1}0)$、$(1\bar{1}00)$、$(0\bar{1}10)$、$(\bar{1}010)$、$(\bar{1}100)$ 和 $(01\bar{1}0)$。

复六方柱（dihexagonal prism），$\{hki0\}$。晶面平行于主轴，而不垂直对称面，重复 11 次，得到具有 12 个面的棱柱，即复六方柱 $\{hki0\}$。形号 $\{21\bar{3}0\}$。

六方双锥（hexagonal bipyramid），$\{h0\bar{h}l\}$ 或 $\{hh\bar{2}\bar{h}l\}$。晶面与主轴相交，垂直于垂直对称面并重复，形成具有 12 个面的六方双锥：上下各形成一个单锥且上下两部分对应。有两种可能的定向。指数中包含已知关系。因此，如果某第二六方双锥有 $h = k$，那么 $i = \bar{2}\bar{h}$。

图 **44** 海蓝宝石（aquamarine，绿柱石变种），产自巴基斯坦罕萨山谷讷格尔（Nagar）。视场：104 mm × 156 mm。

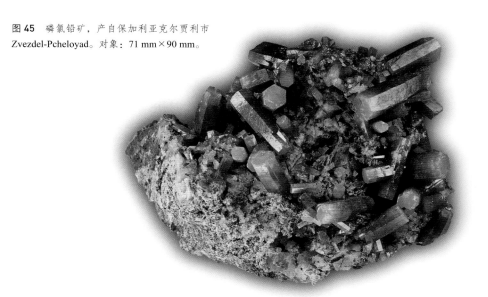

图45 磷氯铅矿，产自保加利亚克尔贾利市 Zvezdel-Pcheloyad。对象：71 mm×90 mm。

复六方双锥（dihexagonal bipyramid），{*hkil*}。晶面对于对称要素而言方向一般并重复，所形成的复六方双锥有 24 个面：2×6×2=24。绿柱石属于该晶类。

六方双锥晶类，6/*m*

与全面象晶类相比，六方双锥晶类（hexagonal bipyramidal class）缺少二次轴和垂直对称面。保留下来的是主轴、垂直于主轴的对称面，以及对称中心。该晶类的一般形 {*hkil*} 是具有 12 个面的六方双锥。磷灰石和磷氯铅矿属于此类。

六方单锥晶类，6

六方单锥晶类（hexagonal pyramidal class）

只有一个对称要素——1 个六次对称轴，甚至连对称中心都没有。这个轴是极轴，也就是说，轴的正端和负端是独立对称的。该晶类的一般形 {*hkil*} 是一个六方单锥（hexagonal pyramid），只有 6 个面。霞石属于此类。

三方晶系

三方晶系包括 5 个晶类，主轴是三次轴。如上所述，三方晶系和六方晶系的晶形都是用 4 个参考轴（图40）来描述对称关系的。

复三方偏三角面体晶类，$\overline{3}$2/*m*

我们可能以为全面象晶类——晶系中具有最高对称性的晶类——也包括一个主轴以及与之垂直的对称面，但事实并非如此。原

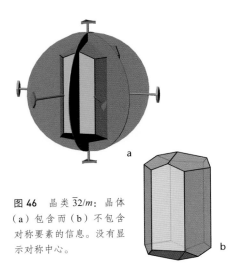

图 46 晶类 $\overline{3}2/m$：晶体（a）包含而（b）不包含对称要素的信息。没有显示对称中心。

因是 1 个垂直于对称面的三次轴相当于 1 个六次倒反轴，而这样的组合属于六方晶系。复三方偏三角面体晶类（ditrigonal scalenohedral class）的对称要素有：与 1 个三次轴相交的 3 个对称面、与对称面垂直的 3 个二次轴，以及

1 个对称中心。三次轴和对称中心相结合形成 1 个三次倒反轴，对称型符号是 $\overline{3}2/m$。

晶形：

平行双面 $\{0001\}$、第一六方柱 $\{10\overline{1}0\}$ 和第二六方柱 $\{11\overline{2}0\}$、复六方柱 $\{hki0\}$ 以及六方双锥 $\{hh\overline{2}\,\overline{h}l\}$ 是全面象三方晶系和六方晶系的常见晶形。这突出了这两个晶系之间的密切关系。

菱面体（rhombohedron），$\{h0\overline{h}l\}$。在六方晶系中，晶面（h0\overline{h}l）组成了一个双锥。在复三方偏三角面体晶类中，只有一组垂直对称面，（h0\overline{h}l）形成了一个新晶形，由 6 个菱形面组成的菱面体。它的形成可看作是立方体沿着三次轴被压缩［钝菱面体（obtuse rhombo-hedron）］或拉伸［尖菱面体（acute rhombohe-dron）］。菱面体可以有两种定向方法：一种是正的，一种是负的（图 47）。两个菱面体可以一起出现，并且当发育程度一致时，看上去就

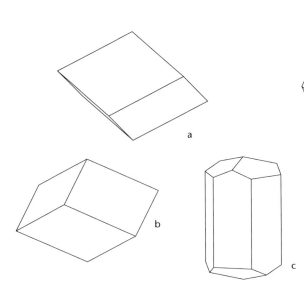

图 47 三方晶系晶形：（a）正菱面体 $\{10\overline{1}1\}$；（b）负菱面体 $\{01\overline{1}1\}$；（c）六方柱 $\{10\overline{1}0\}$ 和菱面体 $\{01\overline{1}2\}$；（d）复三方偏三角面体 $\{hkil\}$。

图 48　方解石，产自
英国德比郡。对象：
16 mm×17 mm。

像是六方双锥。

　　复 三 方 偏 三 角 面 体（ditrigonal scaleno-
hedron），｛hkil｝。一般形由 12 个不等边三角形
面组成。方解石属于此类。

复三方单锥晶类，**3m**

　　复 三 方 单 锥 晶 类（ditrigonal pyramidal
class）无二次轴和对称中心，三次倒反轴也相
应地降为普通的三次轴。晶形｛0001｝是单
面（pedion），只有一个面；｛10$\bar{1}$0｝是三方柱
（trigonal prism）；｛hki0｝是复三方柱（ditrigo-
nal prism）。它的一般形是复三方单锥（ditrigo-
nal pyramid）｛hkil｝。该形和晶形｛0001｝清
楚地表明主轴是极性的，即轴两端的对称性不
同，这也可以从晶体的压电性和热电性得到证
明。电气石属于此类。

三方偏方面体晶类，**32**

　　三方偏方面体晶类（trigonal trapezohedral
class）没有对称面，只有 1 个三次轴和 3 个二
次轴。二次轴是极性的，所以该类晶体也表现
出压电性和热电性。它的一般形是三方偏方面
体（trigonal trapezohedron），有 6 个面，每个
面都是不规则的四边形。对于每一个偏方面

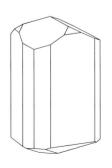

图 49　电气石：
｛01$\bar{1}$0｝、｛11$\bar{2}$0｝、
｛10$\bar{1}$1｝、｛02$\bar{2}$1｝、
｛01$\bar{1}$1｝和｛10$\bar{1}$2｝。

结晶学　39

图 50　电气石，产自巴基斯坦斯塔克娜拉（Stak Nala）。视场：4 258 mm。

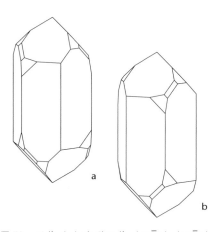

图 52　石英：（a）左形石英，$\{10\bar{1}0\}$、$\{10\bar{1}1\}$、$\{01\bar{1}1\}$、$\{2\bar{1}\bar{1}1\}$ 和偏方面体 $\{6\bar{1}51\}$；（b）右形石英，$\{10\bar{1}0\}$、$\{10\bar{1}1\}$、$\{01\bar{1}1\}$、$\{11\bar{2}1\}$ 和偏方面体 $\{51\bar{6}1\}$。

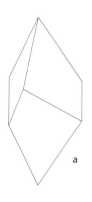

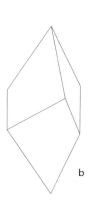

图 51　两个三方偏方面体 $\{hkil\}$，彼此互为镜像。

图 53　石英，产自巴西。视场：40 mm × 50 mm。

体，都存在另一个偏方面体，它们互为镜像，就像右手和左手一样。石英是这一类中最著名的例子，它以右形或左形出现。

三方菱面体晶类，$\bar{3}$

在三方菱面体晶类（trigonal rhombohedral class，简称菱面体晶类）中，每一个与主轴相交的面都会生成一个菱面体，因此菱面体是该类的一般形。绿铜矿属于这一类。

斜方晶系

斜方柱的横切面为菱形，该晶系由此得名斜方晶系。这个晶系的晶体通常被简单称为菱方的（rhombic），这是不恰当的，因为它们可能会与三方菱面体混淆。斜方晶系的前缀*ortho*（在希腊语中意思是"直的"）强调对称面和二次轴之间的特征角为90°。斜方晶系包括3个晶类。

斜方双锥晶类，$2/m2/m2/m$

斜方双锥晶类（orthorhombic bipyramidal class）是一种具有3个相互垂直的对称面的全面象类。因此，还有3个相互垂直的二次轴和1个对称中心。每个二次轴都位于2个对称面的相交处，并垂直于第三个对称面。完整的对称型符号为$2/m2/m2/m$。二次轴被选作参考轴，并且a轴、b轴和c轴不等长。斜方晶系没有高次轴，因此晶体有3种同样有效的定向方法。

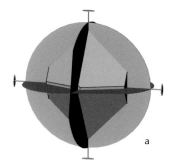

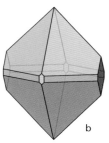

图54 晶类 $2/m2/m2/m$：晶体（a）包含而（b）不包含对称要素的信息。没有显示对称中心。

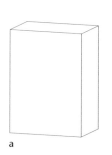

图55 斜方晶系晶形：（a）平行双面 $\{100\}$、$\{010\}$ 和 $\{001\}$；（b）带 $\{001\}$ 的斜方柱 $\{hk0\}$；（c）带 $\{001\}$ 的斜方双锥 $\{hkl\}$。

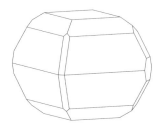

图 56 　自然硫：{001}、{010}、{101}、{011}、
{111} 和 {113}。

晶形：

平行双面 {100}、{010} 或 {001}。晶面平行于对称面，且重复一次。例如，{100} 包括（100）和（$\bar{1}$00）。

斜方柱 {hk0}、{h0l} 和 {0kl}。晶面平行于一个轴，与另外两个轴相交，且重复 3 次，得到一个四面棱柱，其横切面是菱形。斜方柱与哪根轴平行无关紧要。

图 57 　重晶石，产自意大利撒丁岛。视场：60 mm×74 mm。

图 58 　黄玉，产自美国犹他州托马斯山脉（Thomas Range）。图中晶体为沿二次轴的观察视角。对象：10 mm×14 mm。

斜方双锥 {*hkl*}。晶面与 3 个轴都相交并重复 7 次,形成斜方双锥,即该晶类的一般形。许多矿物属于这一类,例如自然硫、重晶石、橄榄石和黄玉。

斜方单锥晶类,*mm*2

斜方单锥晶类(orthorhombic pyramidal class)的晶体只存在 2 个对称面,它们(必要时)相互垂直,因此在它们的交叉处有 1 个二次对称轴。这个轴是一个极轴,在晶体定向时总是作为垂直轴(*c*)。在特殊形中,{100} 和 {010} 为平行双面,但 {001} 是单面。这种晶形垂直于极轴,只有 1 个面(001);另一个面(00$\bar{1}$)是一个独立单面。斜方柱 {*hk*0} 存在,但 {*h0l*} 和 {0*kl*} 降为坡面(dome),都只有 2 个面。一般形 {*hkl*} 是单锥,有 4 个面,为开形。异极矿和钠沸石属于这一类。

图 59 异极矿:{100}、{010}、{001}、{110}、{301}、{031} 和 {12$\bar{1}$}。

斜方四面体晶类,222

斜方四面体晶类(orthorhombic sphenoidal class)存在 3 个二次轴,但不存在对称面。这导致该晶类的一般形有 4 个面,斜方四面体

图 60 斜方四面体 {*hkl*}。

{*hkl*},可看作扭曲的四面体。这一晶类的晶体要么是左形,要么是右形。泻利盐属于这一类。

单斜晶系

单斜晶系(monoclinic system)包括 3 个晶类,它们均有一个倾斜的 *a* 轴(在希腊语中,*mono* 意为"一",*clino* 意为"倾斜")。相比斜方晶系具有 3 个相互垂直的晶轴,在单斜晶系中,*a* ≠ *b* ≠ *c*,α = γ = 90°,且 *a* 轴和 *c* 轴之间的夹角 β ≠ 90°。

单斜柱晶类,2/*m*

单斜柱晶类(monoclinic prismatic class,对应于斜方柱晶类)是全面象晶类,有 1 个对称面,并垂直于二次轴;还有 1 个对称中心。该类的对称型符号为 2/*m*。在定向时,单斜晶类晶体通常以二次轴为 *b* 轴,*a* 轴和 *c* 轴则位于对称面内。以晶面之间的突出棱作为 *a* 轴和 *c* 轴的方向,这样通常能得到最简单的指数。

晶形:

平行双面 {010},平行于对称面;{100}、

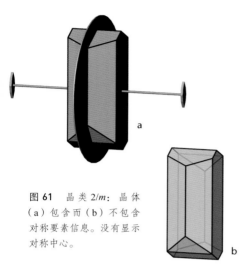

图 61 晶类 2/m：晶体（a）包含而（b）不包含对称要素信息。没有显示对称中心。

图 64 正长石，产自挪威阿伦达尔（Arendal）。视场：50 mm×61 mm。

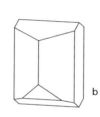

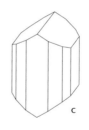

图 62 单斜晶系晶形：（a）{001}、{101}和斜方柱{110}；（b）正长石，{010}、{001}、{110}、{10$\bar{1}$}和{20$\bar{1}$}；（c）角闪石，{100}、{010}、{110}、{120}和{021}。

图 63 绿帘石，产自奥地利下苏尔茨巴赫谷（Untersulzbachtal）。对象：28 mm×72 mm。

44　世界矿物图鉴

〔001〕和其他〔h0l〕的单形平行于二次轴，它们都由两个面组成。

斜方柱〔hkl〕。晶面相对于二次对称轴和对称面为普通方向，重复3次形成四面棱柱。这种晶形的一般形也可以平行于 a 轴或 c 轴。石膏、绿帘石、一些长石，以及大多数辉石、角闪石和云母都属于这一类。

单斜坡面晶类，*m*

单斜坡面晶类（monoclinic domatic class，对应于反映双面晶类）没有二次轴。一般形〔hkl〕是坡面，由一个面和它的"镜像"组成。钙沸石属于这一类。

轴双面晶类，2

在轴双面晶类（monoclinic sphenoidal class）中，二次对称轴是唯一的对称要素。这是一个极轴，也就是说，这一类晶体有左形和右形之分。一般形〔hkl〕是楔状。轴双面只有两个面，相对于其他这类单形来说是开形。

三斜晶系

三斜晶系（triclinic system）有2个晶类，1个全面象类和1个半面象类，并且代表了最低程度的对称。三斜指的是三个轴都是倾斜的，即轴角 ≠ 90°，且 a 轴、b 轴和 c 轴的长度不同。三斜晶系的晶体定向是任意的。以3个突出的晶棱作为基准轴方向将得到最简单的指数。

三斜全面象晶类，$\bar{1}$

三斜全面象晶类（triclinic holohedral class）以一个对称中心为特征。对称中心也可以看作是一次倒反轴，这解释了晶类符号，$\bar{1}$。这一类没有特殊形，每一个面都通过对称中心，以与之完全相反的对应面的方式重复，形成一个平行双面，一般形为〔hkl〕。斧石、蓝晶石和斜长石（plagioclase）属于这一类。三斜半面象类，1，根本没有对称要素，甚至没有对称中心。对称型符号1表示每一个面旋转360°之后才被"重复"，即旋转一周重复的次数为1。因此，每个单形〔hkl〕都仅由一个面组成。

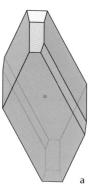
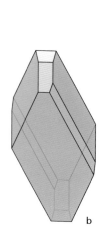

图 65 晶类 $\bar{1}$：晶体（a）包含而（b）不包含对称要素的信息，即对称中心。

图66 斧石，产自法国多菲内地区瓦桑堡（Bourg d'Oisans）。视场：18 mm×27 mm。

晶体的形成与生长

晶体从含水溶液或岩浆（岩石熔体）等流体相中形成，也可直接从气相中形成。在这两种相态下，物质是无序的，但是当压力、温度或浓度等条件发生改变时，规则的结晶态就可能出现。

石盐晶体是在水溶液中形成的。海水等溶液可以携带一定量的 Na^+ 和 Cl^-，但这个数量受许多条件限制。通过进一步向溶液中提供离子、从溶液中蒸发水分或降低温度，溶液可达到饱和。不论发生哪种情况，NaCl 都会从溶液中结晶析出，并通过离子形成规则的三维结构来释放一些能量。在结晶过程开始之前，溶液会过饱和一段时间，因为离子

需要晶核来提供结晶中心。结晶时形成大晶体还是小晶体取决于几个因素。粗略地说，快速结晶有利于形成小晶体，缓慢结晶则有利于形成较大的晶体。从本质上讲，空间的可用性决定了单个晶体所显示的外在完美程度。

从水溶液中形成晶体不仅能发生在诸如浅海或盐湖这样的近地表环境中，也能发生在热液中，即富含离子的热水溶液在相对较高的压力下通过源自地壳深处的裂缝和孔洞向上移动。许多美丽的水晶就是这样形成的。

晶体也可以从熔体中形成，这些熔体可以是化学成分相同的简单熔体，如水冰混合物；也可以是更复杂的熔体，例如形成火山岩（volcanic rock）的岩浆。在岩浆凝固过程中，存在许多不同类型的离子，几种矿物的结晶成

了一个复杂的过程，这里我们不再深入讨论。

晶体的形成也可能受到压力和温度变化的影响。已形成的矿物在新的条件下可能变得不稳定从而并转变成其他矿物。在这种固相向固相的转变过程中，例如某些变质岩中，再结晶作用主要通过离子的扩散进行，部分发生在晶界处，部分通过晶格内部进行。

最后，晶体可以直接从气态结晶，这个过程称为凝华（deposition）。这在火山地区很普遍，那里的自然硫等矿物的晶体就是以这种方式形成的。

晶　面

在大多数晶体中，一些面网比其他面网更为发育。之所以发生这种情况，是因为晶体的生长和晶体的许多其他特征一样，根据晶格中的方向而发生变化。如上所述，一个晶体是一个三维点阵，阵点决定了一系列的点阵平面，那是唯一可能的晶面。

在晶体生长过程中，生长最快的晶面会自行消失，而生长最慢的晶面会变得突出。与在开始阶段就存在生长困难的晶面中心相比，晶体更容易在晶棱和角顶处生长。然而，也有在晶面中心快速生长的情况。这是由螺旋生长（spiral growth）现象导致的。在该现象中，晶格中的位错使晶面中心形成边缘，质点沿此边缘沉积。

图 67　锰铝榴石，产自美国内华达州怀特派恩县（White Pine Co.）。热液中的晶体生长在岩石的裂隙和孔洞中的可能性很大。视场：18 mm×27 mm。

图68 与绿帘石共生的"绿石棉"（byssolite），产自奥地利下苏尔茨巴赫谷的克纳彭旺（Knappenwand）。"绿石棉"是俗称，指纤维状的阳起石或透闪石。视场：40 mm×45 mm。

图69 针钠钙石，产自美国新泽西州。针钠钙石通常呈针状或纤维状集合体。对象：53 mm×62 mm。

图 70 葡萄石，产自纳米比亚布兰德山（Brandberg）。葡萄石主要呈葡萄状集合体，表面粗糙。视场：56 mm×84 mm。

理想的晶体是罕见的。晶格缺陷、晶格空位或外来离子很常见，就像化学不均一性（分带）影响颜色变化一样。

图 71 晶格中结点密度与面网间距关系的二维图。保守一点说，晶格结点密度越大，晶格面就越可能发育成晶面。

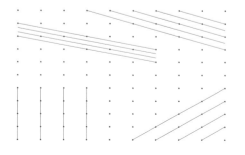

结晶习性和集合体

对晶体外部形状的完整描述提供了它所显示的晶形类型的组合陈述（记住术语"形"在结晶学中有明确的含义），以及这些晶形各自的发育方式：无论晶体是长是短，是纤维状、针状、棱柱状、板状还是等轴状（在所有方向上尺寸相同）……这些特征结合起来，就表现为晶体的习性（habit）。诸如长棱柱状（long prismatic）等晶体的成对特征，或类似八面体等普遍存在的晶形的简单术语，通常都用来表示晶体的习性。

集合体（aggregate）是指晶体的组合体。如果晶体大体上是等轴的，它可以被描述为粒状集合体，并且根据晶体大小，可分为细粒、中粒和粗粒。集合体也可以呈叶片状、鳞

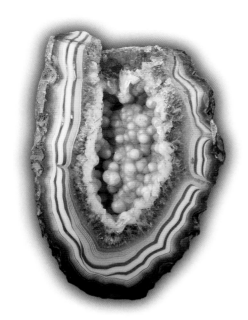

片状、毛发状、纤维状、放射状、柱状或线状。根据聚合时的晶体特征，还可以使用其他术语来描述。有些矿物集合体呈致密状、块状、带状、钟乳状、葡萄状、肾状、皮壳状或被膜状。其他有土状、小球体状（鲕状），或像稍大些的豌豆样的球体状（豆状）。还有的集合体呈苔藓状（树突状）或像树枝一样（树枝状）。

实际上，结晶习性与集合体外形的区别往往有些模糊。

图 72 玛瑙（agate），产自德国普法尔茨地区茨韦布吕肯（Zweibrücken）。玛瑙是一种带状的玉髓变种，具有不同的颜色互层，通常呈同心圆的形式。对象：69 mm×95 mm。

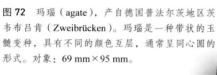

图 73 绿帘石，产自奥地利下苏尔茨巴赫谷的克纳彭旺。晶体呈长棱柱状，沿 b 轴近似平行生长。对象：30 mm×125 mm。

图 74 透闪石，产自挪威克拉格勒（Kragerø）。如图所示，透闪石可以发育成石棉（asbestos），即超细纤维。视场：29 mm×49 mm。

平行连生

平行连生（parallel growth）是同一矿物的若干单晶体平行地连生在一起，常见于集合体中。它也见于较孤立的晶簇中，如紫水晶晶簇。当两种结构密切相关的矿物的晶体一起生长且晶向一致时，会产生一种特殊的平行连生，这种现象被称为面衍生（epitaxy，旧称为外延）。从蓝晶石-十字石共生组合可知，它们的 c 轴平行，且蓝晶石的（100）面和十字石的（010）面构成了界面。它也体现在普通角闪石-普通辉石共生组合中，普通角闪石附生在普通辉石上。

图 75 紫水晶（amethyst，石英变种），一种权杖状的水晶，产自挪威西福尔郡霍尔默斯特兰哈内克列夫隧道（Hanekleivtunnelen）。这种特殊的生长方式在紫水晶中最为常见。对象：23 mm×45 mm。

图76 萤石，产自美国田纳西州迦太基埃尔姆伍德矿（Elmwood Mine）。一个显示晶体溶液与结晶方向有关的典型案例。沿三次轴的截面在一定程度上阻碍了溶液的流动过程。对象：87 mm×95 mm。

假　象

　　一种矿物可以转变为另一种矿物，而晶体的外形没有相应变化。这种现象称为假象（pseudomorph），它形成于物理和化学条件发生变化时，原来的矿物变得不稳定，转变成另一种矿物，却维持了原有的形态。假象有不同的程度，从化学成分不变但重新排列（例如呈文石假象的方解石），到化学成分完全改变（例如呈文石假象的自然铜）。

刻　蚀

　　无论是自然的还是人为的，晶体都可以被溶剂侵蚀。溶解——在晶面上侵蚀时通常称为刻蚀（etching）——在不同的结晶方向上影响不同。

　　蚀象（etch figure）或蚀坑（solution pit）是晶面因溶蚀而产生的小凹坑。因为这些蚀象的形状与晶体结构有关，它们可以揭示晶体实际的对称性，而从晶体所表现出来的晶形组合来看，这些对称性可能并不明显。

双　晶

　　两个或两个以上的同种晶体以特别的对称方式生长在一起而生成的晶体叫作双晶（twin），将一个晶体带到与另一个晶体相对应位置的必要对称操作称为双晶律（twin law）。

　　双晶律常以显示特定双晶类型的矿物命名。例如，尖晶石律（spinel law）以尖晶石命名。双晶律也可以以发现地点命名。例如，某些长石的卡尔斯巴（双晶）律［Carlsbad（twin）law，也称卡式双晶律］，以捷克以前称为卡斯巴德（Carlsbad）的温泉小镇命名。

双晶有多种类型，因此双晶律也有多种表达方式。双晶律根据双晶轴（twin axis）和双晶面（twin plane）的概念来确定。为使双晶中的一个单晶体与另一个单晶体方位相同，它必须绕双晶轴旋转180°。双晶轴不能与二次轴、四次轴或六次轴相同，因为这些轴中已经包括了180°旋转。双晶面是一个平面，双晶中的一个晶体通过它反映成另一个晶体。双晶面总是平行于某一个可能的晶面，但就其本质而言它不可能是对称面。对于具有对称中心的晶体，双晶可通过旋转和反映来描述。

双晶可以是接触双晶（contact twin），接合面通常是双晶面本身；也可以是贯穿双晶（penetration twin），其中一个晶体似乎是穿过另一个晶体生长的。简单双晶（simple twin）和聚片双晶（repeated twin，也作 polysynthetic twin）之间也有区别，后者有大量处于双晶位置的单晶体。聚片双晶通常发生在薄片中，例如斜长石｛001｝上的平行细条纹，即聚片双晶条纹。

当三个或三个以上的单晶体构成双晶时，可称之为三连晶（trilling）、四连晶（fourling）等，或者简单地说是多重双晶（multiple twin）。

许多矿物能出现双晶，有些甚至符合几个不同的双晶律。方解石、文石、萤石、尖晶石、金红石、石英和长石是出现双晶的典型矿物，本书第二部分的矿物描述将讨论它们。双晶矿物晶体结构的特征通常是对称要素不完整。这种特殊的要素通常是双晶操作的一

图 77 生长在萤石上的方解石，具｛0001｝双晶，产自美国田纳西州迦太基埃尔姆伍德矿。视场：54 mm×81 mm。

图 **78** 方解石，具 ┊01Ī2┊ 双晶，产地未知。视场：30 mm×30 mm。

部分，例如在文石中。文石属于斜方晶系，但呈假六边形，与六方晶系晶体非常类似。这可通过单形｛110｝和｛010｝的晶面夹角表现出来，它们非常接近 60°。如果它们正好是 60°，那么 c 轴将是六次轴，而不只是个二次轴，｛110｝将是一个对称面。文石通过以｛110｝为双晶面形成双晶，呈假六方对称，如图 80 所示。这类双晶常被称为模拟双晶（mimetic twin）。

一些双晶在生长过程中形成；另一些在转变过程中形成，即从一种晶体结构转变成另一种晶体结构；还有一些由地质过程引起的应力形成。

晶体的化学性质

原子与元素

原子是表征一种化学元素的最小物质单位，它包括一个由质子和中子组成的原子核，以及若干绕核旋转的电子。质子带正电荷，中子是电中性的，电子带负电荷。质子数决定了元素种类，并表示其原子序数（Z）。同一元素的原子可以有不同数量的中子，这些不同种类的原子称为同位素（isotope）。

电中性原子的质子数和电子数相等，带正电荷或负电荷的原子分别会质子过剩或电子过剩。带电原子叫作离子，带正电荷的离子叫作阳离子（cation），带负电荷的离子叫作阴离子（anion）。

电子质量约为质子质量的 1/1 840，它们绕原子核旋转，它们离原子核的距离使原子大小是原子核的数千倍。电子位于离原子核不同距离的轨道或能级上。特殊的规则控制着每个轨道或电子层中的电子数。最内层最多可容纳 2 个电子，下一层可容纳 8 个，再下一层可容纳 18 个，以此类推。含有许多电子的电子层还可进一步被细分为能级；例如，最多可容纳 18 个电子的电子层可细分为分别容纳电子数为 2、6、8 和 10（最多）的不同能级。

电子的排列称为电子组态（electron configuration），它决定了元素的化学性质。有些电子组态比其他电子组态更稳定。最外层电子全满的结构尤其稳定。这类结构的电子数达到最大值。稀有气体（氦、氩等）具有全满的最外层。其他原子为了获得类似的稳定结构，容易

图 79　金红石，产自美国阿肯色州马格尼特湾（Magnet Cove）。具 {101} 八连晶，组成环状。对象：15 mm×18 mm。

图 80　文石，产自西班牙昆卡省明格拉尼利亚（Minglanilla）。两个假六方晶体对于彼此来说都在随机方向上。每一个都由 {110} 三连晶组成。对象：40 mm×53 mm。

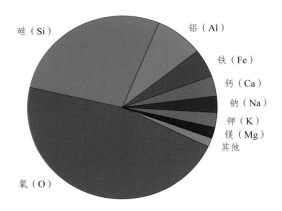

图 81 地壳中最常见的化学元素。饼图显示了这些常见元素在地壳中的相对比例（以重量计）。

获得或者失去电子，并生成带电荷的离子。例如，钠（Na，$Z = 11$）和氯（Cl，$Z = 17$）的基态电子组态分别为 2、8、1 和 2、8、7。钠原子失去一个电子，变成钠离子（Na^+），电子组态为 2、8、0；氯原子获得一个电子，变成氯离子（Cl^-），电子组态为 2、8、8。对这两种元素来说，其最外层或次能级电子数都将达到最大值，成为稳定的结构。

原子通常呈球状，在多数情况下，晶态可从球体的三维堆积来考虑。球体半径约为 1 Å，但会随着电子数目的增加而变化：电子

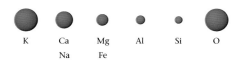

K	Ca	Mg	Al	Si	O
	Na	Fe			

图 82　地壳中最常见的元素：氧（O）、硅（Si）、铝（Al）、铁（Fe）、钙（Ca）、钠（Na）、钾（K）和镁（Mg）。这些元素的常见离子为 O^{2-}、Si^{4+}、Al^{3+}、Fe^{2+} 或 Fe^{3+}、Ca^{2+}、Na^+、K^+、Mg^{2+}，并以比例大致正确的绘图表示；例如，O^{2-} 的半径为 1.4 Å，Si^{4+} 的半径为 0.3 Å。

越多，半径越大。

元素周期表和本书中所涉及元素列表（包含元素名称、元素符号和原子序数等信息）见第 420—421 页。

化学键

化学键是一种将原子、离子或分子结合在一起的力，它决定了晶体的物理和化学性质。传统上将化学键分为四种类型：离子键（ionic bond）、金属键（metallic bond）、共价键（covalent bond）和范德瓦耳斯键（van der Waals bond）。这些类型之间存在过渡形式：例如在硅酸盐中，硅（Si）和氧（O）之间的键就被认为是离子键和共价键的中间体。

离子键

顾名思义，离子键存在于离子之间。离子是带电的原子，失去电子的原子形成阳离子（正离子），得到电子的原子形成阴离子（负

离子）。电性相反的离子相互吸引，电荷数越大，距离越短，吸引力越大。不过，最终离子将因靠得太近而导致吸引力变成斥力。

阳离子会吸引各个方向上的阴离子。因此它倾向于周围环绕足够多的阴离子，同时与其他阳离子保持一定距离。阴离子的表现相同。离子键在各个方向都起作用，即无方向性，这是纯离子键晶体高度对称的主要原因。阳离子周围可以聚集多少阴离子受空间限制，反之亦然，这又是一个离子大小比的问题。在石盐（NaCl）中，Na^+ 与 Cl^- 之比是 0.97 Å/1.81 Å = 0.54。这意味着每个 Cl^- 周围有 6 个 Na^+，且每个 Na^+ 周围也有 6 个 Cl^-。这通常表示为这两种离子的配位数都是 6。在氯化铯（CsCl）中，两种离子的大小几乎相同，这导致它们的配位数都是 8。氟化钙（CaF_2）中 F^- 的大小是 Ca^{2+} 的 2 倍，在该矿物中 Ca^{2+} 与 8 个 F^- 相配位，而 F^- 与 4 个 Ca^{2+} 相配位。

石盐的物理化学性质具有离子晶体的特点，即导热性差、电导率低、熔点较高、溶解度高、无色或仅为淡色、脆性好、解理性好、密度较低、硬度适中。硬度和熔点等性质高度依赖离子键的强度，而离子键的强度又在很大程度上取决于相关离子的电荷（价）。例如，石盐（NaCl）的硬度是 2.5，方镁石（MgO）有相同的结构，硬度却是 6，这是因为二价的 Mg^{2+} 和 O^{2+} 之间的离子键更强。离子键是矿物中最常见的化学键。

金属键

金属元素很容易失去最外层电子，形成阳离子，它们通过这些分离电子以球体形式紧密堆积。这些电子被称为"电子云"，它们可

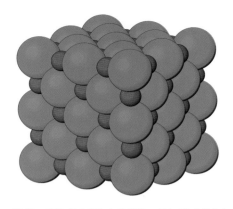

图 83　石盐（NaCl）有离子键。每个 Cl^-（绿色）与 6 个 Na^+（红色）配位（被包围），并且每个 Na^+ 与 6 个 Cl^- 配位。离子与其周围环境之间的键呈球形，指向所有方向而不是任何特定方向。

以在阳离子之间自由移动。这就是金属容易导热、导电的原因。金属还具有硬度低和延展性（ductility）好（容易通过锤击等锻造方式塑形）的特点。这些性质是由于金属键的强度适中，且无方向性，可向各个方向伸展。电子能有效地吸收光，这使得金属变得不透明（不透光），并具有很高的光泽度。由于金属的晶体结构呈等大球紧密堆积的形式，且键在各个方向上伸展，所以它们具有很高的对称性，通常呈立方体。

球体三维堆积可看作是一系列球体的紧密堆积，其中一层球体可嵌入上一层或下一层的空隙中。因此每一层相对于其邻层产生了位移。这种位移可以导致两种不同的结果：一种是立方堆积，另一种是六方堆积。在这两种情况下，一个球体会有 12 个最相邻球体。在立方最紧密堆积（cubic closest packing）中，层的次序是 ABCABC，也就是说每三层将处于

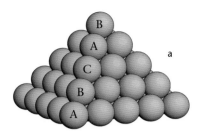

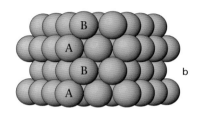

图84 （a）球体立方最紧密堆积，层序为AB-CABC；（b）球体六方最紧密堆积，层序为ABA-BAB。

相同的位置。在六方最紧密堆积（hexagonal closest packing）中，层的次序是ABABAB，每两层将处于相同的位置。

自然金、自然银和自然铜是典型的具有金属键和球体立方紧密堆积（cubic close packing of sphere）的金属矿物（图101）。

范德瓦耳斯键

范德瓦耳斯键是一种弱键，常见于有机化合物和稀有气体（如氖和氩）晶体中。只有少数矿物中有这种键。其中，最著名的有自然硫，它的S8环状分子由范德瓦耳斯键连在一起；以及石墨，其中的碳层也由范德瓦耳斯键连接。正如所料，只有范德瓦耳斯键的化合物的熔点和硬度均较低。

共价键

原子在最外层电子全满的情况下最稳定，例如气体。氯元素最外层有7个电子，要达到8个电子的稳定状态，还需要1个电子。如上所述，氯原子容易获得电子，形成离子键，并变成负电荷。不过，氯原子形成化合物还有另一个方法，就是与另一个氯原子共用一个电子，使得它们在最外层都有8个电子。这种键型就是共价键，它形成于一个原子的边界内，并且指向与之配对的原子。共价化合物非常稳定，它们常常有溶解度低、熔点高、导电性差、硬度高等特点。

最典型的例子就是金刚石。它完全由碳（C）元素组成。碳原子最外层有4个电子，通过和4个相邻原子共用电子，每个碳原子的最外层都将达到8个电子。这样，每个碳原子都会与4个相邻的碳原子在特定的方向上紧密结合。这种键的硬度极高，这也正是金刚石的特性。

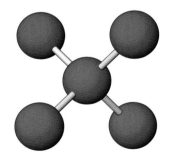

图85 在金刚石（C）中，每个碳原子与4个相邻原子共享电子。因此，所有原子的最外层都达到8个电子。这种共价键具有很强的方向性，因此金刚石具有超强的硬度。

图 86 橄榄石，产自西班牙兰萨罗特岛（Lanzarote）。橄榄石包括一个完全固溶体系列，两端员矿物分别为镁橄榄石和铁橄榄石。对象：40 mm×60 mm。

其他矿物很少具有纯共价键，但许多矿物，例如硅酸盐，具有的键介于共价键和离子键之间。

同质多象、类质同象和多型性

一些化合物能够形成不同晶体结构的矿物。这类矿物被称为同质多象变体（polymorph），是在不同压力和温度条件下形成的。金刚石和石墨、白铁矿和黄铁矿、方解石和文石，以及石英、鳞石英和方石英都是典型的例子。从一种同质多象变体转变成另一种同质多象变体通常需要打破化学键，这可能是一个缓慢的过程，且通常转变不完全。同质多象变体之间的其他转变是暂时和可逆的，例如高温石英和低温石英的转变只是在晶格中发生微小的调整，没有任何化学键断裂。

许多矿物具有相同的基本晶体结构和相关但不相同的化学成分。因此，它们具有一些共同的性质，如晶体对称性和解理。这种矿物被称为类质同象（isomorph）。方解石族（calcite group）矿物（方解石、菱铁矿、菱锌矿和菱锰矿）是典型的例子。但与其他类质同象系列不同，该族没有形成真正的固溶体系列。这类系列在其他矿物族中表现得更好，例如石榴子石族。在石榴子石族中，只要适合于晶体结构的不同位置，元素之间很容易相互替代。当离子所带的电荷不同时，在相互替换时可以通过成对替代来达到平衡，就像在长石中那样（在长石中，Al^{3+} 替代 Si^{4+} 与 Ca^{2+} 替代 K^+ 相关联）。

一些矿物形成完全的类质同象固溶体系列，例如橄榄石，它是由镁橄榄石（forsterite，Mg_2SiO_4）和铁橄榄石（fayalite，Fe_2SiO_4）两种端员组分组成的混合物。在完全固溶体系列中，端员组分可以按各种比例混合。在某些固溶体系列中，混溶性仅限于一定组分范围内。这发生在低温斜长石系列中，其组分不均一，实际上由成分略有不同的片层组成。

有些矿物之间的联系是如此紧密，以至于它们之间唯一的区别就是结构部分堆积的不同。这类矿物称为多型（polytype）。它们常见于层状硅酸盐（详见第250页）中，例如云母。它们由一系列相同的层组成，可以有不同的堆积形式，就像球体立方最紧密堆积和六方最紧密堆积中的层。

晶体的物理性质

硬　度

矿物的硬度是指其抵抗刻划的能力。硬度是一种特性，因为它表现了晶体化学成分的一致程度。矿物的硬度主要由化学键类型决定，其次由组成原子或离子的大小和价态决定。

通常用经典的莫氏硬度计（Mohs Scale，曾称摩氏硬度计）来测定矿物硬度。它于1822年开始采用并沿用至今。莫氏硬度计利用的是普通矿物，其原理是硬度为4的矿物可以刻划硬度为3的矿物，但不能刻划硬度为5的矿物，以此类推。每个硬度标准之间的间隔不一样，但这不会造成实际的问题。指甲可以刻划硬度为1～2的矿物，小刀可以刻划硬度为3～5的矿物；小刀与硬度为6的矿物硬度相当，可被硬度为7～10的矿物刻划。这种传统的比较方式中采用的是非不锈钢材质的小刀，现代的不锈钢小刀则要更坚硬一些。若某种矿物硬度为2.5，只表明这种矿物的硬度介于2与3之间。莫氏硬度计如下：

标准矿物	硬度等级	标准矿物	硬度等级
滑石	1	长石	6
石膏	2	石英	7
方解石	3	黄玉	8
萤石	4	刚玉	9
磷灰石	5	金刚石	10

金属键矿物比较软，例如自然金、自然银和自然铜，硬度大约为3。共价键矿物非常硬，例如金刚石，硬度为10。离子键矿物的硬度主要取决于离子的大小和价态，因此硬度多样。石盐和萤石都是离子化合物，它们的硬度分别为2.5和4。范德瓦耳斯键矿物的硬度比较低，例如自然硫，硬度是2。

由于矿物硬度主要由其晶体结构决定，其硬度也随所测量晶向而有所差异，即硬度的异向性。通常来说，晶体在不同方向上的硬度没有明显差别，但是在蓝晶石中差别巨大。蓝晶石经常发育成长棱柱状晶体。沿生长方向测量，其硬度为4.5；沿垂直于生长方向测量，其硬度为6.5。

在实际操作中，测量矿物硬度的方法是用指甲、小刀或已知硬度的矿物去刻划未遭蚀变的矿物表面。还可以用诸如窗玻璃（硬度大约为5）之类的已知硬度的材料去刻划待测矿物来测量硬度。无论采用哪种方式，我们必须非常地小心，不要伤害完好晶面或晶体顶端，而是把测试限定在不那么重要的区域中。还应确保测试针对的是矿物本身，而不是某一矿物混合物，那样的话只能测出单个颗粒之间的黏合性。

在测量硬度的时候，也可以观察到矿物

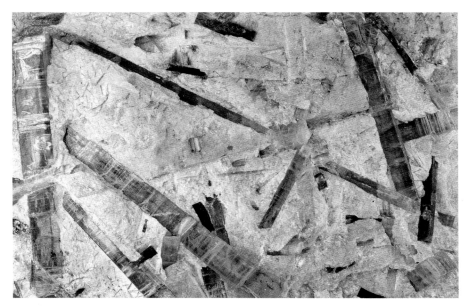

图 87 蓝晶石，产自瑞士圣哥达（St. Gotthard）。蓝晶石晶体经常发育成长棱柱状，沿晶体生长方向硬度为 4.5，沿截面方向则为 6.5。视场：60 mm×90 mm。

其他的物理性质。尤其是脆性、可切性、展性、延性和韧性等性质。这些物理性质可提供有用的信息并可以用刀子和锤子来估测。例如，自然金具有延展性（可以被锤成很薄的薄片）和韧性（可以被拉成很细的细丝），黄铁矿具有脆性（容易被破坏），螺状硫银矿具有可切性（用刀可以很容易地切成薄片），以及硬玉具有韧性（坚硬且柔韧）。像滑石这样的矿物具有挠性（容易弯曲），而另一些矿物，例如大部分云母，兼具挠性和弹性，在被折弯后可以变回它们的初始形状。

解理和断口

晶体的解理是指晶体沿着一定的面破裂的能力，与晶面一样，它的方向由晶体的内部结构决定。晶体的解理面属于晶体形态之一，可以有一组或多组。根据晶体沿着这些面开裂的难易程度，人们把解理分为完全解理（perfect cleavage）、中等解理（good cleavage）、清楚解理（distinct cleavage）、不清楚解理（indistinct cleavage）、不完全解理（poor cleavage）或无解理（no cleavage）。

解理面通常与晶面不同，它更为光滑，反射性更强。由于空气会进入表面之下的解理面，解理面通常还具有珍珠光泽（pearly lustre）。在评估晶体的解理特性时，不需要使它完全破裂：作为初始解理的迹象，解理面经常在晶体中隐约可见。如果标本是可消耗的，可将它锤成小块，用新鲜面测试。

由于解理是一种由晶体结构决定的性质，它同样由结构的对称要素决定。因此，矿物解

图88 石盐，产自奥地利萨尔茨堡哈莱因（Hallein）。石盐的解理平行于立方体面，也就是有三组互相垂直的解理。视场：100 mm × 150 mm。

理的完整记录必须包括解理方向、这些方向之间的夹角，以及对解理程度的估测等信息。

立方晶体的解理可平行于立方体面，换言之，有3组互相垂直的解理（方铅矿、石盐）；也可平行于八面体，即有4组解理（萤石）；或菱形十二面体，即有6组解理（闪锌矿）。如果标本只有1组解理，它不会是立方晶体，而是具有轴面解理的晶体，因此可能是四方晶系（鱼眼石）、三方晶系或六方晶系（辉钼矿）、斜方晶系（黄玉）、单斜晶系，以及三斜晶系（云母）的晶体。如果标本具有两

图89 白云母，产自挪威班布勒（Bamble）。跟所有的云母族矿物一样，白云母也有一组完全解理。视场：60 mm × 77 mm。

图 90 普通角闪石，产自挪威阿伦达尔。普通角闪石是一种角闪石族矿物，它具有平行于 {110} 的柱面解理，两组解理之间的夹角是 124° 和 56°。对象：80 mm × 107 mm。

个解理方向，那么它不会是等轴晶系、三方晶系或六方晶系的晶体，而是诸如单斜晶系的晶体，具有平行于板面的两组解理（长石），或是平行于斜方柱的两组解理（辉石和角闪石）。在辉石和角闪石中，柱面解理都平行于 {110}。解理夹角的特征是：辉石的解理夹角是 93° 和 87°，而角闪石的是 124° 和 56°（图 455c 和图 468c）。

具有 3 个解理方向的晶体可能是等轴晶系的晶体。如上所述，但如果 3 个解理方向不互相垂直，则这个晶体有可能是斜方晶系矿物，例如具有轴面解理和柱面解理组合的重晶石。当 3 个解理方向互相相交时，晶体可能产生菱面体解理，可能是方解石。其他具有方解石结构的矿物具有相同的解理，例如菱铁矿。这表明解理主要是由矿物的晶体结构而不是化学成分决定的。

有些矿物没有解理，破裂面不规则，称为断口（fracture）。断口可以呈贝壳状（con-choidal），例如石英的断口就像贻贝的外壳；也

图 91 石英中的针状金红石，产自巴西巴伊亚州新奥里藏特（Novo Horizonte）。石英的密度为 2.65 g/cm³，在浅色造岩矿物的典型密度范围之内。金红石原子堆积特别紧密，导致其密度高达 4.2 g/cm³。对象：73 mm×113 mm。

可以呈多片状（splintery）、锯齿状（hackly，边缘呈尖锐齿状），或没有任何图案规律可言的参差状（uneven）。自然金等矿物不会轻易破碎但能被锤成非常薄的薄片。

裂理（parting）不属于解理，它是指某些矿物晶体在应力作用下，沿双晶面或包裹体分布面等方向破裂成平面的性质。例如，刚玉中可见沿双晶面方向的裂理。

密　度

矿物的密度由单位体积的质量决定，常用单位是 g/cm³。密度取决于组成矿物的原子种类以及它们在晶格中排列的紧密程度。

大多数矿物的密度在以下两个范围内：（1）2.7 g/cm³ 左右，大部分是长石等浅色造岩矿物；（2）6 g/cm³ 左右，黄铁矿等矿石矿物（ore mineral）。一些重要的造岩矿物，例如辉石和角闪石，密度却只有 3.3 g/cm³。

矿物的密度可用手估测。人们很快就学会了判断密度，并估测它是否在主要密度范围之外。密度为 4.5 g/cm³ 的浅色矿物（例如重晶石）显然比普通的浅色造岩矿物重，就算是微小的差别也可以通过实践发现。密度有多种测量方法，可基于阿基米德原理或通过将物体悬浮在已知密度的重液中测量；当化学成分和单位晶胞大小已知时，也可以通过计算得到。

许多矿物学教科书会给出矿物的比重而

不是密度。矿物的比重是矿物与 4 ℃下相同体积的水的重量比。比重和密度的意义几乎等同。本书中更倾向于使用密度。

晶体的光学性质

可见光仅仅是电磁波谱的一小部分，它的范围从紫光到红光，也就是说，波长区间大约在 4 000～7 500 Å。单一波长的光称为单色光（monochromatic light），只有一种颜色，而整个光谱的光混合的结果是白光。

当光照射晶体表面时，有些被反射，有些进入晶体。进入晶体的那部分光必须与晶体的内部结构相适应。由于遇到原子及其电子的阻碍，光在晶体中不能以在真空的速度传播。光在真空中的速度与在物质中的速度之比称为物质的折射率（refractive index），速度下降得越快，折射率越高。折射率通常大于 1，例如，石英的折射率约为 1.55。一般情况下，光在进入晶体时速度的降低与光入射的方向变化有关。

对玻璃和立方晶体来说，其折射率与光的传播方向无关。这类物质被称为光学各向同性（optically isotropic）物质。其他晶体，即所有非立方晶体，其折射率取决于光的传播方向和振动方向。这类晶体被称为光学各向异性（optically anisotropic）晶体。在这类晶体中，原子及其电子的排列方式使得光速随着晶体内部的方向而发生变化。因此，晶体的折射率是一个范围，从最低值变化到最高值。这两个极值之间的差异就是晶体的双折射（birefringence）。此外，在各向异性晶体中，光线不是在所有方向上振动，而是分成两束，并被局限在互相垂直的两个平面上振动。光只在一个平面上振动称为偏振（polarize）。

进入晶体的光部分被吸收，剩余的光则离开晶体。晶体吸收多少光在某种程度上取决于晶体的厚度，但主要取决于其化学成分和它们之间的键的类型。这些因素也决定着哪些光被吸收，哪些光通过。如果透过晶体的光量较大，就可以说晶体是透明的（transparent）。如果透过的光量适中，晶体就是半透明的（translucent）；如果透过的光量很小或接近于零，则晶体是不透明的（opaque）。

图 92 自然金，产自美国加利福尼亚州谢拉县布拉什克里克金矿（Brush Creek Mine）。黄金是重矿物之一，纯金的密度为 19.3 g/cm³。视场：26 mm× 39 mm。

光 泽

晶面对光的反射表现为光泽。光泽的强度很大程度上取决于反射光量；它通常随着折射率的增大而增大。颜色对光泽的影响很小。光泽主要有两种类型：金属光泽（metallic lustre）和非金属光泽（non-metallic lustre），少数矿物有半金属光泽（submetallic lustre）。金属光泽是不透明矿物的一种特性，是金属、硫化物和某些氧化物的典型特征。

非金属光泽包括多种类型。玻璃光泽（vitreous lustre）是如同玻璃的光泽，常见于长石等造岩矿物，其折射率在1.4～1.9。金刚光泽（adamantine lustre）见于金刚石和其他折射率大于1.9的矿物，例如闪锌矿。此外，还有油

图93 和石英一起产出的黄铁矿，产自秘鲁。黄铁矿呈金属光泽，而石英呈玻璃光泽。对象：24 mm×30 mm。

脂光泽（greasy lustre）、珍珠光泽和丝绢光泽（silky lustre）。

颜　色

矿物具有颜色有两个主要原因：一个原因与光通过矿物时的折射和散射有关；另一个原因更为重要，与矿物吸收的部分入射光有关，这影响了光离开矿物时的波长。

吸收色

当含有光谱中所有颜色的白光透过一种矿物且矿物本身没有改变时，这种矿物看起来就是白色或无色的。如果光谱中所有波长的色光都被均匀地吸收，根据吸收的程度，得到的颜色将从灰色到黑色，这种色彩称为吸收色（absorption colour）。然而，如果某些波长的色光被选择性吸收，那么矿物的颜色将由它吸收的光谱的颜色决定。

吸收光代表了电子从一个能级跃迁到另一个能级所用的能量。所需的特定波长因元素而异，并由所讨论的元素的电子组态决定。

在元素周期表中，电子从一个能级跃迁到另一个能级对第一过渡系元素来说特别常见。这包括钛（Ti）、钒（V）、铬（Cr）、锰（Mn）、铁（Fe）、钴（Co）、镍（Ni）和铜（Cu）。这些通常被称为发色团（chromophore）的元素有一个特殊的特征，即最外电子层在被新的能级占据之前，电子数是未满的。这导致外层电子之间有相当大的迁移率。同一原子内或原子之间的运动所需的能量相当于可见光的能量。确切地说，哪些波长被利用（和吸收）取决于几个因素，包括发色团的类型、价态、与相邻原子间的化学键类型、相

邻原子的数目，以及发色团周围的局域对称性特征。

光的吸收通常是非常复杂的，特别是当几个发色团或同样的发色团的价态不同时，或以上两者同时存在时。因此，最好通过一些例子来说明矿物吸收光后所得到的颜色。

橄榄石是由两个端员组分形成的类质同象混合物——镁橄榄石（Mg_2SiO_4）和铁橄榄石（Fe_2SiO_4）。纯净的镁橄榄石呈无色，而铁橄榄石呈暗深绿色。这是由于 Fe^{2+} 对光谱中红色和紫色部分吸收得更多。因此，根据矿物中铁元素含量的高低，普通橄榄石或深或浅地呈现绿色。

石榴子石族是一类化学成分变化很大的硅酸盐，颜色也相应地有很大差异。铁铝榴石（$Fe_3Al_2Si_3O_{12}$）中的 Fe^{2+} 与橄榄石中的相同，橄榄石呈绿色，但铁铝榴石呈红色。这种差异与相邻的氧原子数有关，在铁铝榴石中为 8，在橄榄石中为 6。

蓝铜矿和孔雀石的特征颜色分别为蓝色和绿色。它们都是含水碳酸铜，但是 Cu^{2+} 被置于不同的环境下，导致了光的吸收的差异。红宝石（ruby）之所以是红色，祖母绿（emerald）之所以是绿色，都归功于 Cr^{3+} 发色团。红宝石是红色的刚玉（Al_2O_3），而祖母绿是草绿色的绿柱石（$Al_2Be_3Si_6O_{18}$）。这两种矿物都含少量的 Cr^{3+}，它替代了 Al，且周围有 6 个氧原子。这两种矿物的不同之处在于化学键，刚玉中的化学键被认为是规则的离子键，而绿柱石中的化学键则有部分共价键。

变石（alexandrite）是金绿宝石（$BeAl_2O_4$）的一个变种，也被少量 Cr^{3+} 染色。它的吸收光谱介于红宝石和祖母绿之间。因此，根据白光不同形式的能量分布，它略微呈红色或

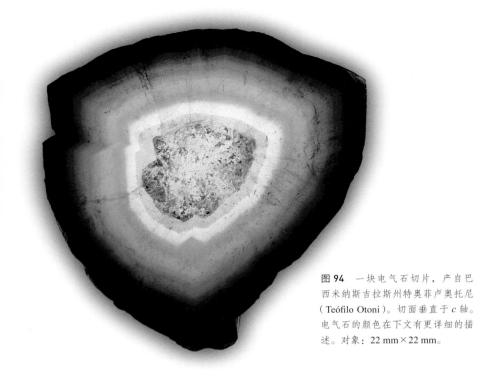

图 94　一块电气石切片，产自巴西米纳斯吉拉斯州特奥菲卢奥托尼（Teófilo Otoni）。切面垂直于 c 轴。电气石的颜色在下文有更详细的描述。对象：22 mm×22 mm。

绿色。变石在普通日光下呈淡绿色，在人造"暖"光下则变成了红色。

在上述给出的例子中，颜色都是通过单个原子内的电子跃迁与周围原子相互作用而引起的。原子间的电子跃迁也能产生颜色，无论它们是否属于同类型原子。在这种情况下，单个离子的价态变得模糊，一些"价电子"为几种离子所共有。云母、角闪石、辉石和电气石等矿物中的 Fe^{2+} 和 Fe^{3+} 之间的"电荷转移"就是这一类的重要例子。

电气石颜色多变，这不仅在不同的晶体中有所体现，而且同一晶体中也有不同形式的变化。晶体可以末端呈绿色、中间呈红色、或呈一系列平行于主轴的色带。电气石的颜色及其成因有多种可能性，这些是最简单的例子：粉红色（Mn^{3+}）、黄棕色（Fe^{3+}），以及各种绿色（Fe^{2+}、Cr^{3+} 或 V^{3+}）。

多色性（pleochroism）现象可见于电气石以及堇青石等其他矿物中，这是一种与晶体方向有关的颜色变化。如上所述，除立方晶体以外，所有晶体都是光学各向异性的；也就是说，它们的光学性质（包括吸收在内）在晶格内随着方向的变化而变化。对多色矿物来说，这种变化影响了矿物的颜色。

蓝铁矿 [$Fe_3(PO_4)_2 \cdot 8H_2O$] 是一种由元素价态变化引起颜色变化的例子，本例中是铁元素。蓝铁矿在开采时几乎无色，但由于部分铁被空气氧化，从 Fe^{2+} 变成 Fe^{3+}，开采之后很快就变成了深蓝绿色。

磁铁矿（$Fe^{2+}Fe^{3+}_2O_4$）是典型的黑色不透

明矿物，这是由于 Fe^{2+} 和 Fe^{3+} 之间连续的电子跃迁模糊了这些离子的价态，整个可见光光谱都被吸收了。

蓝色蓝宝石（sapphire）是刚玉的一个变种，因为少量 Fe 和 Ti 替代了 Al，所以被认为是蓝色的。这两种元素以 $Fe^{2+} + Ti^{4+}$ 或 $Fe^{3+} + Ti^{3+}$ 的形式存在。这两种组合之间的转换导致光谱的红色端被吸收，从而产生众所周知的矢车菊蓝色。

晶体结构中的缺陷也能导致电子跃迁，从而产生颜色。在萤石生长过程中，原本是

图 95 萤石，产自美国伊利诺伊州。书中（见上方文字部分）描述了萤石呈紫色的成因。对象：70 mm×98 mm。

图 96 紫水晶（石英变种），产自墨西哥韦拉克鲁斯－亚韦州（Veracruz-Llave）。书中（见第 70 页）描述了紫水晶颜色的成因。视场：48 mm×41 mm。

图 97 蓝铜矿，产自法国里昂谢西
（Chessy）。蓝铜矿呈蓝色，而孔雀石呈绿
色。这两种矿物的颜色都来自同一个发色
团 Cu^{2+}。不过，这种发色团在这两种矿物晶
格中所处的位置不同，并从可见光中吸收不
同波长的光。对象：78 mm×110 mm。

F^- 的位置可能会产生空位。这些空位可被那些极易移动的电子填充，从而吸收可见光谱上除紫色端以外的所有可见光。

另一种产生颜色的结构缺陷存在于石英（SiO_2）变种中。在烟晶（smoky quartz）中，少量 Si^{4+} 被 Al^{3+} 和能平衡电荷的相应数量的其他离子（通常是 Na^+ 或 H^+）替代。Al—O 键电子对中的一个电子被周围环境的 γ 射线或 X 射线排斥，从而转移到结构中的另一个位置。剩余的这个电子不断在这两个位置之间移动，从而吸收光，产生近棕色的烟熏色。如果把晶体加热到 400 ℃ 左右，被捕获的电子返回原

位置，烟熏色就会消失。紫水晶是石英的另一个变种，它的紫色也是基于同样的原理。不过，在这个例子中，Fe^{3+} 是颜色的初始来源。

其他颜色现象

颜色也可能由杂质造成。含油滴包裹体的石盐可呈褐色，石英可被绿泥石或赤铁矿包裹体着色。

金和其他金属有金属键，其中每个原子都向一个共享的"电子云"贡献一个或多个电子。这些自由电子将入射光全部吸收，并迅速反射其中大部分，使金属具有典型的强金属光

泽。即使在同一矿物中，透射光的成分也会基于各种原因而发生变化。因此，颜色并不总是此类金属的可靠特征，而条痕——在无釉瓷板上产生的条痕色——更具特征性。

一些晶体表现出一种特殊的"变彩"（play of color）效应，这是由各种光学现象造成的，如反射或折射。在拉长石（labradorite）中，这些颜色是由光在一系列出溶结构或双晶片中反复折射和反射造成的。

金刚石最著名的变彩效应，即"火彩"，源自其色散（dispersion）。色散是指不同波长的光在介质中折射率的差异，导致白光被分解成各种颜色。由于金刚石具有较高的色散值，短波长的光（如蓝光）和长波长的光（如红光）在其内部传播时折射率显著不同，从而呈现出绚丽的彩虹色光谱。这一特性使得金刚石在光线照射下散发出迷人的色彩。

在贵蛋白石中，可见一种特殊的变彩效应，即晕彩（iridescence）。这是一种光干涉现象。这些蛋白石由亚显微球状规则晶格构成，晶格的尺寸使它们适合作为光栅。普通蛋白石的晶格不太规则，外观呈乳白色。

条　痕

矿物的条痕（streak）是其粉末的颜色。观察条痕，可通过在无釉瓷板上摩擦矿物，或者，如果矿物像石墨一样柔软，也可以在纸上摩擦。对许多矿物来说，条痕比其自身颜色更可靠，因为真正的颜色可能掩盖在暗淡的表面之下。虽然条痕不是硅酸盐矿物和大多数其他轻矿物的特征性质，但它是硫化物和一些氧化物的重要特征。

发光性

有些晶体在受到物理影响时会发光。这种现象称为发光性（luminescence），它通常很微弱，只在黑暗中可见（它与白炽光截然不同）。发光可分为由压力或挤压引起的摩擦发光（triboluminescence），由加热引起的热发光（thermoluminescence），以及由紫外线辐射引起的荧光（fluorescence）和磷光（phosphorescence）。

放射性

铀（U）和钍（Th）是能自发衰变的放射性元素，可发射 α、β 或 γ 射线。含 U 和 Th 的矿物会受到这种辐射的影响。

无论赋存状态或温压条件如何，同位素 U^{238}、U^{235} 和 Th^{232} 都以固定速率衰变，最终产物为铅。若已知所涉及同位素的衰变速率和数量，则可以计算结晶时间。这种关系被广泛用于测定地质体的年龄。

即使 U 或 Th 的含量很低，矿物晶体的晶格也会被这些元素的放射性辐射破坏。这种破坏过程称为蜕晶作用（metamictization），被影响的矿物就是蜕晶质的（metamict）。这一过程的结果是生成较大体积的非晶质体（玻璃），通常在围岩中形成裂隙。常见的蜕晶质矿物包括锆石、褐帘石和独居石。烟晶等矿物的颜色就是由附近矿物的放射性造成的。

压电性和热电性

对于没有对称中心的晶体来说，晶格中的某些方向是极性的，也就是说，这些轴两侧的点不是对称相关的。例如，电气石的三次轴和石英的二次轴。当晶体受到热（热电性）或压力（压电性）的影响时，极性表现为两端或两极的电势。检测压电性或热电性是将晶体划入某一特定晶类的唯一方法。

电气石的热电性可通过加热一个长晶体并使其靠近雪茄烟灰来证明，烟灰随后会跳到晶体末端。

石英的压电性具有相当重要的技术价值。具适当的厚度和晶体取向的石英片可用于控制无线电部件、手表等的频率。

磁　性

只有极少数矿物能被磁铁强烈吸引，磁铁矿和磁黄铁矿是其中的代表。这些矿物有时被看作天然磁铁（磁石），一度被用于航海。所有矿物都受磁场的影响，但通常影响程度很小。磁场排斥抗磁性矿物（diamagnetic mineral），吸引顺磁性矿物（paramagnetic mineral）；并且，强烈吸引铁磁性矿物（ferromagnetic mineral）。采矿中常利用矿物受磁场的影响程度不同来分离处于原始状态的矿石矿物。

图98 电气石，产自意大利厄尔巴岛。电气石具有强热电性。视场：33 mm×63 mm。

图99 磁铁矿，产自阿塞拜疆。磁铁矿是少数几种能被磁铁强烈吸引的矿物之一。对象：26 mm×32 mm。

第二部分

矿物描述

　　矿物的分类依据首先是化学成分，其次是晶体结构。对矿物的描述，我们从化学组成较简单的矿物开始。

　　这里按传统的顺序描述矿物，从自然元素开始，然后是硫化物、卤化物、氧化物、碳酸盐、硫酸盐、磷酸盐和硅酸盐。一些矿物小类按与它们最相似的类别对待，如硝酸盐和钒酸盐。根据基本的硅酸盐单元硅氧四面体的连接结构，硅酸盐——所有类别中最大、最重要的一类——可进一步细分。最后简单描述有机矿物。

　　对于单个类别，没有明确的、国际上公认的顺序，而且书与书之间也有细微的差别，特别是在主要的英文版和德文版教科书中。例如德国的《克洛克曼的矿物学教科书》（ *Klockmanns Lehbuch dar Mineralogie*，1978 年 ）和美国的《达纳的新矿物学》（ *Dana's New Mineralogy*，1997 年 ），这两本综合性教科书的一个重要区别就是石英以及其他 SiO_2 矿物的归属，它们在德国版中被归为氧化物类，在美国版中被归为硅酸盐类。本书采用的是后一种分类。

　　本书对矿物的描述是针对热心的业余矿物收藏家而不是专业矿物学家的。例如，极其稀有的氯铜银铅矿深受收藏者喜爱，它以引人注目的晶形和美丽的色彩入选。另一方面，对在科学上非常重要的黏土矿物只是简单提及，因为它们对私人收藏家来说通常不具有吸引力。这种矿物通常以微观颗粒的形式出现，在没有特殊实验室设备的情况下上无法被区分开来。

　　作为对系统描述的补充，本书结尾的表格中列出了一些最常见的矿物。列表根据易于确定的那些性质进行排序，并参照第二部分中更全面的描述。

　　矿物描述和列表中都给出了密度，单位是 g/cm^3。

图 100　自然金，产自美国科罗拉多州。对象：51 mm×59 mm。

自然元素

在地壳中，化学元素很少以自然元素的形式出现，并且它们都不是大量存在的。然而，有一些矿物最负盛名，如自然金（Au）、自然银（Ag）和金刚石（C）。因为它们具有宝贵的属性，人类自古以来就一直在寻找它们。

自然元素可进一步分为自然金属、自然半金属和自然非金属元素。自然金属元素矿物由紧密堆积的球形阳离子（例如 Au^+）组成，且大多数是立方最紧密堆积。阳离子通过相对较弱并向各个方向伸展的化学键结合在一起。这种结构是自然金属元素矿物拥有那些最具特征的属性的原因，即高导热性和导电性、金属光泽、低硬度、高延展性、无解理，以及高密度。自然半金属和自然非金属元素矿物具有不同的结构和性质，这将在个别矿物中提及。

自然金（gold，Au）

结晶学： 等轴晶系，$4/m\bar{3}2/m$；晶体少见，大多为｛111｝，有时为与｛110｝或｛100｝的聚形；集合体主要呈叶片状、鳞片状、丝状或树枝状；巨大的块状称作块金（gold nugget，也称狗头金）；常依｛111｝形成双晶。

物理性质： 无解理，锯齿状断口；延展性极强，可抽成细丝或锤成金箔；可切。硬度 2.5～3，密度 19.3 g/cm³。纯金为黄色，含少量 Ag 时颜色变浅，含 Cu 时颜色偏红。条痕为金黄色，金属光泽，不透明。

化学性质： Au 与 Ag 可形成一个完全固溶体系列，自然金中几乎总是含有一定量的 Ag，一般为 2%～20%。还含有少量 Cu 和其他金属。晶体结构呈 Au^+ 立方最紧密堆积。

名称与品种： 含 Ag 超过 20% 时称为银金矿（electrum）。

产状： 金在地壳中是一种稀有元素。大多数金以自然金形式存在，Au 与 Te、Bi、Sb 和 Se 的化合物非常罕见。自然金通常存在于热液石英脉以及与富硅火成岩有关的岩脉中，常与黄铁矿和其他硫化物共生。这类金矿床的产地有美国加利福亚州及西部其他的州。自然金也呈细颗粒状分散在大型矿床中，例如，在瑞典布利登（Boliden），自然金与黄铁矿和毒砂共生。

自然金也见于由原生金矿床风化形成的沉积物中，作为一种次生矿物存在，即砂金。由于金对物理和化学风化作用有很强的抵抗力，它可在搬运过程中留下来并沉积在河床中，在那里又因密度很高而富集在某些地层中。在这类矿床中，既有从原生产地携带的细小颗粒，也有较大的不规则团块或"块金"，其中一些从溶液中沉淀而来。最大的砂金型矿床出现在南非共和国（简称南非，本书统一使用南非）——例如著名的威特沃特斯兰德砾岩，以及西伯利亚各地。

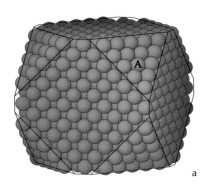 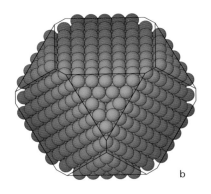

图 101　自然金、自然银和自然铜为球体立方最紧密堆积，这里用具有立方体面和八面体面的晶体来说明。晶体（a）和（b）相同，除以下两方面以外：首先，右边的晶体以平行于书页平面的八面体面定向。其次，左边晶体中的离子 A 在（b）中被移除了，这样就可以看到下面一层的 3 个相邻原子。这 3 个相邻原子和 A 层中的 6 个原子相邻，再加上通常位于上层的 3 个相邻原子，总共为 12 个相邻原子。在任一晶面，一些相邻原子会不可避免地缺失。

图 102　在石英上生长的自然金，产自美国加利福尼亚州普莱瑟县的密歇根布拉夫矿（Michigan Bluff Mine）。对象：50 mm×80 mm。

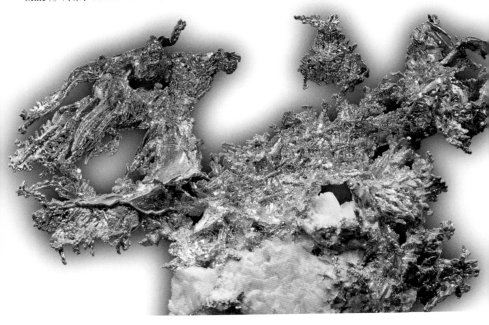

用途： Au 长期以来被用作货币本位，相当数量的金被制作成金条。金条、纯金纪念章等是主要的投资品。Au 还用于珠宝、牙科和仪器部件中。为了提高硬度，通常将 Au 与 Ag、Cu 等其他金属铸成合金。过去，合金中的金含量用开表示，即在 24 份中金所占的份数。如今用千分数（‰）表示。

鉴定特征： 颜色和条痕均为金黄色。与颜色相近的黄铁矿、黄铜矿等矿物不同，自然金的硬度低、延展性强、密度大。

图 103 自然金，产自罗马尼亚罗希亚蒙塔讷（Roșia Montană）。对象：14 mm×19 mm。

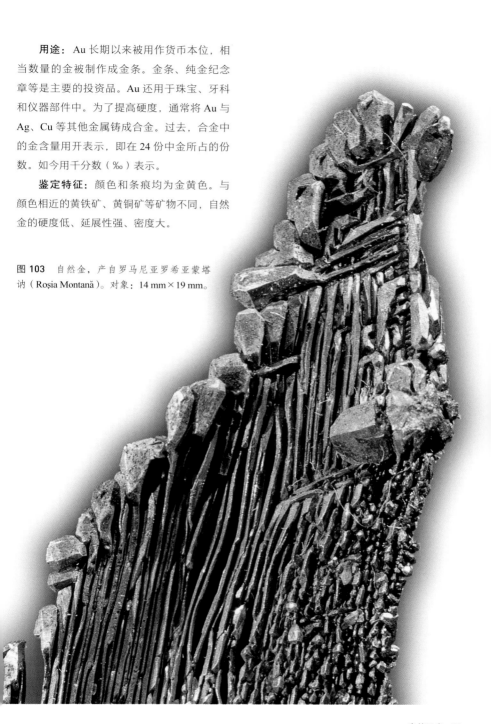

自然银（Silver，Ag）

结晶学： 等轴晶系，$4/m\bar{3}2/m$；罕见发育良好的晶体；集合体多呈树枝状或丝网状，普遍呈块状、板状或鳞片状；完好晶体的晶形较简单，例如｛100｝或｛111｝；见｛111｝双晶。

物理性质： 无解理，锯齿状断口，延展性好。硬度 2.5～3，密度 10.5 g/cm³。新鲜面呈银白色，但会因氧化而失去光泽变成灰色或黑色；条痕为银白色；金属光泽；不透明。

化学性质： Au 和 Ag 可形成一个完全固溶体系列。常含少量 Au 或 Cu，微量 Hg、As 或 Sb。晶体结构呈 Ag^+ 立方最紧密堆积。

名称与品种： 银汞齐（silver amalgam）是 Ag 和 Hg 的天然合金。

图 104　自然银，产自挪威孔斯贝格（Kongsberg）。对象：160 mm×260 mm。

图 105　自然银，具｛111｝双晶，产自
挪威孔斯贝格。对象：43 mm×56 mm。

产状： 矿床的上部氧化带中普遍存在少量的自然银。高度富集的自然银见于热液沉淀的矿脉和岩脉中。在这类矿点中，自然银在有的产地可与方解石、石英、萤石、沸石和各种硫化物共生，如挪威孔斯贝格；在有的产地可与含钴、镍的砷化物和硫化物或晶质铀矿伴生，如德国弗赖贝格（Freiberg）和捷克的亚希莫夫（Jachymov）。在美国西部各地的金-石英脉中，银与金共存；在密歇根州基威诺半岛（Keweenaw Peninsula）著名的铜矿床中，则与铜共存。

用途： 自然银为次要银矿石，更重要的是银的硫化物。银可用于摄影中的感光乳剂、电子元件、珠宝、餐具等，过去曾用于铸币。

鉴定特征： 延展性强，密度大，条痕以及部分新鲜面的颜色。

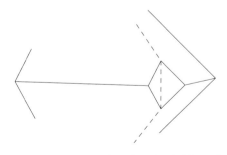

图 106　自然银，具｛111｝双晶，如图 105 所示。虚线标记双晶面（111）。两个单晶体的所有面都属于晶形｛100｝。

自然铜（Copper，Cu）

结晶学： 等轴晶系，$4/m\bar{3}2/m$；完好晶体少见，易变形；晶形主要有$\{111\}$、$\{100\}$、$\{110\}$和$\{hk0\}$；集合体通常呈不规则的块状、树枝状或丝状；见$\{111\}$双晶。

物理性质： 无解理，锯齿状断口，延展性好。硬度$2.5\sim3$，密度$8.9\ g/cm^3$。新鲜面呈铜红色，但很容易氧化为棕黑色；条痕铜红色，有光泽；金属光泽；不透明。

化学性质： 自然铜常含有少量的Ag、As、Sb、Bi或Hg。晶体结构呈Cu^+立方最紧密堆积。

产状： 自然铜最重要的赋存点与玄武质熔岩（basaltic lava）有关，玄武质熔岩中的热液和富铁矿物反应形成铜。在美国，这类铜矿的最大产地位于密歇根州基威诺半岛。在这里，玄武质熔岩与砂岩层和砾岩层交替出现，这些地层的空腔中填充了铜及其相关矿物，例如方解石、绿帘石、其他铜矿物、沸石，以及少量银。自然铜块可以很大，一块可重达500 t以上。少量的自然铜也见于铜矿氧化带中，共生赤铜矿、孔雀石和蓝铜矿。

用途： 与铜硫化物相比，自然铜作为铜矿石重要性较小。Cu主要用于电气方面，尤其是电缆等。它也用于许多合金中，例如黄铜（铜锌合金）和青铜（铜锡合金）。

鉴定特征： 新鲜面颜色、条痕、延展性，以及密度；通常与孔雀石共生。

图107 自然铜与孔雀石（绿色），产自玻利维亚拉巴斯省科罗科罗（Corocoro）。对象：95 mm×113 mm。

图 108 呈文石假象的自然铜，产自智利安托法加斯塔卡拉科莱斯（Caracoles）。对象：18 mm×16 mm。

自然铂（Platinum，Pt）

结晶学： 等轴晶系，$4/m\bar{3}2/m$；晶体罕见；集合体主要呈粒状或块状。

物理性质： 无解理，锯齿状断口，延展性好。硬度 4～4.5，是自然金属中硬度较高的金属；密度 21.5 g/cm³，但通常由于其他金属的存在而降低。颜色钢灰色至深灰色，条痕亮灰白色，金属光泽，不透明。有时因含 Fe 而具磁性。

化学性质： 自然铂通常含部分 Fe 以及微量的 Pd、Rh、Os、Ir 或 Cu。晶体结构呈 Pt⁺立方最密堆积。

名称与品种： "platinum"（铂）源于西班牙语 "*plata*"（银），因为它和自然银非常相似。

产状： 自然铂以颗粒状分散在纯橄榄岩（dunite）和其他超基性岩（ultrabasic rock）中，通常与橄榄石、铬铁矿和磁铁矿共生。它也以粒状或块状的形式出现在含 Pt 纯橄榄岩风化产生的沉积物中。自然铂最重要的产地是俄罗斯乌拉尔地区和南非的布什维尔德杂岩体（Bushveld complex）。

用途： Pt 主要应用于汽车尾气催化剂，在石油和化学工业中也有类似用途。它熔点高、硬度大，并且耐化学腐蚀，这使其在其他许多工业中也有所应用。

鉴定特征： 颜色、条痕和密度；与自然银不同，它不会失去光泽。

图 109　铂金块，产自俄罗斯乌拉尔山脉。重 91 g。对象：41 mm×20 mm。

自然铁（Iron，Fe）

结晶学： 等轴晶系，$4/m\bar{3}2/m$；晶体不发育。地铁（在地球上形成的）呈粒状或结核状，陨铁呈块状。

物理性质：〔100〕不完全解理，锯齿状断口，具延展性。硬度 4.5，密度 7～8 g/cm³。

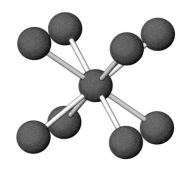

图 110　自然铁的晶体结构是离子的立方堆积，其中每个离子周围有 8 个相邻离子。图中离子大小的减小程度与它们之间的距离有关，以此来揭示晶体结构。

颜色为灰色至黑色，条痕亮灰色，金属光泽，不透明。强磁性。

化学性质： 含不定量的 Ni，常含少量 Co、Cu、Mn 等。晶体结构呈立方紧密堆积，每个阳离子周围都有 8 个相邻离子。

名称与品种： 矿物铁通常指 α-Fe（α-iron）。

产状： 自然铁被认为是地核的主要成分。它在地球表面不稳定且易于氧化，因而十分稀有。在地球上形成的自然铁被称为地铁。最著名的地铁产地是乌伊法克（Uiffaq），位于格陵兰凯凯塔苏瓦克岛〔Qeqertarsuaq，也称迪斯科岛（Disko Island）〕。这里的自然铁产于玄武岩（basalt）中，形态从微小的颗粒到质量重达数吨的块状不等。当玄武岩侵入碳质层时，铁氧化物被还原而形成自然铁。

Fe 元素（不是矿物铁）是铁陨石的主要成分，也存在于石陨石中。陨石中的含铁矿物铁纹石（kamacite）和镍纹石（taenite）是 Fe-Ni 合金，两者都被视为独立的矿物种类。铁纹石的 Ni 含量约为 4%～7.5%，镍纹石的 Ni

含量则更高些。陨石中的铁通常形成于母体冷却过程中，在固态出溶下以铁纹石和镍纹石规律互生的形式出现，这种互生称为维德曼构造（Widmanstätten structure），可通过刻蚀抛光面看到。

用途： 自然铁作为铁矿石没有开采价值。

鉴定特征： 磁性和延展性。通常被一层氧化铁覆盖（铁锈色）。

自然铅（Lead，Pb）

等轴晶系；已知简单的晶形有｛100｝和｛111｝，但通常以不规则粒状或板状出现。硬度1.5，密度11.4 g/cm³。颜色为铅灰色，很容易变黑。自然铅是一种在极端还原条件下形成的稀有矿物。自然铅的著名产地有瑞典帕斯贝里（Pajsberg）和隆班（Långban），以及美国新泽西州富兰克林（Franklin）的富锰铁矿等。

自然汞（Mercury，Hg）

熔点 −39 ℃，在此温度以下凝固成三方晶系晶体。自然汞为银白色，具有明显的金属光泽。它是稀有矿物，主要呈滴状，与辰砂（HgS）共生或伴生。银汞齐是银和汞的天然合金。

自然砷（Arsenic，As）

结晶学： 三方晶系，$\overline{3}2/m$；晶体罕见；

图111 铁陨石，发现于墨西哥索诺拉州卡尔沃（Carbó）。表面经打磨并刻蚀后，可见维德曼图案。这种图案是铁纹石和镍纹石在晶体学上有序排列的交替层状构造。该构造由两种铁相在母体核心冷却过程中出溶而形成。两个包裹体是陨硫铁（troilite，FeS），一个呈水滴状，另一个呈圆形。视场：80 mm×120 mm。

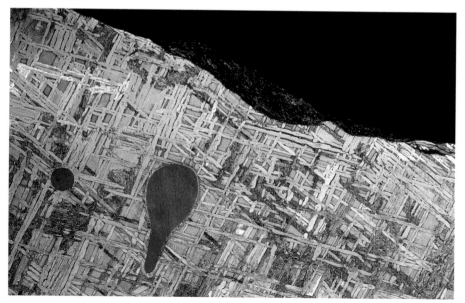

集合体主要呈鳞片状、结节状或层状块体，有时呈葡萄状或钟乳状。

物理性质： 具｛0001｝完全解理，性脆。硬度 3.5，密度 5.7 g/cm³。新鲜面为锡白色，但易因氧化变为灰色或黑色；条痕灰色；金属光泽；不透明。

化学性质： As、Sb 和 Bi 同属半金属元素，其性质介于真正的金属和非金属之间。在半金属元素矿物的晶体结构中，每一个原子都通过较强的键与 3 个相邻原子相连，并通过稍弱的键与 3 个距离稍远的原子相连。这导致弱键之间形成褶皱状层，也解释了它的完全解理。自然砷可含有少量其他金属或半金属。这种矿物有毒；加热后升华为气体，具有明显的大蒜味。

名称与品种： 砷锑矿（allemontite）是 As 和 Sb 的天然合金。

产状： 自然砷是一种稀有矿物，典型见

图 113　自然砷，产自德国哈茨山圣安德烈亚斯贝格。对象：78 mm×99 mm。

于热液脉中，与 Ag、Co 和 Ni 共生，产地有德国哈茨山圣安德烈亚斯贝格（St. Andreasberg）等。

用途： 自然砷有许多用途，例如用于除草剂和杀虫剂。As 最重要的来源是含砷硫化物，例如毒砂。

鉴定特征： 产状、脆性和硬度。加热所产生的大蒜味气体是其显著特征——并具有毒性。

自然锑（Antimony，Sb）

结晶学： 三方晶系，$\overline{3}2/m$；晶体罕见；集合体主要呈粒状或片状团块，偶尔呈放射或葡萄状。

物理性质： 具｛0001｝完全解理，性脆。

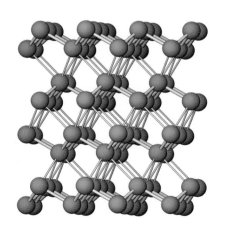

图 112　在自然砷、自然锑和自然铋的晶体结构中，每一个原子都与 3 个相邻原子以强键联结，并通过较弱的键与 3 个较远的原子相连。这就产生了褶皱状层，层间很容易分开。从图中可沿层大致观察到晶体结构。

硬度 3~3.5，密度 6.7 g/cm³。颜色为锡白色至灰色，条痕亮铅灰色，金属光泽，不透明。

化学性质： 自然锑属于自然半金属元素类（见自然砷）。与 As 混溶，可含少量 Ag 和 Fe。

名称与品种： 砷锑矿是 Sb 和 As 的天然合金。

产状： 自然锑很罕见。产于热液脉中，常与自然银、辉锑矿（Sb_2S_3）共生。

用途： 自然锑在凝固过程中会膨胀，这种性能已被广泛应用于各种用途中，例如铅字合金。Sb 大多来自辉锑矿和含 Sb 铅矿。

鉴定特征： 自然锑与其他自然半金属元素矿物相似，但通常有一层白色的 Sb_2O_3 膜。

自然铋（Bismuth，Bi）

结晶学： 三方晶系，$\overline{3}2/m$；晶体罕见；集合体主要呈片状或块状，有时呈叶片状、网状或树枝状。

物理性质： 具〔0001〕完全解理，性脆且可切割。硬度 2~2.5，密度 9.7 g/cm³。颜色为银白色，在空气中暴露一段时间后，略带浅红锈色（某些矿物表面的氧化薄膜所呈现的色彩，常常不同于矿物固有的颜色），有时斑驳且暗淡；条痕银白色；金属光泽；不透明。

图 114 砷锑矿，产自法国伊泽尔省查兰奇（Challanches）。视场：60 mm×69 mm。

化学性质：自然铋属于自然半金属元素类（见自然砷）。

产状：自然铋是一种稀有矿物，多见于热液脉中，通常与含 Ag、Co、Ni 或 Sn 的矿物共生或伴生，也见于伟晶岩（pegmatite）中。

用途：自然铋熔点低，因此用于许多合金中。它也用于医疗。大部分 Bi 是锡矿石和铅矿石开采中的副产品。

鉴定特征：密度相对高，硬度低；自然铋略带浅红锖色，这是它与其他半金属元素的明显区别。

自然硫（Sulphur，S）

结晶学：斜方晶系，$2/m2/m2/m$；一般为发育良好的晶体，多为双锥状；集合体常呈块状、皮壳状或被膜状，有时为钟乳状。

物理性质：无明显解理，贝壳状或不均匀断口，性脆。硬度 1.5～2.5，密度 2.1 g/cm³。颜色为硫黄色，但由于杂质而呈淡黄色、淡绿色或棕色；条痕白色；油脂光泽至金刚光泽；透明或半透明。硫的导热性不好，因此有温暖感；它易熔，易燃烧并生成二氧化硫。

化学性质：自然硫属于自然非金属元素类，其晶体结构由通过弱分子力连接的环状分子（S_8）组成，硫中可含有少量 Se。

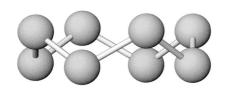

图 115　硫分子由 8 个原子组成，彼此通过强键结合。在斜方晶体结构中，这些分子还通过弱分子力连接。

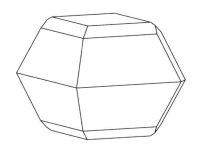

图 116　自然硫：｜001｜、｜011｜、｜111｜和｜113｜。

产状：硫见于火山地区，它在那里从富硫气体中直接沉淀（凝华），或通过硫化氢气体的不完全氧化而形成。它也可以通过细菌活动从硫酸盐中形成。最大型的硫矿产于蒸发岩（evaporite）中，如石盐、硬石膏和石膏。小规模的硫矿则可见于硫化物的风化产物。

用途：自然硫有许多用途，例如：用作制造硫酸、杀虫剂和化肥的原料，应用于硫化橡胶、石油和造纸工业等。在这些用途中，开采自矿物硫的硫大约占一半，其余则是各种硫矿的副产品。

鉴定特征：颜色、易燃性、脆性和低硬度。

金刚石（Diamond，C）

结晶学：等轴晶系，$4/m\overline{3}2/m$；晶体常见，通常为｜111｜或｜110｜，晶面通常弯曲；见｜111｜双晶。

物理性质：具｜111｜完全解理，性脆。硬度 10，是最坚硬的矿物；密度 3.5 g/cm³。无色至黄色，也呈褐色或灰色，偶见粉红、红色、绿色或蓝色，含包裹体时可呈黑色；金刚光泽；透明至半透明。具有非常高的折射率和强烈的色散，这些光学性质使其产生了著名的

图 117 自然硫，产自意大利西西里岛。视场：90 mm×150 mm。

"火彩"（闪闪发光），并且这种效果可通过对宝石级金刚石进行各种切割而加强。

化学性质：金刚石由纯 C 组成，因此是石墨的同质多象变体。石墨是低温低压条件下的稳定相，金刚石是高温高压条件下的稳定相。在矿物学上，这对同质多象变体在晶体结构和物理性质上的差异最大。在金刚石中，每

图 118 （a）在金刚石的晶体结构中，每个原子通过强共价键与 4 个相邻原子连接；C—C 键的键长都相等，为 1.54 Å。（b）在石墨中，每个原子都与同一层中的 3 个最相邻原子通过强键（键长为 1.42 Å）相连，并与邻层的第 4 个相邻原子以稍弱的键（键长为 3.36 Å）相连。（后一种键未在图中显示。）为了揭示这种结构，原子大小相对于原子间距离而言缩小了。

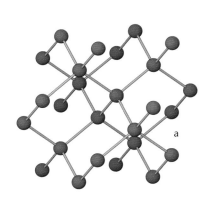

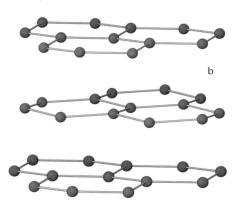

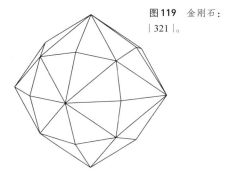

图 119 金刚石：|321|。

个 C 原子都通过共价键与周围 4 个原子形成正四面体。因此，所有原子最外层电子都达到全满状态。这为金刚石的极端硬度提供了结构解释。

名称与品种：圆粒金刚石（bort）是工业级金刚石，用于磨蚀、锯条等；黑金刚石（carbonado）是一种隐晶质（粒度非常细）金刚石；圆粒金刚石和黑金刚石通常为黑色或灰色，但圆粒金刚石也可以是其他颜色。两者一般都不能被切割成宝石。

产状：金刚石晶体散布在金伯利岩（kimberlite）中，金伯利岩是一种源于地球地幔（mantle）上部的超基性岩。这个深度的温压条件适合金刚石结晶。这类矿床最著名的产地是南非金伯利（Kimberley）。金刚石也存在于含金刚石的原生岩遭受侵蚀而形成的次生矿床沉积物中。由于硬度高、耐化学性强，矿床中的金刚石在风化和搬运过程中得以留存。由于密度较大，金刚石通常富集在某些岩层中。大多数天然金刚石就是这样产出的。

用途：金刚石在工业上用于切割、研磨

图 120 金伯利岩中的金刚石，产自南非。视场 12 mm × 14 mm。

图 121 砂砾中的金刚石，产地未知。视场：
80 mm × 120 mm。

图 122 金刚石，⏐110⏐，晶面稍有弯曲，
产自南非。这块晶体的直径为 8 mm。

图 123 石墨，产自格陵兰亚西亚特
（Aasiaat）。对象：83 mm×120 mm。

和抛光。在这类用途中，人工合成金刚石目前大约占 75%。金刚石是最受欢迎的宝石之一，通过 4C 标准来评估：颜色（colour）、净度（clarity）、切工（cut）和重量［克拉（carat，1 Ct = 0.2 g）］。

鉴定特征： 可通过极高的硬度、高光泽和 ｛111｝完全解理来鉴定金刚石。

石墨（Graphite，C）

结晶学： 六方晶系，6/m2/m2/m；晶体少见，多为简单板状，以 ｛0001｝为主；集合体通常为叶片状、鳞片状或粒状块体。

物理性质： 具 ｛0001｝完全解理，解理片具挠性，弹性差。硬度 1，有滑腻感，密度 2.2 g/cm³。颜色和条痕均为黑色，金属光泽，不透明。

化学性质： 石墨由纯 C 组成，因此是金

刚石的同质多象变体。石墨是在低温低压条件下的稳定同质多象变体。它具有晶体结构，其中每个原子与同层的 3 个相邻原子以强键相连，而以弱键与邻层中的第 4 个相邻原子相连。这就解释了 ｛0001｝完全解理。

产状： 石墨是变质煤矿床、石灰岩（limestone）、片岩（schist）以及片麻岩中的常见矿物，在一些地方是组成这些岩石的重要成分。有些火成岩及其相伴生的伟晶岩和热液脉中也可见少量石墨。

用途： 石墨的高熔点（3 000 ℃）和耐化学性使其在铸造和熔化工艺中很有用。它还被用作润滑剂、某些油漆的成分，以及铅笔中的"铅芯"。

鉴定特征： 可通过硬度、解理、叶理、滑腻特性、颜色和条痕（在纸上很容易看到）来识别石墨。石墨与辉钼矿的区别在于它的条痕完全呈黑色。

硫化物

图 124　黄铁矿，产自秘鲁拉利伯塔德省的基鲁维尔卡（Quiruvilca）。对象：73 mm×104 mm。

硫化物是一个矿物大类，包括大部分重要的经济矿石矿物。通常将那些较稀有的类似化合物也涵盖在内。在这些化合物中，硫（S）被 Se、Te、As、Sb 或 Bi 替代，这些化合物也称为硫盐。

硫化物基本上是硫（S）与一种或多种金属结合形成的无氧化合物。最简单的硫化物晶体结构可以看作是较大的 S 原子和较小的金属原子在一些空隙中的球形堆积。硫化物化学键由金属键、离子键和共价键在不同程度上混合构成。

大多数硫化物具有金属特征，具有闪亮的颜色、条痕和金属光泽。并且，大多数矿物不透明。密度高，与纯金属相比，它们大多易碎。

螺状硫银矿（Acanthite，Ag$_2$S）

结晶学： 单斜晶系，2/*m*；晶体少见，多以简单的立方体形式替代在 179 ℃ 以上稳定的立方体同质多象变体辉银矿（argentite）。晶体常呈平行排列。集合体多呈块状、细脉状、树枝状或被膜状。

物理性质： 无明显解理；次贝壳状断口；

图 125　螺状硫银矿，产自挪威孔斯贝格。对象：47 mm×49 mm。

图 126 螺状硫银矿，产自墨西哥瓜纳华托州。对象：25 mm×36 mm。

稍具挠性，极具可切性。硬度 2~2.5，密度 7.3 g/cm³。颜色为黑色；条痕亮黑色；金属光泽，新鲜面明亮，表面会因氧化呈暗淡锖色；不透明。

产状：螺状硫银矿出现在热液脉中，通常与其他银矿石矿物共生，例如浓红银矿、淡红银矿和自然银。它的小包体也见于方铅矿中，这使方铅矿成为重要的银矿石。德国萨克森州弗赖贝格和位于美国内华达州的卡姆斯托克矿脉都是螺状硫银矿的产地。

用途：螺状硫银矿是一种重要的银矿。

鉴定特征：与方铅矿相比，具有明显的可切性，缺乏良好的解理；颜色（在某种程度上）。

辉铜矿（Chalcocite，Cu₂S）

结晶学：单斜晶系，2/m；晶体少见，主要呈假六方形的板状；双晶常呈假斜方或假六方对称出现；集合体多呈块状，有时呈薄被膜状覆盖在其他矿石上。

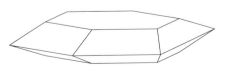

图 127 辉铜矿：{001}、{021} 和 {113}。

图 128 辉铜矿，产自美国威斯康星州莱迪史密斯弗兰博（Flambeau）。对象：75 mm×87 mm。

物理性质： 具〔110〕不清楚解理，贝壳状断口，性脆。硬度 2.5～3，密度约 5.7 g/cm³。新鲜面呈铅灰色，但会因氧化失去光泽变成暗黑色；条痕灰色到黑色；金属光泽；不透明。

名称与品种： 蓝辉铜矿（digenite，Cu_9S_5）呈蓝色，常与辉铜矿一起产出。

产状： 辉铜矿是形成于干旱地区富铜矿床富集带中的一种表生矿物。在这些矿床的最上层区域，原生铜矿物暴露在氧化的地表水中，所形成的富铜溶液与原生矿石在较低的层上反应，辉铜矿等矿物就是通过铜矿物的再沉积而富集的。这类矿床见于西班牙里奥廷托（Rio Tinto）、美国亚利桑那州比斯比和美国其他几个地方。辉铜矿也是热液脉型铜矿的主要矿物，与斑铜矿、黄铜矿和黄铁矿共生，如美国蒙大拿州比尤特（Butte）铜矿。

用途： 辉铜矿是最重要的铜矿石之一。

鉴定特征： 颜色、硬度、部分脆性，与其他铜矿物共生或伴生。

斑铜矿（Bornite，Cu_5FeS_4）

结晶学： 四方晶系，$\overline{4}2m$，高于 228 ℃ 时为等轴晶系；晶体罕见，多呈简单的假立方形；集合体多呈粒状、块状。

物理性质： 无明显解理，贝壳状至参差状断口。硬度 3，密度 5.1 g/cm³。新鲜面暗铜红色或金棕色，但很容易因氧化呈暗蓝紫斑状锗色；条痕灰黑色；金属光泽；不透明。

化学性质： Cu/Fe 比的变化范围很大。

产状： 斑铜矿分布广泛，与热液脉中的其他硫化物伴生，在铜矿床的富集带中与辉铜矿共生（见辉铜矿）。它也出现在接触变质岩（contact-metamorphic rock）中，以及呈散粒状分布在基性岩（basic rock）中。斑铜矿会蚀变为其他铜矿物，例如辉铜矿、黄铜矿、孔雀石和蓝铜矿。

用途： 斑铜矿是一种次要的铜矿石矿物。

鉴定特征： 新鲜面和风化面的颜色。

方铅矿（Galena，PbS）

结晶学： 等轴晶系，$4/m\bar{3}2/m$；晶体常见，最常见的晶形是{100}，有时为与{111}的聚形，罕见与{110}的聚形；双晶常依{111}和{114}，在{114}上时可能导致解理面上出现斜条纹；集合体常呈劈理化块状、粗粒至细粒状。

物理性质： 具{100}完全解理。硬度2.5，密度 7.6 g/cm³。颜色和条痕均为铅灰色；金属光泽，亮到暗；不透明。

化学性质： 方铅矿本身一般相当纯净，银和其他元素常以各种硫化物小包裹体的形式

图 129 斑铜矿，产自加拿大魁北克省梅冈蒂克县圣皮埃尔–德布劳顿哈维希尔矿（Harvey Hill Mine）。视场：42 mm×63 mm。

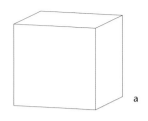

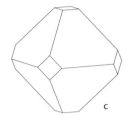
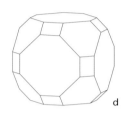

图 130 方铅矿：(a){100}；
(b)、(c){100} 和{111}；
(d){100}、{110}和{111}。

存在。方铅矿的晶体结构与石盐（NaCl）的相同，只是 Pb 替代了 Na，S 替代了 Cl。因此，Pb 与 6 个 S 配位，S 以相同的方式与 6 个 Pb 配位。石盐的化学键为纯离子键，而方铅矿中部分化学键为金属键。

名称与品种：硫锰矿（alabandite，MnS）、碲铅矿（altaite，PbTe）和硒铅矿（clausthalite，PbSe）都属于方铅矿族，但是更罕见。

产状：方铅矿是一种极其常见的矿物，

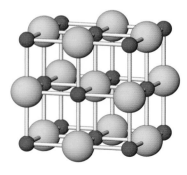

图 131 方铅矿具氧化钠型晶体结构，Pb（红色）替代了 Na，S（黄色）替代了 Cl。因此 Pb 与 6 个 S 配位，S 与 6 个 Pb 配位。

图 132 石英中的方铅矿，产自格陵兰马莫里利克（Maarmorilik）。视场：63 mm×86 mm。

图 133 石英中与菱铁矿伴生的方铅矿，产自德国萨克森-安哈尔特地区诺伊多夫（Neudorf）。视场：120 mm×180 mm。

图 134 方铅矿，产自美国密苏里州乔普林（Joplin）。视场：40 mm×60 mm。

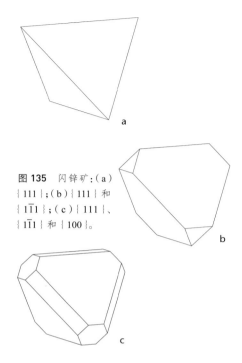

图 135　闪锌矿：(a)
{111}；(b){111} 和
{1$\bar{1}$1}；(c){111}、
{1$\bar{1}$1} 和 {100}。

铅矿见于石英脉中，与闪锌矿共生。

用途： 方铅矿是迄今为止人类发现的最重要的铅矿石，也是一种重要的银矿石。Pb 有许多用途，例如电池、管道、电缆、弹药、铅玻璃、辐射防护、各种低熔点合金，尤其是过去用于油漆和作为汽油添加剂。

鉴定特征： 解理、密度、硬度，以及颜色和条痕。

闪锌矿（Sphalerite，ZnS）

结晶学： 等轴晶系，$\bar{4}3m$；晶体常见，主要为四面体，多为正四面体 {111} 与负四面体 {1$\bar{1}$1}，以及与 {100}、{110} 或 {hkk} 的聚形；晶体普遍较复杂；一般具 {111} 双晶，如简单双晶、重复接触双晶或贯穿双晶；集合体通常呈劈理化块状、粗粒至细粒状、块状，有时呈纤维状或葡萄状。

也是最重要的铅矿石。它见于热液脉中，与闪锌矿、黄铁矿和黄铜矿等其他常见硫化物共生，并与石英、重晶石、萤石、方解石以及许多其他矿物共生或伴生。在某些矿床中，方铅矿与银矿石共生，通常含银硫化物包裹体，包裹体的数量足以使方铅矿本身成为重要的银矿石。它也出现在石灰岩的矿脉和孔洞中，常与闪锌矿共生，产地有美国密苏里州、堪萨斯州和俄克拉荷马州各有部分地区包含在内的三州区（Tri-State District）。该地区出产数量惊人的精美晶簇。方铅矿也见于伟晶岩和接触变质岩中，均匀地分布在许多沉积物中。欧洲著名的产地包括德国弗赖贝格和哈茨山、捷克普日布拉姆（Pribram），以及英格兰比郡、坎布里亚郡和达勒姆郡。在格陵兰马莫里克，方

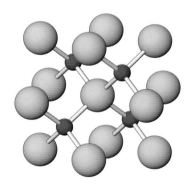

图 136　闪锌矿的晶体结构可由金刚石结构衍生而来，将一半的碳原子替换为 Zn（红色），另一半替换为 S（黄色）。因此，Zn 与 4 个 S 配位，S 与 4 个 Zn 配位。

图 137 闪锌矿，产自瑞士碧茵谷（Binntal）。视场：22 mm×33 mm。

物理性质：具〔110〕完全解理，即具 6 个方向上的完全解理。硬度 3.5～4，密度约 4.0 g/cm³。颜色多变，纯闪锌矿多为黄色或褐色，偶为红色、绿色、白色或无色，随着 Fe、Mn 或 Cd 含量的增加几乎变为黑色；条痕由黄色至褐色，随着 Fe 含量的增加而变黑，但通常比矿物本身的颜色浅；光泽多变，从解理面的半金属金刚光泽到细粒集合体中稍稍有些油脂般的金属光泽；透明至不透明。

化学性质：Zn 几乎总是部分被 Fe 替代。替代程度部分取决于可利用的 Fe 的量，部分取决于结晶时的温度（温度越高，Fe 就越多）。如果闪锌矿与磁黄铁矿等富铁的共生矿物一起结晶，表明有足够多的铁存在，通过 Fe/Zn 的比值可以计算其形成时的温度。因此，闪锌矿可以作为地质温度计。与 Fe 一样，Mn 和 Cd 也可以替代 Zn，但一般来说量很少。

将金刚石中的 C 原子一半替换为 Zn，另一半替换为 S，就可由金刚石的晶体结构得到闪锌矿的晶体结构。因此，每个 Zn 与 4 个 S 配位，每个 S 与 4 个 Zn 配位。该结构可视为 S 原子作立方最紧密堆积，而 Zn 位于 S 四面体的空隙中。纤锌矿（wurtzite，ZnS）是闪锌矿的一种同质多象变体，其中 S 原子作六方最紧密堆积。纤锌矿是一种相对稀有的矿物，其物理性质与闪锌矿的相似。

名称与品种："sphalerite"一词源于希腊语，意为"欺骗"，闪锌矿的旧称（blende）也有类似的意思。这两种说法都可能是指这种矿物难以鉴别，或者，和通常与之共生的方铅矿相比，其作为矿石毫无用处。硫镉矿（greenockite，CdS）是一种与纤锌矿伴生的稀有矿物。

产状： 闪锌矿是一种常见的矿物，它的产状与方铅矿的相同，并且通常与方铅矿共生；其产地见方铅矿的描述部分（见第100页）。此外，闪锌矿还存在于热液脉中，与磁铁矿、黄铁矿、磁黄铁矿和其他硫化物共生。瑞士碧茵谷的伦根巴赫采石场（Lengenbach Quarry）和西班牙桑坦德的欧罗巴山（Picos de Europa），都发现了透明的闪锌矿晶体。

用途： 闪锌矿是迄今为止最重要的锌矿石。Zn 有许多用途，例如用于电镀、制黄铜和锌板等合金、电池、防腐剂、油漆和药品等。闪锌矿也是 Cd 和其他几种稀有元素的主要来源。

鉴定特征： 如上所述，闪锌矿可能难以识别；最有用的特征是解理、光泽，以及硬度和产出方式。

图 138　闪锌矿，解理标本，产自墨西哥索诺拉州奇维拉矿（Chivera Mine）。对象：26 mm×43 mm。

图 139　白云石上的闪锌矿，产自塞尔维亚特雷普卡（Trepca）。视场：66 mm×99 mm。

图 140　闪锌矿（红色）和方铅矿，产自美国密苏里州乔普林。视场：40 mm×60 mm。

图 141　纤锌矿，产自捷克波希米
亚地区普日布拉姆。对象：53 mm×
61 mm。

图 143 黄铜矿，产自美国宾夕法尼亚州珀基奥门维尔（Perkiomenville）。对象：80 mm × 78 mm。

黄铜矿（Chalcopyrite，CuFeS₂）

结晶学：四方晶系，$\overline{4}2/m$；晶体主要以四方四面体为主，例如，类似于立方四面体的 $\{112\}$；可以看成正、负四方四面体的组合，其中一种具有带条纹的钝面，另一种具有无条纹的亮面；具 $\{112\}$ 双晶；集合体主要呈块状。

物理性质：无明显解理，参差状断口，性脆。硬度 3.5～4，密度约 4.2 g/cm³。黄铜色，常带锈色；条痕绿黑色；金属光泽；不透明。

化学性质：黄铜矿化学成分通常接近于其理想的化学式。黄铜矿的晶体结构可以由闪锌矿的得到，将一半 Zn 用 Cu 代替，另一半 Zn 用 Fe 代替。这导致 c 轴参数加倍，对称性从等轴晶系降为四方晶系。

产状：黄铜矿是分布最广的铜矿石，也是最重要的铜矿石之一。它在大多数火成岩中呈细粒分布，局部呈致密块状富集，与黄

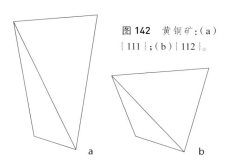

图 142 黄铜矿：(a) $\{111\}$；(b) $\{112\}$。

铁矿、磁铁矿及镍黄铁矿共生。它也填充于热液脉中，或以较大的透镜体形式出现；有时还出现在接触变质灰岩中。它存在于一些沉积物中，例如德国曼斯费尔德（Mansfeld）著名的含化石铜板岩。黄铜矿存在于许多矿床中，例如西班牙里奥廷托、美国亚利桑那州比斯比和宾夕法尼亚州弗伦奇克里克（French Creek）。

用途： 黄铜矿是最重要的铜矿石之一。铜是一种重要金属，用于制造电线、水管及其配件，青铜、黄铜等合金；以及屋面材料等。

鉴定特征： 结晶习性、颜色和条痕；硬度比黄铁矿小，比自然金大；与自然金相比易碎。

黄锡矿（Stannite，Cu_2FeSnS_4）

四方晶系，晶体结构与黄铜矿的相似；集合体多呈粒状块体。无明显解理。硬度4，密度 4.4 g/cm^3。颜色从钢灰色到黑色，条痕黑色，金属光泽。黄锡矿存在于热液富锡矿脉中，在一些地方是重要的锡矿石，例如英国康沃尔郡（Cornwall）和玻利维亚。

磁黄铁矿（Pyrrhotite，$Fe_{1-x}S$）

结晶学： 六方晶系，$6/m2/m2/m$，但当温度低于 250 ℃ 时，为单斜晶系，$2/m$；晶体不常见，通常平行 {0001} 呈板状；集合体大多呈块状、粒状。

图 144 黄铜矿，产自意大利塞拉韦扎博蒂诺矿（Bottino Mine）。视场：54 mm×81 mm。

物理性质： 解理通常不明显，参差状断口，性脆。硬度约 4，密度 4.6 g/cm³。颜色呈暗铜黄色或棕色，条痕灰黑色，金属光泽，不透明。具磁性且强度多变。

化学性质： 与 S 相比较，Fe 的量一般不足；化学式中的 x 通常为 0～0.2。该结构是 S 原子的球体六方最紧密堆积，其中 Fe 位于 S 的八面体配位位置；大约每 8 个 Fe 位置中有一个空位。

名称与品种： 陨硫铁（FeS）是一种与磁黄铁矿密切相关的矿物，常见于铁陨石中。

产状： 磁黄铁矿产于基性火成岩中，呈小颗粒状散布或局部富集，例如在加拿大安大略省萨德伯里（Sudbury），磁黄铁矿与镍黄铁矿、黄铜矿以及其他硫化物共生。它也出现在伟晶岩、接触变质岩和热液脉中。磁黄铁矿见于许多地方，例如俄罗斯达利涅戈尔斯克

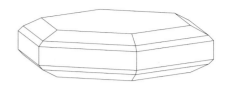

图 145 磁黄铁矿：$\{1010\}$）、$\{0001\}$、$\{1011\}$ 和 $\{1012\}$。

（Dal'negorsk）、罗马尼亚赫贾（Herja）、塞尔维亚特雷普卡和墨西哥圣欧拉利娅（Santa Eulalia）。

用途： 磁黄铁矿作为铁矿石仅在某些地区具有经济价值，之所以被开采主要是由于它与富镍硫化物（主要是镍黄铁矿）共生。

鉴定特征： 结晶习性、颜色、硬度和磁性。

图 146 磁黄铁矿，产自墨西哥奇瓦瓦州圣欧拉利娅。视场：28 mm×42 mm。

图 147 磁黄铁矿，产自俄罗斯达利涅戈尔斯克。视场：32 mm×44 mm。

红砷镍矿（Nickeline，NiAs）

结晶学： 六方晶系，$6/m2/m2/m$；晶体不常见，往往具板状；集合体通常呈块状。

物理性质： 无明显解理，贝壳状或参差状断口。硬度 5.5，密度 7.8 g/cm³。颜色为淡铜红色，失去光泽后为灰色或黑色；条痕褐黑色；金属光泽；不透明。

化学性质： Ni 可以被少量 Fe 或 Co 替代，As 可以被 Sb 替代。该结构是 As 原子的球体六方最紧密堆积，其中 Ni 位于 As 的八面体配位位置。

名称与品种： 红砷镍矿最初因其颜色被命名为尼喀尔铜（kupfernickel），而该名称反过来又赋予了元素镍（Ni）的名称。

产状： 红砷镍矿产于基性火成岩及相关

图 148 红砷镍矿，产自加拿大安大略省蒂米斯卡明区埃尔克莱克（Elk Lake）。对象：75 mm×89 mm。

图 149 针镍矿，产自美国纽约州安特卫普斯特林矿（Sterling Mine）。视场：36 mm×54 mm。

矿体中，通常与磁黄铁矿、黄铜矿以及其他含 Ni 的硫化物和砷化物共生。它也存在于热液脉型矿床中，常与含 Co 和 Ag 的矿物共生，例如在加拿大安大略省科博尔特（Cobalt）。

用途：红砷镍矿是一种劣质镍矿石。

鉴定特征：颜色和硬度。很容易风化为绿色的镍华（annabergite）。

红锑镍矿（Breithauptite，NiSb）

六方晶系，结构上与红砷镍矿相关，多呈块状集合体。其特性与红砷镍矿的非常相似，但颜色更偏向紫罗兰色，条痕红棕色。红锑镍矿常与 Co-Ni-Ag 矿石矿物一起见于热液脉中，已知产地有美国加利福尼亚州凯奥特峰（Coyote Peak）、加拿大安大略省赫姆洛金矿（Hemlo Gold Deposit），以及德国哈茨山圣安德烈亚斯贝格等。

针镍矿（Millerite，NiS）

三方晶系；晶体大多纤细如针，平行于 c 轴；通常呈放射状晶簇或纤维块状；很少大规模出现。具 $\{10\bar{1}1\}$ 和 $\{01\bar{1}2\}$ 完全解理；性脆，针状晶体具有一定弹性。硬度 3～3.5，密度 5.5 g/cm^3。颜色为淡黄铜色；条痕黑色，略带绿色调；金属光泽；不透明。针镍矿是一种低温热液矿物，晶体常见于石灰岩洞及裂隙内或方解石脉中。人们还发现它是其他含镍矿物的蚀变产物。在一些地方可见精美的晶簇，例如美国纽约州安特卫普的斯特林矿山和英国南威尔士的老旧煤矿的废料堆中。

镍黄铁矿 [Pentlandite，$(Ni,Fe)_9S_8$]

结晶学：等轴晶系，$4/m\bar{3}2/m$；晶体非常罕见；通常呈粒状、块状集合体；常与磁黄铁矿密切共生。

物理性质：在较大颗粒上具有一些解理或依 $\{111\}$ 裂理，贝壳状断口，性脆。硬度 3.5～4，密度约 4.8 g/cm^3。浅古铜黄色，条痕铜棕色，金属光泽，不透明。

化学性质：Ni/Fe 比接近于 1，含少量 Co。

产状：镍黄铁矿出现在基性火成岩中，通常与其他含 Ni 和 Fe 的矿物共生。镍黄铁矿最重要的产地位于加拿大安大略省萨德伯里。它也见于芬兰的欧托昆普（Outokumpu）和其

图 **150** 镍黄铁矿，产自挪威埃维耶（Evje）。对象：81 mm×112 mm。

他地方。

用途：镍黄铁矿是主要的镍矿石。镍可应用于不锈钢和各种合金、镀镍、催化剂、坩埚，以及充电电池中。

鉴定特征：与磁黄铁矿十分相似，但是没有磁性。

铜蓝（Covellite，CuS）

结晶学：六方晶系，$6/m2/m2/m$；晶体不常见，多为板状，在｛0001｝上有六方纹理；集合体多呈块状或以被膜状覆盖在其他铜矿物表面。

物理性质：具｛0001｝完全解理，解理片具一定挠性。硬度 1.5～2，密度 4.7 g/cm³。颜色蓝色至黑色，经常出现黄铜色或深红色变彩；条痕亮黑色；金属光泽；不透明，但薄片是半透明的。

化学性质：少量 Cu 可被 Fe 替代。

产状：铜蓝是一种由其他含 Cu 硫化物蚀变而成的次生矿物。它产于铜富集带（enriched copper zone）中，主要与辉铜矿、斑铜矿和黄铜矿共生（见辉铜矿）。其精美晶体在美国蒙大拿州比尤特等地可见。

用途：铜蓝是一种次要的铜矿石。
鉴定特征：颜色和解理。

图 151 铜蓝，产自意大利撒丁岛阿尔盖罗（Alghero）。对象：51 mm×65 mm。

辰砂（Cinnabar，HgS）

结晶学： 三方晶系，32；晶体常见，常呈菱面体，或平行于 {0001} 的板状；常具 {0001} 贯穿双晶；多呈粒状、块状、土状、皮壳状集合体，或呈细粒分散在岩石中。

物理性质： 具 {10$\bar{1}$0} 完全解理。硬度 2.5，密度 8.1 g/cm³。颜色呈朱红色，不纯时带棕色调；条痕红色；金刚光泽，当不纯或呈土状时暗淡；透明至半透明。

化学性质： 辰砂常被氧化铁、黏土（clay）或有机化合物污染，大量不纯的辰砂有时被称为肝辰砂（hepatic cinnabar）。

产状： 辰砂在低温下形成，产于岩脉和沉积物的浸染带中，通常与近代火山活动有关。它经常与黄铁矿、辉锑矿、石英、玉髓、方解石以及其他碳酸盐共生。产地有西班牙阿尔马登（Almadén）、斯洛文尼亚伊德里亚（Idria）、美国加利福尼亚州新阿尔马登（New Almaden）和新伊德里亚（New Idria），以及晶体发育异常优良的中国湖南省等。

用途： 辰砂是重要的汞矿石，可用于温度计和气压计等仪器中，以及电力装置、电池、牙填充物、绘画和农业中的保藏介质。

图 153 辰砂，具 {0001} 贯穿双晶，产自中国。视场：22 mm×38 mm。

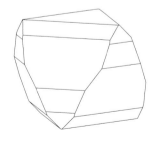

图 152 辰砂：{10$\bar{1}$0}、{0001}、{10$\bar{1}$1}、{02$\bar{2}$1}、{20$\bar{2}$5}。

鉴定特征： 颜色、条痕、密度、结晶习性和解理。

雄黄（Realgar，AsS）

结晶学： 单斜晶系，2/m；晶体不常见，通常呈短柱状，有平行于 c 轴的纵纹；多呈由粗到细的颗粒状、块状或皮壳状集合体。

物理性质： 具 {010} 中等解理，{$\bar{1}$01}、{100} 和 {120} 不清楚解理；可切。硬度 1.5～2，密度 3.6 g/cm³。颜色从红色到橙黄

色，在光照下变成黄色的砷华（arsenolite）和雌黄混合物；条痕橙黄色；树脂光泽；新鲜矿物透明。

产状： 雄黄见于低温热液脉中，与雌黄、辉锑矿和其他砷锑矿物共生，通常作为风化产物替代其他砷矿物。它也是火山升华产物和温泉沉淀物，例如在美国怀俄明州黄石公园诺里斯间歇泉盆地（Norris Geyser Basin）中。

用途： 雄黄及其相关矿物雌黄都可用作颜料，但由于它们具有毒性，这种做法现已经被禁止。

鉴定特征： 颜色、光泽和硬度。

雌黄（Orpiment，As$_2$S$_3$）

结晶学： 单斜晶系，2/*m*；晶体少见，多为短柱状，假斜方形态；集合体通常呈叶片状或柱形块体。

物理性质： 具 {010} 完全解理，解理片具挠性但无弹性；可切。硬度 1.5～2，密度 3.5 g/cm^3。颜色柠檬黄色至棕黄色；条痕淡黄色；树脂光泽，解理面呈珍珠光泽；半透明。

产状： 与雄黄相似，通常与雄黄共生，是雄黄的蚀变产物。产地有美国内华达州的格彻尔矿（Getchell Mine）和白帽矿（White Caps Mine）等。

图 154　雄黄，产自马其顿阿尔沙尔（Allchar）。对象：70 mm×78 mm。

图 155 雌黄，产自伊朗。对象：32 mm×46 mm。

用途：雌黄和雄黄都可用作颜料，但由于它们具有毒性，这种做法已经被禁止。

鉴定特征：叶片状集合体、颜色、光泽和解理。

辉锑矿（Stibnite，Sb$_2$S$_3$）

结晶学：斜方晶系，2/m2/m2/m；晶体常见，多呈长柱状或针状，有时弯曲或扭转，聚合成放射状集合体。柱面常具平行于 c 轴的纵纹；亦呈块状、由粗至细的颗粒状集合体。

物理性质：具｛010｝完全解理，解理片无弹性，通常有平行于 a 轴的条纹。硬度 2，密度 4.6 g/cm^3。颜色铅灰色至黑色，通常有轻微的锖色；条痕铅灰色至黑色；金属光泽；不透明；在光照下会变暗。

化学性质：辉锑矿的成分通常接近于其理想化学式。

名称与品种："Antimonite"是旧称，见于旧藏品中。在德语及其他许多欧洲语言中，辉锑矿写作"antimonit"或"antimonglanz"。辉铋矿（bismuthinite，Bi$_2$S$_3$）是一种与辉锑矿相关的稀有矿物，两者具有相似的物理性质。

产状：辉锑矿出现在低温热液脉、交代矿床（replacement deposit）和温泉矿床中。通常与雄黄、雌黄、方铅矿、黄铁矿、重晶石、石英和方解石共生。在地表条件下，它容易氧化并分解成白色或淡黄色的黄锑华（stibiconite）。最大的辉锑矿矿床位于中国湖南省。罗马尼亚巴亚斯普列（Baia Sprie）、日本四国岛市之川（Ichinokawa），以及玻利维亚圣何塞（San José）等地也出产发育良好的辉锑矿晶簇。

图 156　辉锑矿，产自罗
马尼亚巴亚斯普列。对象：
67 mm×90 mm。

用途：辉锑矿是主要的锑矿石，不过，相当数量的锑是铅矿石的副产品。锑曾用于铅字合金，现多用于各种合金、轴承和颜料中。

鉴定特征：结晶习性、解理和集合体形态。辉锑矿的颜色与方铅矿的相同，但它只有一组完全解理，且密度较小，两者可由此区分。

黄铁矿（**Pyrite**，**FeS$_2$**）

结晶学：等轴晶系，$2/m\bar{3}$；晶体常见，通常为立方体 $\{100\}$、五角十二面体 $\{210\}$、八面体 $\{111\}$，或这些晶形的聚形；由于振荡生长，$\{100\}$ 和 $\{210\}$ 的晶面上通常有平行于晶棱的条纹；双晶主要依 $[110]$，双晶轴可见；集合体呈块状、颗粒状，以及放射状、球状或钟乳状。

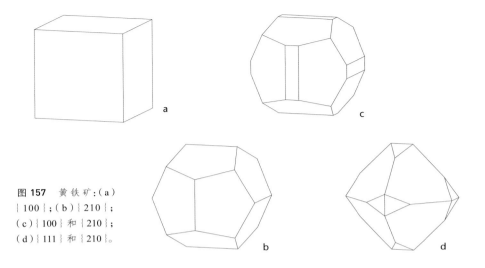

图 157 黄铁矿:(a)
｜100｜;(b)｜210｜;
(c)｜100｜和｜210｜;
(d)｜111｜和｜210｜。

物理性质: 无解理,贝壳状断口,性脆。硬度 6～6.5,密度 5.0 g/cm³。颜色黄铜色,条痕绿黑色,金属光泽,不透明。

化学性质: 黄铁矿和白铁矿互为同质多象变体。黄铁矿的成分通常接近于其理想化学式;部分 Fe 有时可被 Ni 或 Co 替代。

通过用 Fe 置换 Na,S₂ 置换 Cl,由石盐(NaCl)的晶体结构可得到黄铁矿的晶体结构。2 个 S 原子彼此非常接近,它们之间的键平行于 4 个三次轴中的一个。Fe 与 6 个 S 原子形成八面体配位。

产状: 黄铁矿分布广泛,也是最常见的硫化物。它几乎产出于所有地质环境中,在大多数火成岩中是副矿物,在许多火成岩矿体、伟晶岩、接触变质岩和热液脉中是主要矿物。它也广泛存在于许多变质岩和沉积物中,例如英国和丹麦白垩矿床中的黄铁矿结核(concretion)。西班牙里奥廷托等地是黄铁矿的大型富集地。秘鲁的基鲁维尔卡和其他矿产地出产非

常精美的晶体。黄铁矿在氧化作用下会分解为铁的硫酸盐和氧化物,最终形成硫酸。酸实际上会影响周围的矿物质;在博物馆和私人收藏

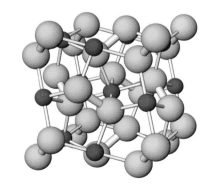

图 158 黄铁矿的晶体结构可由石盐(NaCl)的晶体结构得到,Na 被 Fe(红色)替代,Cl 被一对 S 原子(黄色)替代。这 2 个 S 原子靠得非常近,它们之间的键平行于 4 个三次对称轴中的一个。Fe 与 6 个 S 原子形成八面体配位。

图 159 黄铁矿，产自西班牙洛格罗尼奥省纳瓦洪（Navajun）。对象：48 mm×44 mm。

图 160 黄铁矿，产自秘鲁。视场：48 mm×44 mm。

图 161 黄铁矿，产自秘鲁瓦努科省万萨拉。视场：66 mm×99 mm。

图 162 黄铁矿，产自美国伊利诺伊州卡本代尔（Carbondale）。直径：85 mm。

图 163 黄铁矿，产自丹麦哥本哈根南港。对象：94 mm×134 mm。

中，酸可能会破坏标签和盒子。

用途： 黄铁矿仅是一种次要的铁矿石，它之所以被开采，主要用于生产硫酸和硫酸铁，有时也因其含 Cu 和 Au。

鉴定特征： 结晶习性、颜色和硬度。黄铁矿的硬度明显比黄铜矿和自然金的高，而且与自然金相比也更脆；黄铁矿与白铁矿相似，但通常颜色更深。

白铁矿（Marcasite，FeS₂）

结晶学： 斜方晶系，$2/m2/m2/m$；晶体常见，一般呈平行于 {010} 的板状或呈柱状，多见 {110} 双晶；较大的晶体通常由若干近

乎平行的单晶或双晶组成，末端呈矛状或鸡冠状；集合体一般呈放射状，也呈钟乳状或葡萄状。

物理性质： 具 {101} 清楚解理，贝壳状断口，性脆。硬度 6～6.5，密度 4.9 g/cm³。颜色为淡黄铜色，新鲜面近乎白色；条痕灰黑色；金属光泽；不透明。

化学性质： 白铁矿是黄铁矿的同质多象变体，其成分通常略微偏离其理想化学式。晶体结构与黄铁矿的相似，Fe 周围的邻近配位相同，但 S₂ 位于垂直于 c 轴的平面内。

产状： 白铁矿形成于低温条件下，主要产于沉积物和热液脉中，在后者中通常与铅矿和锌矿共生，产地有美国密苏里州乔普林等。

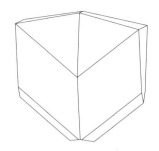

图 164 白铁矿：具 {110} 双晶，每个单晶体都有单形 {011}、{110} 和 {014}。

它不如黄铁矿稳定，易分解形成铁的硫酸盐和硫酸。

鉴定特征： 结晶习性和硬度；与黄铁矿相似，但具有解理，颜色较浅。

砷铂矿（Sperrylite，PtAs₂）

等轴晶系；属于黄铁矿族；常见晶体 {100}、{111} 或它们的聚形。具 {100} 不清楚解理，贝壳状断口，性脆。硬度 6.5，密度 10.6 g/cm³。颜色锡白色，条痕黑色，强金属光泽，不透明。

砷铂矿是最常见的铂矿物，主要见于与磁黄铁矿和镍黄铁矿共生的矿床中。已知产地有加拿大萨德伯里、俄罗斯诺里尔斯克（Noril'sk）和南非布什维尔德等。

辉砷钴矿（Cobaltite，CoAsS）

结晶学： 斜方晶系，mm2；晶体呈假立方体，具有立方体或五角十二面体的形态，因此

图 165 白铁矿，产自捷克索科洛夫（Sokolov）。对象：60 mm×106 mm。

图 166　辉砷钴矿，产自瑞典哈坎斯布达（Håkansboda）。对象：40 mm×38 mm。

类似于黄铁矿；集合体呈粒状。

物理性质： 立方体状解理，近乎完全解理；贝壳状或参差状断口；性脆。硬度 5.5，密度 6.3 g/cm³。颜色为银白色，略带红色色调；条痕灰黑色；金属光泽；不透明。

化学性质： 部分 Co 经常被 Fe 替代，少数被 Ni 替代。晶体结构为黄铁矿型结构，黄铁矿中的 S—S 被 S—As 替代，其对称性也由等轴晶系相应地降至斜方晶系。

名称与品种： 相关矿物种类有相对较稀有的辉砷镍矿（gersdorffite，NiAsS）和辉锑镍矿（ullmannite，NiSbS）。硫钴矿（linnaeite，Co₃S₄）是一种富 Co 的硫化物，产地有瑞典巴斯奈斯（Bastnäs）等。

产状： 辉砷钴矿产于高温热液脉中，与富 Ni、Co 的矿物共生。它也与一些接触变质岩有关。辉砷钴矿的产地有加拿大安大略省科博尔特、刚果（金）（最大产地），以及瑞典哈坎斯布达（发现大量发育良好的晶体）等。

用途： 辉砷钴矿是最重要的钴矿石之一。钴主要用于各种合金钢。

鉴定特征： 结晶习性、颜色和解理。

毒砂（Arsenopyrite，FeAsS）

结晶学： 单斜晶系，2/m，假斜方晶系；晶体常见，通常为柱状；双晶常见，例如依 {001} 成假斜方形态，依 {101} 成接触双晶和贯穿双晶，依 {012} 成十字双晶和星状三连晶；集合体呈致密粒状。

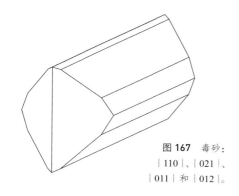

图 167 毒砂：
|110|、|021|、
|011| 和 |012|。

物理性质： 具 |101| 清楚解理，|010| 不清楚解理；参差状断口。硬度 5.5～6，密度 6.1 g/cm³。颜色银白色至钢灰色，条痕近乎黑色，金属光泽，不透明。

化学性质： As/S 的比值可在一定范围内

变化。将白铁矿晶体结构中一半的 S 用 As 代替，可得到毒砂的晶体结构。

名称与品种： 斜方砷铁矿（löllingite，FeAs₂）是一种与毒砂密切相关的矿物，两者可共生。

产状： 毒砂是最常见的砷矿物，也是主要的砷矿石。它产于中高温热液脉中，与石英脉中的金、含锡脉中的锡石，以及接触变质岩中的白钨矿等钨矿物共生。它分布广泛，已知产地有德国弗赖贝格，塞尔维亚特雷普卡，英国德文郡塔维斯托克、康沃尔郡的锡矿，以及葡萄牙帕纳什凯拉（Panasqueira）等。精美的晶簇见于墨西哥的圣欧拉利娅等矿中。

用途： 毒砂是主要的砷矿石（用途见第 86 页的"自然砷"部分）。

鉴定特征： 结晶习性，如双晶形式和颜色。

图 168 毒砂，产自塞尔维亚特雷普卡。对象：78 mm×130 mm。

辉钼矿（Molybdenite，MoS$_2$）

结晶学： 六方晶系，$6/m2/m2/m$；晶体平行 [0001] 呈板状；集合体主要呈叶片状、鳞片状或块状。

物理性质： 具 [0001] 完全解理，解理片具挠性但不具弹性；有油腻感。硬度 1～1.5，密度 4.7 g/cm^3。颜色铅灰色，常有蓝色的锖色；条痕黑色，略带绿色调；金属光泽；不透明。

化学性质： 化学成分通常接近于理想化学式。晶体结构为层状，由复合层组成，一层 Mo 夹在两层 S 之间。层内的键比层间的强得多，这导致与层平行的完全解理。

产状： 辉钼矿广泛存在，但通常只少量产出。在一些花岗岩（granite）和伟晶岩、与白钨矿和黑钨矿等共生的气成矿脉，以及接触

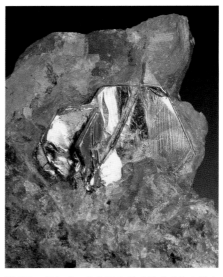

图 170 辉钼矿，产自澳大利亚新南威尔士州金斯盖特。视场：40 mm×50 mm。

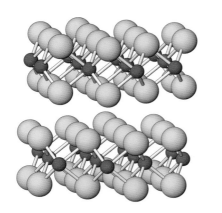

图 169 辉钼矿的晶体结构由复合层组成，一层 Mo（红色）夹在两层 S（黄色）之间。复合层之中的键比复合层之间的强得多，导致与层平行的完全解理。

交代矿床中，辉钼矿是副矿物。最重要的辉钼矿矿床之一位于美国科罗拉多州克莱马克斯（Climax）。精美晶体见于美国华盛顿州克朗波因特矿（Crown Point Mine）、澳大利亚新南威尔士州金斯盖特（Kingsgate）。

用途： 辉钼矿是主要的钼矿石，可用于制作合金钢、电气部件，以及用作润滑剂等。

鉴定特征： 解理和硬度；与石墨相似，但可据其颜色微蓝、条痕微绿区别开来。

针碲金银矿（Sylvanite，AgAuTe₄）

单斜晶系；晶体呈柱状或板状，通常较复杂；不同类型的双晶导致晶体形态呈类似于书写字符的螺纹状或树枝状（在德语中写作"schrifterz"）。具｛010｝完全解理，参差状断口，性脆。硬度 1.5～2，密度 8.2 g/cm³。颜色为银白色，有时微微带金色锖色；条痕灰色；金属光泽；不透明。

针碲金银矿产于低温热液脉中，与其他富含 Ag 和 Au 的矿物共生。已知产地有罗马尼亚萨卡兰布（Sacaramb），以及从前的特兰西瓦尼亚（Transylvania）的其他金矿（该矿物的名称也由此而来）等。碲金矿（calaverite，AuTe₂）和白碲金银矿［krennerite，(Au,Ag)Te₂］都是与针碲金银矿密切相关的矿物，它们的产状相同。

图 171　针碲金银矿，产自罗马尼亚巴亚德阿里耶什（Baia-de-Arieş）。视场：56 mm×84 mm。

方钴矿［Skutterudite，(Co,Ni)As₃］

结晶学： 等轴晶系，$2/m\overline{3}$；晶体不常见，一般为｛100｝、｛111｝或它们的聚形，偶见｛110｝或｛hk0｝；通常呈粒状、块状集合体。

物理性质： 解理通常不清楚，参差状或贝壳状断口，性脆。硬度 5.5～6，密度 6.5 g/cm³。颜色为锡白色或钢灰色，有时带锖色；条痕黑色；金属光泽；不透明。

化学性质： Fe 通常替代部分 Co 或 Ni。与 Co 相比，Ni 在方镍矿中占主导地位。

名称与品种： 斜方砷钴矿（safflorite，CoAs₂）和斜方砷镍矿（rammelsbergite，NiAs₂）都是与方钴矿密切相关的矿物，通常与之共生。

产状： 方钴矿与辉砷钴矿、红砷镍矿以及其他钴镍矿物一起产出于矿脉中。已知产

图 172　方钴矿，产自德国萨克森州施内贝格。对象：76 mm×74 mm。

地如挪威莫迪姆（Modum）斯库特鲁德（Skutterud）、德国萨克森州安娜贝格（Annaberg）和施内贝格（Schneeberg），以及加拿大安大略省科博尔特。

用途：方钴矿作为钴矿石和镍矿石而被开采。

鉴定特征：结晶习性和颜色是最有用的特征，但方钴矿通常难以识别。

硫盐类

硫盐以半金属 As、Sb 和 Bi 进入晶体结构中金属的位置为特征。在硫化物和砷化物等物质中，上述半金属起着和 S 相同的作用，并且进入 S 的位置。

硫盐通常是产于热液脉中含 Ag、Cu 或 Pb 的矿物，通常少量产出，并与更常见的硫化物共生。

浓红银矿（Pyrargyrite，Ag_3SbS_3）

结晶学：三方晶系，$3m$；晶体通常呈柱状或具偏三角面体习性，可以很复杂；常见 $\{10\bar{1}4\}$ 或 $\{10\bar{1}1\}$ 双晶；集合体呈粒状、块状。

物理性质：具 $\{10\bar{1}1\}$ 清楚解理，贝壳状或参差状断口，性脆。硬度 2.5，密度 5.8 g/cm^3。颜色为深红色，在光照下变暗；条痕红色；金刚光泽；半透明。

名称与品种："dark ruby silver"是浓红银

矿的英文旧称。脆银矿（stephanite，Ag_5SbS_4）和硫锑铜银矿［polybasite，$(Ag,Cu)_{16}Sb_2S_{11}$］是其他含 Ag 和 Sb 的硫盐。

产状： 黄铁矿是低温热液脉中的晚期矿物，常与其他银矿物、方铅矿和方解石一起出现，其中著名的矿床产地有德国的哈茨山圣安德烈亚斯贝格、弗赖贝格，捷克普日布拉姆和西班牙延德拉恩西纳（Hiendelaencina）。

用途： 浓红银矿是一种重要的银矿石。

鉴定特征： 结晶习性、颜色、光泽和产状。

淡红银矿（Proustite，Ag_3AsS_3）

结晶学： 三方晶系，$3m$；晶体形态同浓红银矿，不过通常没那么复杂；见｛$10\overline{1}4$｝或｛$10\overline{1}1$｝双晶；集合体呈块状。

图 173 浓红银矿，产自德国萨克森州弗赖贝格。对象：30 mm×43 mm。

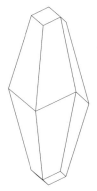

图 174　淡红银矿：
$\{10\bar{1}1\}$ 和 $\{32\bar{5}1\}$。

物理性质：具 $\{10\bar{1}1\}$ 清楚解理，贝壳状或参差状断口；性脆。硬度 2～2.5，密度 5.8 g/cm³。颜色鲜红色至朱红色，比浓红银矿稍浅，在光照下变暗；条痕朱红色；金刚光泽；半透明。

名称与品种："light ruby silver" 是淡红银矿的英文旧称。

产状：与浓红银矿一样，淡红银矿是低温热液脉中的晚期矿物，常与其他银矿物、方铅矿和方解石一起出现。它也与黄铁矿共生，但相对少见。

用途：淡红银矿在一些地方是一种重要的银矿石。

鉴定特征：结晶习性、颜色、光泽和产状。

图 176　黝铜矿，产自秘鲁胡宁省瓦卡科查（Huacracocha）。视场：50 mm×75 mm。

黝铜矿 [Tetrahedrite，(Cu,Fe)₁₂Sb₄S₁₃] – 砷黝铜矿 [Tennantite，(Cu,Fe)₁₂As₄S₁₃]

结晶学：等轴晶系，$\bar{4}3m$；晶体通常为四面体；常依 $\{111\}$ 成接触双晶或贯穿双晶；黄铜矿有时在晶体中过渡生长或穿插生长；集合体呈块状或粒状。

物理性质：无解理，参差状断口。硬度 3～4，砷黝铜矿硬度最高；密度约 4.8 g/cm³。颜色为灰色至黑色，条痕褐色至黑色，金属光泽，不透明。

图 175　黝铜矿：$\{111\}$、$\{110\}$、$\{211\}$ 和 $\{21\bar{1}\}$。

化学性质： 在黝铜矿和砷黝铜矿之间存在一个完全固溶体系列。Fe 在一定程度上总是出现，因此包含在化学式中，但也会出现 Zn、Ag、Pb 和 Hg；银黝铜矿（freibergite）是这一族中富 Ag 的变种。

产状： 黝铜矿可能是最常见、经济价值较高的硫盐矿物，黝铜矿和砷黝铜矿产于热液脉中，一般与其他含 Cu、Pb、Zn 和 Ag 的矿物共生。它们也产于接触变质矿床中。发育良好的黝铜矿晶体见于美国犹他州帕克城城区（Park City District）和墨西哥萨卡特卡斯（Zacatecas）等地。

用途： 这些矿物都是重要的铜矿石，在一些地方也作为银矿石。

鉴定特征： 结晶习性和解理不发育。

硫砷铜矿（Enargite，Cu₃AsS₄）

结晶学： 斜方晶系，*mm*2，假六方晶体；晶体常见，呈平行于 {001} 的板状，或具有平行于 *c* 轴的条纹的柱状；常见 {320} 双晶，有时见呈环状的星状三连晶；集合体呈粒状或柱状。

物理性质： 具 {110} 完全解理，{100} 和 {010} 清楚解理；参差状断口；性脆。硬度 3，密度 4.5 g/cm³。颜色为钢灰色至黑色，偶尔带紫色调；条痕黑色；金属光泽，会失去光泽；不透明。

化学性质： Sb 和 Fe 可分别替代部分 As 和 Cu。

产状： 硫砷铜矿产于热液脉和交代矿床中，通常与黄铁矿、闪锌矿、方铅矿，以及其他铜矿物（如辉铜矿、黄铜矿、斑铜矿和黝铜矿）共生。它在一些地方是重要的铜矿石。发

图 177 硫砷铜矿，产自秘鲁拉利伯塔德省基鲁维尔卡。对象：51 mm×95 mm。

育良好的晶体常见于如美国蒙大拿州比尤特和科罗拉多州红山矿区（Red Mountain District）。

鉴定特征： 解理和晶面条纹。

车轮矿（Bournonite，CuPbSbS₃）

斜方晶系；晶体通常呈短柱状或沿 {001} 呈板状；见 {110} 双晶，双晶多重复；集合体呈块状或粒状。具 {010} 不清楚解理。硬度 2.5～3，密度 5.8 g/cm³。颜色为钢灰色至黑色，条痕黑色，金属光泽，不透明。车轮矿

图 178　车轮矿，产自德国莱茵兰–普法尔茨州霍尔豪森。视场：20 mm×19 mm。

产于热液脉中，与其他硫盐和硫化物共生。英国康沃尔郡出产特别好的晶体，例如鹤足矿区（Herodsfoot Mine）。

硫锑铅矿（Boulangerite，Pb₅Sb₄S₁₁）

单斜晶系；晶体不常见，一般呈长柱状至针状，晶面具与 c 轴平行的条纹；多呈纤维状集合体。具〔100〕中等解理；性脆，薄纤维具挠性。硬度 2.5～3；密度约 6 g/cm³。颜色呈铅灰色，带浅蓝锖色；条痕棕灰色；金属光泽；不透明。

硫锑铅矿产于热液脉中，常与方铅矿和其他含 Pb 的硫盐，以及与之非常相似的辉锑矿一起产出。其他含 Pb 的硫盐有脆硫锑铅矿（jamesonite，Pb₄FeSb₆S₁₄）和约硫砷铅矿〔jordanite，Pb₁₄(As,Sb)₆S₂₃〕。

卤化物

图 179 与重晶石（白色）和闪锌矿（黑色）伴生的萤石，产自美国田纳西州埃尔姆伍德矿。对象：135 mm× 170 mm。

卤化物类矿物包括一些简单的化合物，例如 NaCl，它是卤族元素与碱金属结合而成的化合物。氟（F）、氯（Cl）以及较稀有的卤族元素溴（Br）和碘（I）作为大的单价阴离子，与钠（Na）或钙（Ca）等小的单价或二价阳离子通过纯离子键连接。这种结构下的化学键相对较弱。特别重要的一点是，离子键可以在各个方向上发生静电作用，没有方向性。因此，离子呈现出完美的球形，离子键晶体具有较高的对称性。相应地，这些矿物多为等轴晶系，其硬度通常也很低。

氯化物主要从溶液中蒸发形成，氟化物则多见于火成岩以及与之相关的伟晶岩和热液脉中。

石盐（Halite，NaCl）

结晶学： 等轴晶系，$4/m\bar{3}2/m$；晶体常见，大多数为简单的立方体，有时具曲面、阶面，或呈框架发育的"漏斗晶"；集合体呈粒状或致密块状。

物理性质： 具 $\{100\}$ 完全解理。硬度 2.5，密度 2.2 g/cm³。颜色为无色或白色，也因杂质而显出浅黄色或浅红色，或因放射性而具浅蓝色；玻璃光泽；透明至半透明。

化学性质： 石盐易溶于水，有咸味。晶体结构为立方晶格，每个离子与 6 个另一类离

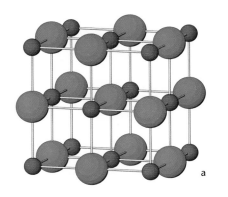
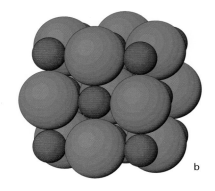

图 180 在石盐的晶体结构中，每个 Cl⁻（绿色）与 6 个 Na⁺（红色）呈八面体配位，然后每个 Na⁺ 也与 6 个 Cl⁻ 呈八面体配位。（a）离子结构的传统画法，所显示的大小比在晶格中的真实尺寸小。这张图能够使人对离子间的相互位置有直观认识，但缺点是很容易让人把离子之间的连线误认为是离子键。在此类结构中，离子间的键向各个方向伸展，无方向性。（b）是没有晶格的结构，并且离子按正常比例放置（大约放大了 1 000 万倍）。

图 181　石盐，产自波兰的伊诺弗罗茨瓦夫（Inowroclaw）。视场：80 mm×84 mm。

子呈八面体配位。

名称与品种： 在岩石学中，石盐有时用术语"rock salt"来表示。

产状： 石盐是一种广泛分布的矿物。它可看作是由海水蒸发形成的延展层，通常与其他盐层交替存在，例如石膏、硬石膏、方解石，以及相较而言稀有的钾盐和其他富 K 或 Mg 的盐类。这样的盐层自古生代至全新世都存在。较老的层序通常被厚层沉积物覆盖，在这种情况下，沉积物产生的压力会使石盐发生塑性变形，进而，石盐会穿透上覆沉积物形成盐丘。这类重要矿床见于许多地方，例如德国、奥地利、波兰，以及美国纽约州和墨西哥湾沿岸地区。石盐也形成于干旱地区的盐泉和盐湖中，在火山区则是升华产物。

用途： 石盐可用于制造盐酸和各种钠化合物、氯化合物。它也用于食品工业、家庭用途，以及在冬天撒盐融雪。

鉴定特征： 晶形、解理和咸味（和钾盐相比，石盐没有苦味）。

图 182 石盐，产自德国施塔斯富特（Stassfurt）。蓝色由晶格缺陷造成，也可能由放射性引起。对象：70 mm×74 mm。

钾盐（Sylvite，KCl）

结晶学： 等轴晶系，$4/m\overline{3}2/m$；晶体常见，通常呈｛100｝单形，有时呈与｛111｝的聚形；多为粒状或致密状集合体。

物理性质： 具｛100｝完全解理，脆性不如石盐那样强。硬度 2.5，密度 2.0 g/cm³。无色、白色，或由于杂质而呈各种颜色；玻璃光泽；透明至半透明。

化学性质： 钾盐比石盐更易溶于水，味咸中略带苦涩。它具有石盐型结构，但是由于

图 183 钾盐，产自德国施塔斯富特。视场：60 mm×58 mm。

图184 氟盐，产自俄罗斯科拉半岛洛沃泽罗地块。对象：83 mm×125 mm。

Na^+ 和 K^+ 的半径差异较大，所以它们的混溶性有限。

产状： 钾盐与石盐产状相同，但较不常见。它的溶解度比石盐的高，因此在蒸发过程中是晚期形成的矿物。大范围的氯化钾矿床以及其他钾盐见于德国施塔斯富特。

用途： 在化学工业中，钾盐可用来制造各种钾化合物，特别是肥料。

鉴定特征： 与石盐非常相似，但味道更苦。

氟盐（Villiaumite，NaF）

氟盐具有石盐型结构，许多性质也和石盐的相同。它和石盐的不同之处在于，它呈典型的胭脂红，而且产状也有所不同，氟盐是在霞石正长岩杂岩体中形成的晚期矿物，产地有俄罗斯科拉半岛基比纳（Khibina）和洛沃泽罗（Lovozero）地块、格陵兰伊利马萨克杂岩体和加拿大魁北克省圣伊莱尔山（Mont Saint-Hilaire）等。

角银矿（Chlorargyrite，AgCl）

结晶学： 等轴晶系，$4/m\bar{3}2/m$；晶体结构与石盐的一样；晶体罕见，多呈蜡状、角状块体或皮壳状集合体。

物理性质： 无解理，可切。硬度约2，密

图185 角银矿，产自智利特雷斯地区梅塞德斯（Mercedes）部分山峰。对象：62 mm×96 mm。

度 5.6 g/cm³。颜色为无色、灰色或淡黄色，在光照下易变暗，变成棕色、紫色或黑色；条痕亮；矿物新鲜面有树脂至金刚光泽，除此之外则呈暗淡光泽；半透明。

名称与品种："horn silver"和"cerargyrite"是角银矿的旧称。溴银矿（bromargyrite，AgBr）和碘银矿（iodargyrite，AgI）是与其密切相关的矿物。它们可与角银矿一起产出，但不常见。

产状：角银矿是产于银矿床上部带中的表生矿物，尤其在干旱地区。以前它是重要的银矿石，主要产于南美洲安第斯山脉（Andes）。

鉴定特征：呈蜡状或角状，以及可切性。

卤砂（Sal ammoniac，NH₄Cl）

等轴晶系；晶体小而圆，通常呈｛211｝。

图186 卤砂，产自□海克拉火山（Hekla）。□象：103 mm×128 mr

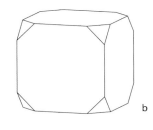
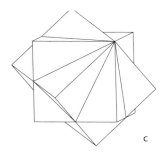

图 187　萤石：(a)｛100｝和｛210｝；(b)｛100｝和｛111｝；
(c)具［111］贯穿双晶。

无明显解理。硬度 1.5，密度 2 g/cm³。无色、淡黄色或褐色，玻璃光泽，易溶于水。卤砂在火山区作为升华产物产出，例如意大利埃特纳火山（Etna）和维苏威火山（Vesuvius）、冰岛海克拉火山、美国夏威夷基拉韦亚火山（Kilauea）等。

萤石（Fluorite，CaF₂）

结晶学： 等轴晶系，$4/m\bar{3}2/m$；晶体常见，多为｛100｝，偶见｛111｝、｛110｝、｛hk0｝或｛hkl｝，通常与｛100｝成聚形；晶体表面的光滑度不同，例如｛100｝的表面可以很光滑，而｛111｝的表面崎岖不平；见以［111］为双晶轴的贯穿双晶。集合体呈粒状，偶呈钟乳状。

物理性质： 具｛111｝完全解理。硬度 4，密度 3.2 g/cm³。颜色变化很大，可以是浅绿色、蓝绿色、紫色、黄色，或是无色，有时呈粉红色、棕色，或近乎黑色；色带通常平行于晶面；颜色可能是由痕量碳氢化合物引起的；

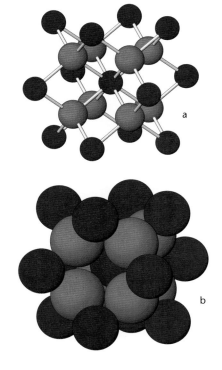

图 188　在萤石的晶体结构中，每一个 Ca²⁺（蓝色）与位于立方体角顶上的 8 个 F⁻（玫红色）配位，而 F⁻ 与 4 个 Ca²⁺ 呈四面体配位。（a）中离子之间的线显示离子的配位，而不是键。在这样的结构中，离子与其周围环境之间的联结呈球形，而不仅在某个特定的方向上。在（b）的结构中，离子以真实比例显示。

图 189 萤石，产自西班牙阿斯图里亚斯自治区拉科拉达（La Collada）吉奥达德尔盖林（Geoda del Reguerin）。对象：60 mm×170 mm。

玻璃光泽；透明至半透明，纯净时完全透明。

化学性质： 萤石的化学成分一般接近于其理想化学式。在晶体结构中，每个 Ca 与在立方体角顶上的 8 个 F 配位，而 F 与 4 个 Ca 呈四面体配位。

名称与品种： 萤石因其荧光性质而得名。

产状： 萤石是一种广泛存在于多种不同组合中的矿物。它在热液脉中很常见，有时是主要矿物，通常与石英、方解石、重晶石和各种矿石矿物共生。它也产于石灰岩的溶洞和裂

图 190 萤石，产自西班牙阿斯图里亚斯自治区拉科拉达。对象：60 mm×64 mm。

图 191　萤石，产自英国坎布里亚郡奥尔斯顿沼泽（Alston Moor）。视场：30 mm×45 mm。

图 192　萤石，产自德国萨克森州。视场：41 mm×66 mm。

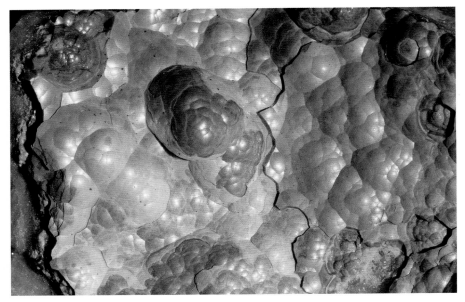

图 193 钟乳状萤石，产自格陵兰伊维图特（Ivigtut）。视场：30 mm×45 mm。

隙、受气成作用（pneumatolysis）影响的岩石中，以及伟晶岩中。世界上有很多地方都产出发育良好的萤石晶体。欧洲一些知名的产地有英国的坎布里亚郡、达勒姆郡、德比郡，挪威孔斯贝格和西班牙阿斯图里亚斯自治区。独特的萤石晶体产地有英国达勒姆郡威尔代尔（Weardale）、美国田纳西州埃尔姆伍德矿、秘鲁万萨拉和巴基斯坦讷格尔等。

用途： 萤石可用作铝冶炼和钢铁生产中的熔剂。它也用于许多氟化合物的生产中，例如氟利昂。特别纯净、无瑕的萤石可用于特殊的光学用途。

鉴定特征： 结晶习性，包括双晶、解理、硬度和颜色。

冰晶石（Cryolite，Na₃AlF₆）

结晶学： 单斜晶系，2/m，假等轴晶系；晶体罕见，通常呈立方体状，主要为｛110｝和｛001｝，常见平行定向的晶体成簇生长在块状冰晶石上。常在几种双晶律上形成双晶；主要呈块状或粗粒状集合体。

物理性质： 无解理，具｛110｝和｛001｝裂理，参差状断口。硬度 2.5，密度 3.0 g/cm³。无色或白色，有时呈棕色、微红色或黑色；油脂光泽至玻璃光泽；透明至半透明。由于折射率低，当它悬浮在水中时看起来像冰。

图 194 冰晶石，产自格陵兰伊维图特。视场：110 mm×165 mm。

图 195 与菱铁矿（棕色）和闪锌矿（黑色）共生的冰晶石，产自格陵兰伊维图特。对象：114 mm×140 mm。

名称与品种： 锂冰晶石（cryolithionite，$Na_3Li_3Al_2F_{12}$）和锥冰晶石（chiolite，$Na_5Al_3F_{14}$）是与冰晶石相似的矿物，与冰晶石共生，但非常稀有。

产状： 世界上最大的冰晶石产地位于格陵兰伊维图特，是花岗岩中的一个透镜状伟晶岩岩体。它与菱铁矿、微斜长石、石英、萤石，黄铁矿、黄铜矿、闪锌矿、方铅矿和磁黄铁矿等硫化物，以及一些非常稀有的氟化物共生。该矿床开采超过 100 年，但现开采殆尽。冰晶石还见于俄罗斯乌拉尔山脉和美国科罗拉多州派克斯峰（Pikes Peak）等地。

用途： 天然冰晶石曾被用作铝冶炼中的熔剂，现在这一用途已被由氟石生产的人工冰晶石替代。

鉴定特征： 颜色和光泽、裂理，在水中与冰相似，与硫化物共生。

霜晶石（Pachnolite）和汤霜晶石（Thomsenolite），$NaCaAlF_6·H_2O$

同质多象变体，单斜晶系，化学式都是 $NaCaAlF_6·H_2O$。两者都无色或由于氧化铁着色而使表面呈褐色，玻璃光泽。硬度 3，密度

图 196 霜晶石，产自格陵兰伊维图特。淡黄色由铁氧化物引起。视场：30 mm×45 mm。

图 197 生长在钟乳状萤石和冰晶石之上的汤霜晶石，产自格陵兰伊维图特。视场：54 mm×90 mm。

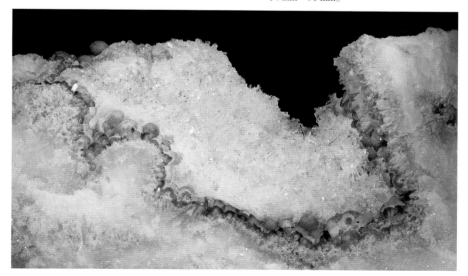

图198 氯铜矿，产自智利阿塔卡马沙漠科皮亚波（Copiapo）。视场：35 mm×52 mm。

3.0 g/cm³。霜晶石呈柱状，单形有 ｛110｝和 ｛111｝，常形成以 *c* 轴为双晶轴的双晶；而汤霜晶石有 ｛110｝和 ｛001｝，呈由短到长的柱状。霜晶石具 ｛001｝不清楚解理；而汤霜晶石具 ｛001｝完全解理，｛110｝清楚解理。两者都呈由细粒至粗粒的块状晶体或被膜状集合体。它们通常一起出现——特别是在格陵兰伊维图特——与冰晶石密切共生，通常是冰晶石的蚀变产物。

光卤石 ［ Carnallite, (K,NH₄) MgCl₃·6H₂O ］

斜方晶系；晶体少见，主要呈粒状集合体。无解理，贝壳状断口。硬度约2，密度

图199 氯铜银铅矿，产自墨西哥下加利福尼亚州博莱奥（Boléo）。视场：24 mm×36 mm。

1.6 g/cm³。无色、乳白色、淡黄色，或由于存在赤铁矿杂质而呈淡红色；暗淡油脂光泽；透明至半透明；味苦。光卤石见于海洋蒸发盐沉积物中，通常与石盐、钾盐和水镁矾共生。产地有德国施塔斯富特等。

氯铜矿 [Atacamite，Cu₂Cl(OH)₃]

斜方晶系；晶体多呈棱柱状，柱面有与 c 轴平行的条纹；集合体呈柱状、粒状、叶片状或纤维状。具 {010} 完全解理。硬度 3～3.5，密度 3.8 g/cm³。颜色为鲜绿色至深绿色，条痕苹果绿色，玻璃光泽，透明至半透明。氯铜矿是表生矿物，产于干旱区铜矿床上部，例如智利阿塔卡马沙漠。

氯铜银铅矿 [Boléite，Ag₉Pb₂₆Cu₂₄Cl₆₂(OH)₄₈]

等轴晶系；晶体通常呈 {100}，次要单形 {111}。具 {100} 完全解理，{110} 中等解理。硬度 3～3.5，密度 5.1 g/cm³。颜色为普鲁士蓝，条痕蓝中带淡绿色，玻璃光泽。氯铜银铅矿是表生矿物，主要产于墨西哥下加利福尼亚州博莱奥的铜矿中。

图 200　长在石英中的金红石和赤铁矿，产自巴西巴伊亚州新奥里藏特。对象：59 mm×70 mm。

氧化物和氢氧化物

氧化物是氧（O）和一种或多种金属形成的化合物。它们通常为半径较大的 O^{2-} 的紧密堆积，半径较小的金属阳离子充填在空隙中。金属阳离子通常与 4 个或 6 个 O^{2-} 配位。一般来说其化学键是强离子键，因而氧化物通常具有高硬度和高密度的特征。它们通常作为副矿物出现于火成岩和变质岩中；由于对风化和搬运具有强大的抵抗力，它们也见于沉积物中，并在那里成层富集。

在氢氧化物中，O^{2-} 完全或部分被 $(OH)^-$ 替代。氢氧化物的硬度和密度通常比氧化物的低，通常产于由原生矿物蚀变而形成的矿床的上部风化带中。

冰（H_2O）也是氧化物，但这里没有包括在内。石英（SiO_2）在所有氧化物中最为常见，与硅酸盐密切相关，因此将在那个标题下描述。

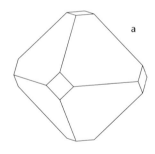

图 201　赤铜矿：(a)｜100｜、｜111｜；(b)｜100｜、｜110｜和｜111｜。

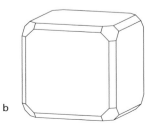

赤铜矿（Cuprite，Cu_2O）

结晶学：等轴晶系，$4/m\bar{3}2/m$；晶体常见，多呈｜111｜、｜100｜和｜110｜及其聚形，有时呈毛发状；集合体呈块状或土状。

物理性质：具｜111｜清楚解理，参差状断口，性脆。硬度 3.5～4，密度 6.1 g/cm³。颜色呈现深浅不一的红色至黑色，条痕红褐色，新鲜面为金刚光泽至半金属光泽，几乎不透明。

化学性质：赤铜矿通常比较纯净。在晶体结构中，Cu 位于两个 O 中间，每个 O 与 4 个 Cu 呈四面体配位。

名称与品种：毛赤铜矿（chalcotrichite）是一种毛发状的赤铜矿，通常呈淡红色。

产状：赤铜矿是一种表生矿物，见于铜矿床上部的氧化带，通常与自然铜、孔雀石、蓝铜矿和褐铁矿（limonite）共生。具有精

图 202 赤铜矿，产自刚果（金）沙巴区马尚巴。视场：35 mm×43 mm。

美晶体的产地有许多，例如美国亚利桑那州比斯比、纳米比亚楚梅布（Tsumeb）和埃姆克（Emke），以及刚果（金）沙巴区马尚巴（Mashamba）；欧洲的产地有法国的谢西和英国康沃尔郡的一些矿山。

用途： 赤铜矿是次要的铜矿石。

鉴定特征： 结晶习性、颜色、条痕和光泽。赤铜矿与赤铁矿和辰砂有些相似，但它比赤铁矿软，比辰砂硬。

方镁石（Periclase，MgO）

等轴晶系，石盐型结构；晶体罕见，主要呈微小简单的 {111} 或 {100}；集合体多为不规则粒状或浑圆粒状。具 {100} 完全解

图 203 赤铜矿，产自刚果（金）沙巴区马尚巴。视场：32 mm×48 mm。

图 204　方镁石，产自意大利维苏威火山。对象：54 mm×75 mm。

图 205　方锰矿，产自瑞典韦姆兰省隆班。对象：72 mm×70 mm。

理。硬度 5.5～6，密度 3.6 g/cm³。无色至微黄棕色或绿色，玻璃光泽，透明。方镁石见于白云石质灰岩经接触变质作用形成的大理岩（marble）中，例如意大利维苏威火山索马山（Monte Somma）。它也见于瑞典隆班的锰矿中，并在那里与方锰矿（manganosite，MnO）密切共生。

红锌矿（Zincite，ZnO）

六方晶系；晶体罕见，主要呈块状、粒状或叶片状集合体。具｛10$\bar{1}$0｝完全解理，｛0001｝裂理。硬度 4，密度 5.7 g/cm³。颜色为红色至橙黄色，条痕橙黄色，树脂光泽，近乎不透明。Zn 通常被 Mn 部分替代，这被认为是产生颜色的主要原因，因为纯 ZnO 呈白色。红锌矿不常见，仅在美国新泽西州现已枯

图 206 红锌矿，产自美国新泽西州富兰克林。对象：86 mm×123 mm。

图 207 黑铜矿，产自意大利维苏威火山。对象：61 mm×68 mm。

竭的富兰克林和斯特林山的锌矿床中大量产出，并与方解石、硅锌矿和锌铁尖晶石一起出现。

黑铜矿（Tenorite，CuO）

单斜晶系；晶体罕见且微小，集合体通常呈烟灰细粉末状被膜。解理不发育。硬度3.5，密度 6.4 g/cm³。颜色呈灰黑色，金属光泽，近乎不透明。黑铜矿见于意大利维苏威火山的熔岩上，呈薄薄的被膜状，它是铜矿床上部氧化带的风化产物，通常与赤铜矿共生。

尖晶石族

尖晶石族的氧化物属于 AB_2O_4 型，其中 A 是二价金属离子，例如 Mg^{2+}、Fe^{2+}、Zn^{2+} 或 Mn^{2+}；而 B 是三价金属离子，例如 Al^{3+}、Fe^{3+} 或 Cr^{3+}。根据 B 金属离子，可将大多数尖晶石划分为三个系列：具有 Al^{3+} 的尖晶石系列，具有 Fe^{3+} 的磁铁矿系列，以及具有 Cr^{3+} 的铬铁矿系列。系列内部为完全固溶体，而系列间则为有限固溶体。

尖晶石族矿物属于等轴晶系，其结构近似氧原子的球体立方最紧密堆积。金属离子

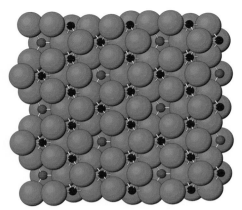

图 208 尖晶石族矿物的晶体结构可看作氧离子（浅蓝色）近乎完美的球体立方最紧密堆积，较小的金属离子位于大的阴离子之间的空隙中。上图是沿着三次对称轴所观察到的结构，显示了三层阴离子。为了呈现阴离子的位置，阴离子画得比真实尺寸小。在尖晶石中，Al（深蓝色）与 6 个 O 呈八面体配位，Mg（红色）与 4 个 O 呈四面体配位。配位用键符号表示；其中有一个指向后方的离子键隐藏在红色镁离子的后方。

通常呈 {111}，有时与 {110} 或 {100} 成聚形；具 {111} 双晶（尖晶石律双晶），双晶呈微扁平状，平行于 {111}；集合体呈块状、粒状。

物理性质：无解理，具 {111} 不清楚裂理，贝壳状断口。硬度 7.5～8；密度 3.6 g/cm³，且随着 Fe、Zn 或 Mn 含量的增加而变大。纯净时颜色为红色，也可为蓝色、绿色、棕色、无色或黑色；玻璃光泽；透明至半透明。

化学性质：尖晶石与铁尖晶石（hercynite，$FeAl_2O_4$）、锰尖晶石（galaxite，$MnAl_2O_4$）和锌尖晶石（$ZnAl_2O_4$）之间存在近乎完全固溶体系列。部分 Al 可以被替代，主要是被 Fe 或 Cr。尖晶石具有上述尖晶石型结构。

名称与品种：亚铁尖晶石（pleonaste）是一种富铁黑色尖晶石，见于橄榄岩（peridotite）和其他基性岩中。

充填于半径较大的阴离子（O^{2-}）之间的空隙中，并按如下方式分布：A 金属离子与 4 个阴离子呈四面体配位，B 金属离子与 6 个阴离子呈八面体配位。这种描述适用于正尖晶石，像磁铁矿这样的反尖晶石则具有不同的金属离子分布。

由于阴离子的紧密堆积，且阴离子与二价阳离子和三价阳离子结合的离子键较强，尖晶石族矿物通常密度高、硬度大。

尖晶石（Spinel，MgAl₂O₄）

结晶学：等轴晶系，$4/m\overline{3}2/m$；晶体常见，

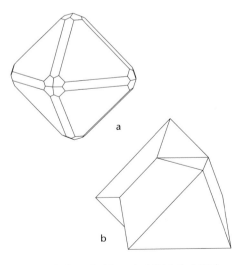

图 209 尖晶石：（a）{110}、{111} 和 {311}；（b）具 {111} 双晶，即尖晶石律双晶。

图 210 尖晶石，产自俄罗斯雅库特。视场：36 mm×41 mm。

产状： 尖晶石作为副矿物出现在基性火成岩、富铝变质岩和接触变质灰岩中。它偶尔出现在矿脉和伟晶岩中。由于尖晶石耐化学风化和物理风化，它也出现在砂砾矿床中。超大且结晶良好的尖晶石见于马达加斯加贝特鲁卡（Betroka）附近的产地。

用途： 透明和色彩漂亮的尖晶石是珍贵的宝石，大多产自缅甸抹谷（Mogok）地区和斯里兰卡的砾石矿床。

鉴定特征： 结晶习性、硬度、光泽，以及缺乏解理。

锌尖晶石（Gahnite，$ZnAl_2O_4$）

锌尖晶石是尖晶石族的一员，呈深绿色，玻璃光泽。它是一种稀有矿物，主要见于变质岩中，例如瑞典法伦（Falun），在那里它产于片麻岩中，与闪锌矿、方铅矿和其他硫化物共生。它也见于美国新泽西州富兰克林的锌矿床中。

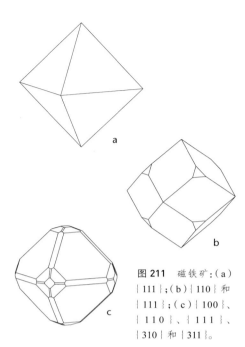

磁铁矿（**Magnetite**，**Fe₃O₄**）

$\text{磁铁矿}（\textbf{Magnetite}，\textbf{Fe}_3\textbf{O}_4）$

结晶学： 等轴晶系，$4/m\bar{3}2/m$，属于尖晶石族；晶体常见，通常为 $\{111\}$，罕见 $\{110\}$ 或 $\{100\}$；根据尖晶石律，常见 $\{111\}$ 双晶；集合体呈块状、细粒至粗粒状。

物理性质： 无解理，常具 $\{111\}$ 清楚裂理，贝壳状断口。硬度约 6，密度 5.2 g/cm³。颜色和条痕均为黑色；金属光泽，由暗至亮；不透明；强磁性。

化学性质： 磁铁矿具有上述尖晶石型结构。磁铁矿属于反尖晶石型，其中二价和三价金属的分布不同于正尖晶石型的。磁铁矿的化学式可以写成 $Fe^{2+}Fe^{3+}_2O_4$，一半 Fe^{3+} 呈四面体配位，而另一半 Fe^{3+} 及所有 Fe^{2+} 呈八面体配位。部分 Fe^{2+} 可被 Mg^{2+}、Zn^{2+} 或 Mn^{2+} 替代，

图 211 磁铁矿：（a）$\{111\}$；（b）$\{110\}$ 和 $\{111\}$；（c）$\{100\}$、$\{110\}$、$\{111\}$、$\{310\}$ 和 $\{311\}$。

图 212 长在透闪石上的磁铁矿，产自格陵兰加德纳杂岩体。视场：90 mm×135 mm。

图 213 磁铁矿，产自瑞士碧茵谷。
视场：26 mm×39 mm。

而少量 Fe^{3+} 可被 Al^{3+}、Cr^{3+}、Mn^{3+} 或 Ti^{4+} 替代。

名称与品种：与之密切相关的矿物有：镁铁矿（magnesioferrite，$MgFe_2O_4$），产于意大利维苏威火山的喷气孔（fumarole）中；锰铁矿（jacobsite，$MnFe_2O_4$），产于瑞典雅各布斯贝里（Jakobsberg）和隆班；钛铁晶石（ulvöspinel，Fe_2TiO_4），产于瑞典乌尔夫（Ulvön），通常作为出溶片晶在磁铁矿中出现。假象赤铁矿（martite）是赤铁矿的假象，具磁铁矿外形。

产状：磁铁矿是地球上最丰富的氧化物矿物之一。它作为副矿物散布在大多数火成岩中，有时富集在岩浆分凝岩体中。它也存在于许多变质岩或沉积岩中，在那里它可以形成较厚的层、带或透镜体；在交代石灰岩中，它与硫化物、富 Ca 和 Fe 的硅酸盐矿物共生；在高温矿脉中，与金刚砂（emery）矿床共生，并且还能在砂中富集。瑞典基律纳（Kiruna）和马尔姆贝里耶（Malmberget）是最重要的磁铁矿产地之一，在那里它与磷灰石共生。欧洲有许多产地可见结晶良好的磁铁矿，例如瑞士碧茵谷和奥地利齐勒河谷（Zillertal）。德国哈茨山脉和意大利厄尔巴岛都发现了强天然磁铁。在美国，良好的磁铁矿晶体见于纽约州蒂莉福斯特矿（Tilly Foster Mine）等地。

用途：磁铁矿是重要的铁矿石。

鉴定特征：结晶习性、颜色、条痕、硬度和磁性。

图214 铬铁矿，产自美国宾夕法尼亚州兰开斯特县得克萨斯（Texas）。对象：78 mm×98 mm。

锌铁尖晶石 [Franklinite, (Zn,Mn,Fe)(Fe,Mn)$_2$O$_4$]

锌铁尖晶石属于尖晶石族，与其他尖晶石相似；晶体罕见，常呈浑圆状；通常为块状集合体。颜色为黑色或棕黑色，条痕红棕色，金属或半金属光泽，不透明，弱磁性。正如化学式所示，其化学成分差异很大。在位于美国新泽西州富兰克林和斯特林山的矿床中，锌铁尖晶石是最重要的锌矿石；典型的共生矿物包括方解石、红锌矿和硅锌矿。

铬铁矿（Chromite，FeCr$_2$O$_4$）

结晶学： 等轴晶系，$4/m\overline{3}2/m$，属于尖晶石族；晶体罕见，通常为 {111}；多呈细粒状、块状集合体。

物理性质： 无解理，参差状断口。硬度5.5，密度 4.6 g/cm^3。颜色为黑色，条痕褐色，金属光泽，不透明。

化学性质： 铬铁矿与端员矿物铁尖晶石（FeAl$_2$O$_4$）和镁铬矿（magnesiochromite，MgCr$_2$O$_4$）之间存在固溶体系列；在铬铁矿中，部分 Fe 常被 Mg 替代，少部分 Cr 被 Al 或 Fe^{3+} 替代。如上所述，铬铁矿具有尖晶石型结构。

产状： 铬铁矿主要作为副矿物存在于基性或超基性火成岩中，例如橄榄岩和源自这类岩石的蛇纹岩（serpentinite）。它常呈分散状、条带状或透镜状产出。铬铁矿也见于砂矿中。

用途： 铬铁矿是唯一的铬矿石。铬用于镀铬、不锈钢合金、耐火材料、颜料，以及鞣制皮革。

鉴定特征： 与橄榄石或叶蛇纹石共生等产状。可通过条痕区分铬铁矿和磁铁矿。

磁赤铁矿（Maghemite，Fe$_{2.67}$O$_4$）

等轴晶系；成分接近于 Fe$_2$O$_3$，但由于它具有尖晶石型结构，所以化学式较特殊，如上所示。磁赤铁矿为棕色，条痕棕色，通常呈不纯的细粒集合体。它的磁性和磁铁矿的一样强。磁赤铁矿是菱铁矿或磁铁矿等含铁矿物的蚀变产物，广泛分布于热带红土（laterite）中。

黑锰矿（Hausmannite，Mn$_3$O$_4$）

四方晶系，具有扭曲的尖晶石型结构；晶体不常见，主要呈八面体，如简单双锥体 {101}；见 {112} 反复双晶；通常呈块状或粒状集合体。具 {001} 完全解理，参差状断

图 215 黑锰矿，产自南非库鲁曼的恩奇瓦宁矿区（N'chwaning Mine）。对象：73 mm × 101 mm。

图 216 金绿宝石，产自马达加斯加。对象：22 mm×22 mm。

口。硬度 5.5～6；密度 4.8 g/cm³。颜色为棕色至黑色，条痕栗棕色，半金属光泽，近乎不透明。黑锰矿产于高温热液脉、接触变质矿床和富锰沉积物中。已知产地有瑞典隆班和雅各布斯贝里、德国伊尔费尔德（Ilfeld）和厄伦斯托克（Öhrenstock），以及位于南非库鲁曼的锰矿床等。

金绿宝石（Chrysoberyl，BeAl₂O₄）

结晶学： 斜方晶系，$2/m2/m2/m$；晶体常见，通常为平行于〔001〕的板状，其上条纹平行于 a 轴；常具〔130〕双晶，经常重复形成假六方的三连晶。

物理性质： 具〔110〕清楚解理，〔010〕不清楚解理。硬度 8.5，密度 3.7 g/cm³。颜色为绿色至黄绿色或褐色，可以在绿色和红色之间变化；玻璃光泽；透明。

化学性质： 金绿宝石的晶体结构与橄榄石的相似，Be 替代了四面体配位的 Si，Al 替代了八面体配位的 Mg。氧离子近乎呈六方最紧密堆积，这就解释了金绿宝石的假六方特征。

名称与品种： 变石是金绿宝石的一个变种，在自然光下呈绿色，在钨丝灯光下呈红色。猫眼石（cat's eye）是由于含有针状包裹体而形成的类似猫眼效果的变种，这种效果在宝石被切割成凸圆宝石（en cabochon）时最为明显。

产状：金绿宝石产于花岗岩和花岗伟晶岩、云母片岩，以及与金刚石和刚玉等其他耐风化矿物共生的砂砾层中。最大的含金绿宝石的砾石矿见于斯里兰卡和巴西，而最珍贵的变石宝石见于俄罗斯乌拉尔山脉塔科瓦贾河（Takowaja River）附近的云母片岩中。大的晶体见于美国科罗拉多州戈尔登（Golden）附近。

用途：金绿宝石是一种珍贵的宝石。

鉴定特征：硬度、颜色、结晶习性和双晶。

锑华（Valentinite，Sb_2O_3）

斜方晶系；晶体呈多面单棱柱状，或者呈放射状或扇形晶体聚集体；呈柱状、粒状、块状集合体。具｛110｝和｛010｝完全解理。硬度 2～3，密度 5.8 g/cm^3。无色、白色、灰色，或淡黄色至褐色；金刚光泽；透明至半透明。锑华是锑矿石的风化产物，特别是辉锑矿。方锑矿（senarmontite，Sb_2O_3）是锑华的同质多象变体，以同样的方式产出，但分布较少；它属于等轴晶系，呈八面体的形式存在，但性质与锑华的相似。黄锑华［$Sb_3O_6(OH)$］

图 217 锑华，产自捷克波希米亚地区普日布拉姆。视场：30mm×37mm。

图 218 方铁锰矿，产自美国犹他州朱阿布县托马斯山脉。视场：21 mm×23 mm。

是一种相关矿物，也是作为其他锑矿物的风化产物存在，特别是辉锑矿；它呈白色或黄褐色的粉末状或土状结壳。砷华（As_2O_3）晶体与方锑矿相似，主要呈白色被膜覆盖于毒砂及其他砷硫化物之上。

方铁锰矿 [Bixbyite，$(Fe,Mn)_2O_3$]

等轴晶系；晶体通常为 {100}，常与 {211} 成聚形。具 {111} 解理。硬度 6.5，密度 5.0 g/cm³。颜色和条痕均为黑色，金属光泽，不透明。Fe/Mn 比值变化范围较大，通常 Mn

含量高于 Fe，并占主导地位。在这种情况下，严格来说应给产于美国犹他州托马斯山脉的方铁锰矿另起一个不同的名称，因为这里的方铁锰矿中 Fe 高于 Mn，并占主导地位。该产地的方铁锰矿见于流纹岩（rhyolite）的孔洞中，与黄玉、石榴子石和红色绿柱石（red beryl）共生。

刚玉（Corundum，Al_2O_3）

结晶学：三方晶系，$\overline{3}2/m$；晶体常见，多呈桶状，由几个不同角度的六方双锥、

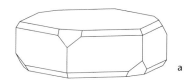

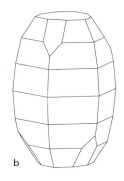

图219 刚玉：（a）
｛0001｝、｛11$\bar{2}$0｝、
｛10$\bar{1}$2｝和｛11$\bar{2}$3｝；
（b）｛0001｝、｛10$\bar{1}$2｝、
｛11$\bar{2}$1｝、｛11$\bar{2}$3｝和
｛77$\bar{1}\bar{4}$3｝。

｛0001｝组合而成，可能还有｛11$\bar{2}$0｝；也呈板状，平行于｛0001｝；晶体常因表面不平整而略显粗糙；有时棱柱和锥面上有平行于｛0001｝的条纹，在｛0001｝上也有平行于棱柱面的条纹；具｛10$\bar{1}$1｝双晶和｛0001｝双晶，通常为叶片状；集合体常呈粒状。

物理性质： 无解理，具｛0001｝和｛10$\bar{1}$1｝裂开。硬度9，密度4.0 g/cm³。颜色通常有灰色、淡蓝色、黄色或红色，所有颜色都可以出现；玻璃光泽；透明至半透明。针状包裹体可呈现特殊的光学效果，就像星彩蓝宝石一样，一个六边星形图形在一个近乎垂直于主轴的抛光面上闪烁。

化学性质： 刚玉通常是纯 Al_2O_3；Cr（红宝石）或 Fe 和 Ti（蓝宝石）等显色离子仅少量存在，大约只有百万分之几。晶体结构可以描述为 O 原子作近似六方最紧密堆积，其中 2/3 的八面体配位空隙被 Al 充填，其余 1/3 为空位。

名称与品种： 红宝石是一种红色的刚玉宝石变种。蓝宝石包括所有其他颜色的宝石变种，就是说蓝宝石的颜色并不一定是蓝色的；其他变种被称为黄色蓝宝石（yellow sapphire）、白色蓝宝石（white sapphire）等。金刚砂是一种由刚玉和磁铁矿或赤铁矿组成的细粒混合物，产地如希腊的纳克索斯岛（Naxos）。

产状： 刚玉见于正长岩和霞石正长岩以及相关伟晶岩等贫硅火成岩、橄榄岩和围岩的接触带，以及片麻岩、云母片岩和结晶灰岩等变质岩中。由于其硬度和耐化学性，它也广泛存在于砂砾矿中。

最好的红宝石产自缅甸抹谷地区，在那里它们见于变质灰岩以及上覆风化带中。印控克什米尔地区帕达尔（Padar）的高海拔矿床中出产特别美丽的蓝色蓝宝石，那里的大理岩等变质岩被伟晶岩侵入。大部分珍贵的刚玉产

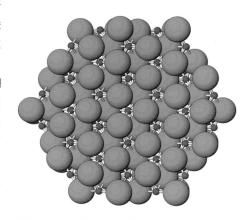

图220 刚玉的晶体结构是一种近乎完美的氧阴离子（淡蓝色）六方最紧密堆积，其中 2/3 的八面体配位空隙被 Al（红色）充填，而 1/3 仍然为空位。该图是沿三次对称轴观察到的结构，呈现出三层阴离子和它们之间的两层阳离子。为了显示阳离子的位置，阴离子画得比它们的实际尺寸小。

图 221　红宝石（刚玉变
　　　种），产自挪威阿伦达尔
　　　附近的弗鲁兰（Froland）。
　　　对象：73 mm×80 mm。

自斯里兰卡、柬埔寨和泰国的砾矿中，但也有
一些重要产地位于马达加斯加、坦桑尼亚和澳
大利亚昆士兰州。

　　用途： 纯净和不纯净（如金刚砂）的刚
玉都可用作磨料。不过，现在很大一部分用作
磨料的材料是由铝土矿（bauxite）合成的。珍
贵的刚玉备受追捧，尤其是优质的红宝石更受
欢迎，其价格只有祖母绿和一些钻石才能超
越。许多红宝石是人工合成的，很难与天然的
宝石区分开来。

　　鉴定特征： 硬度、裂理和结晶习性，尤
其是桶状习性。由于刚玉表面存在一层薄薄的
蚀变产物，晶体表面可能异常柔软。

图 222　红宝石（刚玉变种），产自印度。视场：
11 mm×15 mm。

图 223 蓝宝石（刚玉变种），产自斯里兰卡。对象：33 mm×111 mm。

赤铁矿（Hematite，Fe_2O_3）

结晶学：三方晶系，$\bar{3}2/m$；晶体少见，多呈平行于｛0001｝的板状且厚度多变，有时呈玫瑰花状，｛0001｝的晶面上有三角形条纹；见｛10$\bar{1}$1｝和｛0001｝双晶，通常为叶片状；集合体通常呈鳞片状、纤维状或放射状块体，亦见肾状、葡萄状、钟乳状、粒状、结核状、鲕状或土状。

物理性质：无解理，具｛0001｝和｛10$\bar{1}$1｝裂理，贝壳状断口。非土状时，硬度约 6；密度 5.3 g/cm^3。颜色为钢灰色至黑色，有时带浅蓝的锖色，呈各种细粒形态时通常为红色或棕色；条痕红棕色；金属光泽，呈土状时光泽暗淡；不透明；无磁性。

化学性质：赤铁矿通常都很纯净，只含少量 Ti、Mn 或 H_2O。晶体结构为刚玉型结构，其中 Fe^{3+} 替代了 Al。

名称与品种：赤铁矿（从前写作"haematite"）源于意为"血"的希腊语；指粉末状赤铁矿的颜色。镜铁矿（specular hematite）是具有明显金属光泽的板状赤铁矿；肾铁矿（kidney ore）是形如肾的葡萄状赤铁矿，是一种重要的变种。

图 224 星彩蓝宝石（刚玉变种），产自澳大利亚。对象：29 mm×29 mm。

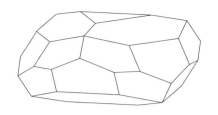

图 225 赤铁矿：$\{0001\}$、$\{01\overline{1}2\}$、$\{01\overline{1}8\}$ 和 $\{11\overline{2}3\}$。

产状：赤铁矿在各种地质组合中都很丰富，在大部分重要的铁矿石矿床中是主要矿物。它以细分散粒状见于许多火成岩、接触变质矿床、高温热液脉中，还是一种火山活动升华物。它也以分散状见于区域变质岩中，但相对富集，通常由其他铁矿石蚀变形成。它也散布于许多沉积物和土壤中，是常见的着色颜料。赤铁矿在条带状铁建造中较为普遍，呈层状分布，并与富硅层呈互层。通过石英条带的部分溶解或变质作用（metamorphism，例如与花岗岩侵入体接触），这些矿床变得局部富铁。许多赤铁矿的沉积现象被认为由细菌活动造成，后者导致铁的氢氧化物从含水溶液中沉淀并随后脱水。

大型赤铁矿矿床见于美国苏必利尔湖附近和巴西伊塔比拉（Itabira）等地。意大利厄尔巴岛和瑞士圣哥达都以精美的赤铁矿晶体而闻名。米纳斯吉拉斯州孔戈尼亚斯（Congonhas）也是巴西众多优质赤铁矿产地之一。英国坎布里亚郡是最好的"肾铁矿"产地之一。

用途：赤铁矿是最重要的铁矿石，Fe 是钢铁、铸铁和各种合金的主要成分，是现代文明的主要原材料之一。

鉴定特征：条痕；集合体的形态；与磁铁矿相比，它没有磁性。

图 226 赤铁矿，产自美国威斯康星州蒙特利尔的蒙特利尔矿。对象：76 mm × 182 mm。

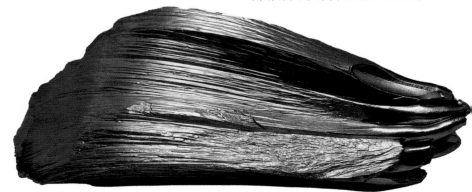

图 227 *赤铁矿，产自瑞士圣哥达。对象：110 mm×218 mm。*

钛铁矿（Ilmenite，FeTiO₃）

结晶学： 三方晶系，$\bar{3}$；晶体少见，通常呈平行于｛0001｝的板状，为一两个六方柱或菱面体的聚形；具｛10$\bar{1}$1｝双晶和｛0001｝双晶；通常呈块状、粒状集合体；也见于砂矿中。

物理性质： 无解理，具｛10$\bar{1}$1｝和｛0001｝裂理，贝壳状断口。硬度约 6，密度 4.8 g/cm³。颜色为黑色或接近黑色，条痕黑色，金属至半金属光泽，不透明，无磁性或弱磁性。

化学性质： Fe 可部分替代 Ti，而 Mg 和 Mn 可以替代 Fe。用 FeTi 替代 Al₂，可由刚玉的晶体结构得到钛铁矿的晶体结构。Fe 和 Ti 按层交替排列，使对称性从 $\bar{3}2/m$ 降至 $\bar{3}$。

产状： 钛铁矿是火成岩中常见的副矿物，在辉长岩（gabbro）、闪长岩（diorite）和斜长岩（anorthosite）中以较大的块体存在，通常与磁铁矿共生。它在砂矿中是重要矿物，通常与磁铁矿、锆石、金红石等矿物共生。它也存在于矿脉和伟晶岩中。大多数钛铁矿产自澳大利亚和南半球其他几个地方的重砂矿床。钛铁矿晶体产于俄罗斯伊尔门山（Ilmen Mountains）和挪威克拉格勒等地，在后一产地，钛铁矿见于闪长岩中的矿脉中。大晶体见于美国纽约州桑福德湖（Lake Sanford）地区。

用途： 钛铁矿是主要的钛矿石。钛可用作制造飞机和火箭的材料、骨假体的材料，以及必须高强度和低密度相结合的其他应用；其氧化物可用作颜料和釉料。

鉴定特征： 通过条痕区分钛铁矿和赤铁矿，通过磁性区分钛铁矿和磁铁矿。

图 228 钛铁矿，产自挪威阿伦达尔。对象：38 mm×46 mm。

钙钛矿（Perovskite，CaTiO₃）

结晶学： 斜方晶系，$2/m2/m2/m$，假等轴晶系；晶体通常呈立方体状，也可能呈八面体状，晶面因具反复双晶而常有条纹；集合体呈粒状。

物理性质： 解理不清楚，参差状断口。硬度 5.5，密度 4.0 g/cm³。颜色为黑色，偶呈褐色或黄色；条痕灰色或没有条痕；金属光泽至金刚光泽；大多不透明。

图 229 钙钛矿，产自俄罗斯乌拉尔山脉兹拉托乌斯特（Zlatoust）。视场：34 mm×62 mm。

图 230 钙钛矿，产自格陵兰加德纳杂岩体。视场：55 mm × 78 mm。

化学性质： 化学成分在一定程度上可以改变：Na、Fe 或 Ce 可以替代 Ca，Nb 可以替代 Ti。在铈铌钙钛矿（loparite）中，Ce 比 Ca 更占主导地位。

产状： 钙钛矿是基性火成岩中的一种副矿物，在某些高度分异（differentiation）火成岩［如碳酸岩（carbonatite）］和与碱性或基性侵入体接触变质的石灰岩中含量较高。它也见于绿泥石片岩和滑石片岩中。人们认为地球地幔大部分由具有钙钛矿型晶体结构的矿物组成。优质的钙钛矿晶体见于俄罗斯乌拉尔山脉兹拉托乌斯特附近的绿泥石片岩中，以及格陵兰加德纳杂岩体，人们在后者的一个基性侵入体中发现了大的钙钛矿晶体。

鉴定特征： 产状、光泽和晶面条纹。

褐锰矿［Braunite，$Mn^{2+}(Mn^{3+})_6SiO_{12}$］

四方晶系；晶体罕见，通常呈锥状，单形有｛101｝和｛311｝，见｛112｝双晶；多呈颗粒状、块状集合体。具｛112｝完全解理，参差状断口。硬度 6～6.5，密度 4.8 g/cm³。颜色为褐黑色至钢灰色，条痕灰色至黑色，金属光泽，不透明，弱磁性。褐锰矿大多出现在富锰矿物组合变质及随后风化所形成的矿脉和透镜体中。它通常与其他锰氧化物共生，例如黑锰矿和软锰矿。褐锰矿的著名产地有美国得克萨斯州的斯皮勒（Spiller）锰矿等地。

图 231 烧绿石，产自格陵兰伊利马萨克杂岩体。对象：85 mm × 104 mm。

烧绿石 [Pyrochlore，(Ca,Na)₂Nb₂O₆(OH,F)]

结晶学： 等轴晶系，$4/m\bar{3}2/m$；晶体常呈八面体；集合体通常呈粒状或块状。

物理性质： 具〔111〕中等解理，参差状断口。硬度 5～5.5，密度约 4.5 g/cm³。颜色棕色至黑色，略带黄色或红色锈色；玻璃光泽，略带树脂光泽；大部分不透明。

化学性质： 烧绿石是烧绿石族的常见矿物，后者化学通式为 $A_2B_2O_6(OH,F)$，其中 A 可以是 Na、Ca、Y、Ce、Sr、Ba、U 或 Pb，B 可以是 Nb、Ta 或 Ti。例如细晶石（microlite）的化学式为 $(Ca,Na)_2Ta_2O_6(O,OH,F)$，贝塔石（betafite）的化学式为 $(Ca,Na,U)_2(Ti,Nb,Ta)_2O_6(OH)$。这些矿物之间存在着广泛的固溶体系列，大多数矿物中含有一些 U 或 Th，这使它们发生蜕晶化。

产状： 烧绿石产于碳酸岩和碱性伟晶岩中，通常与锆石、磷灰石以及含 Ce 或其他稀土元素的矿物共生。烧绿石已知产地有挪威费恩（Fen）杂岩体和朗厄松峡湾（Langesunds-fjorden）附近地区、瑞典阿尔讷（Alnö）杂岩体、美国科罗拉多州圣彼得穹丘（St. Peter' Dome）和加拿大魁北克省奥卡（Oka）等地。

用途： 烧绿石是重要的铌矿石。最大的矿床与碳酸岩有关。

鉴定特征： 结晶习性和产状。

金红石（Rutile，TiO$_2$）

结晶学：四方晶系，$4/m2/m2/m$；晶体常见，通常为柱状、长柱状或针状，多为｛100｝和｛110｝的聚形，末端为｛101｝或｛111｝；柱面常有平行于 c 轴的条纹；常依｛101｝成双晶，双晶常重复形成环状，例如八元环；集合体呈粒状。

物理性质：具｛110｝清楚解理，｛100｝不清楚解理，参差状断口。硬度 6～6.5，密度 4.2 g/cm^3。颜色为红褐色、金褐色、红色或黑色；条痕浅褐色；金刚光泽至半金属光泽；薄片透明，其他半透明。

化学性质：少量 Ti 可被 Fe、Nb 或 Ta 替代，但必须组合替代，因为这些元素的价态与 Ti 的不同。在金红石中，Ti 呈八面体配位，即被 6 个 O 原子包围。这些［TiO$_6$］八面体共棱，从而形成平行于 c 轴的链；八面体共棱将这些链连接在一起。这样，每个 O 原子都与 3 个 Ti 原子结合，形成一个近乎等边的三角形。这些沿 c 轴存在的链就反映在金红石晶体明显的柱状或针状习性中。金红石是锐钛矿和板钛矿的同质多象变体。

产状：金红石是片麻岩、云母片岩、榴辉岩（eclogite）等变质岩和花岗岩、正长岩等火成岩中常见的副矿物。它也存在于伟晶岩和石英脉中，还是砂矿的基本成分。金红石常在石英晶体中形成针状包裹体，有时在赤铁矿核心长成 60° 交角放射状晶体。许多地方都出产结晶良好的金红石，其中最著名的产地有巴西的欧鲁普雷图（Ouro Preto）地区和新奥里藏特，美国佐治亚州的格雷夫斯山脉（Graves Mountains）、北卡罗来纳州斯托尼波因特（Stony Point）和加利福尼亚州怀特山（White Mountains）。优良晶体也见于瑞士碧茵谷以及

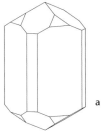
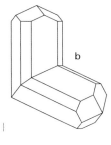

图 232　金红石：（a）｛100｝、｛110｝、｛101｝和｛111｝；（b）具｛101｝双晶。

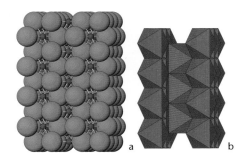

图 233　在金红石的晶体结构中，Ti（红色）呈八面体配位，即它被 6 个 O 原子（浅蓝色）包围。这些［TiO$_6$］八面体共棱，从而形成平行于 c 轴的链；链间通过共享的八面体角顶联结，所以每个 O 原子与 3 个 Ti 相连。在（a）中，为了展示它们的位置，离子画得比它们的真实尺寸小。（b）为简化的结构，仅展现［TiO$_6$］八面体，因此更为清楚地辨认出链。沿着 c 轴存在的链可反映在金红石明显的柱状或针状习性上。

阿尔卑斯山脉等地。

用途：金红石主要用作焊条涂层和金属钛的来源。

鉴定特征：结晶习性，包括双晶、光泽和颜色。

图 234 金红石，产自巴西巴伊亚州新奥里藏特。对象：40 mm×44 mm。

图 235 金红石，产自阿塞拜疆。视场：38 mm×57 mm。

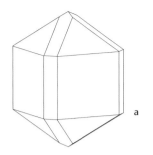

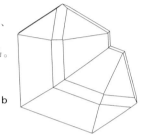

图 236 锡石：
（a）|100|、|110|、
|101|和|111|；
（b）具|101|双晶。

大的聚合体。它尤其见于与花岗质杂岩体有关的气成岩脉中，通常与黑钨矿、白钨矿、辉钼矿、毒砂、电气石或黄玉共生。它也富集在砂矿中，产地有马来西亚、泰国和印度尼西亚等；这些矿床是主要的锡矿。英国康沃尔郡以前以锡矿而闻名，但今天玻利维亚是唯一一个拥有重要脉状锡矿床的国家。除康沃尔郡和玻利维亚的几个产地外，优良锡石晶体的著名产地还有上斯拉夫科夫（Horni Slavkov）和萨克森－波西米亚厄尔士山脉（Saxonian-Bohemian Erzgebirge）的几个矿点。

用途： 锡石是主要的锡矿石。锡可用于镀锡，铸造青铜和其他合金，以及用作焊料。

鉴定特征： 密度、硬度、光泽和结晶习性。

锡石（Cassiterite，SnO_2）

结晶学： 四方晶系，$4/m2/m2/m$；晶体常见，晶形多样，通常为短柱状|100|、|110|，以及双锥|101|和|111|；有时以|111|为主，|101|通常有大量条纹；多见|101|双晶，常呈反复双晶；呈粒状、块状、纤维状、放射状或葡萄状集合体。

物理性质： 具|100|不清楚解理，参差状断口。硬度 6~7，密度 7.0 g/cm³。颜色为红棕色至棕黑色，罕见黄色；条痕白色或浅黄色；金刚光泽至金属光泽；大多为半透明。

化学性质： Sn 可被 Fe 部分替代，也可被少量 Nb 或 Ta 替代。锡石具有金红石型结构，其中 Sn 替代了 Ti。

产状： 锡石是少数几种锡矿物之一，呈副矿物广泛分布，但品位较低，很少形成较

图 237 锡石，产地未知。视场：27 mm×37 mm。

块黑铅矿（Plattnerite，α-PbO₂）

四方晶系，具有金红石型结构；晶体罕见，多为针状；通常呈致密状、纤维状或葡萄状集合体。无解理。硬度 5.5，密度 $9.6\ \text{g/cm}^3$。颜色为黑色至棕黑色；条痕棕色；金属光泽至金刚光泽，暴露在空气中后光泽变暗；不透明。块黑铅矿见于铅矿床上部氧化带中，已知产地有英国苏格兰利德希尔斯（Leadhills）、美国爱达荷州吉尔摩（Gilmore）等地区。

软锰矿（Pyrolusite，MnO₂）

结晶学： 四方晶系，$4/m2/m2/m$；晶体少见；集合体多呈放射状、纤维状块体或呈土状，易污手；也呈结核状、被膜状、树枝状。依水锰铁矿成假象。

物理性质： 具〔110〕完全解理，参差状断口。硬度变化很大，粗粒晶表面硬度 6～6.5，而土状者表面硬度 1～2；密度 $4.4～5.1\ \text{g/cm}^3$。颜色为钢灰色或铁黑色，常带浅蓝锖色；条痕黑色；金属光泽；不透明。

化学性质： 块状体通常含少量水。软锰矿具金红石型结构。

名称与品种： "polianite" 是一个旧称，指粗晶的软锰矿。锰土（wad）是一个术语，指不纯的锰氧化物混合物，通常指水合物，近乎等同于用术语褐铁矿表示水合铁氧化物。

产状： 软锰矿是最丰富的锰矿物之一。它在强氧化条件下形成，是其他含锰矿物的蚀变产物，见于各类矿床风化带中的任何地方，通常与含 Mn 或 Fe 的其他氧化物和氢氧化物共生。人们已在海底以及沼泽、湖泊和浅水区域中均发现了大量软锰矿结核沉积物。

图 238 软锰矿，产自德国莱茵兰-普法尔茨州罗斯巴赫（Rossbach）。视场：53 mm×97 mm。

图 239 长在石英上的锐钛矿，产自挪威霍达兰郡哈当厄高原（Hardangervidda）。对象：10 mm×37 mm。

用途： 软锰矿是主要的锰矿石。锰可用于钢铁和其他合金、电池、玻璃脱色，以及用作各种化学品生产中的氧化介质。

鉴定特征： 条痕，特别是硬度（可能会污手）可与其他相关锰氧化物和氢氧化物相区分。

钡硬锰矿［Romanèchite，(Ba,H₂O)₂Mn₅O₁₀］

斜方晶系；主要以葡萄状结壳、钟乳状或土状块体出现。硬度 5～6，密度 4.7 g/cm³。颜色和条痕均为黑色至褐黑色，金属光泽，不透明。钡硬锰矿在地表条件下形成，与软锰矿的产状大致相同。锰钾矿（cryptomelane，KMn₈O₁₆）是与钡硬锰矿密切相关的矿物之一，未经专门鉴定，无法与之区分开来。硬锰矿（psilomelane）是表示包括钡硬锰矿在内的各种硬的锰氧化物的一个术语。现在它被用作

表示较硬的块状锰氧化物的通用术语（参见左页的"锰土"部分）。χ–硬锰矿（χ-psilomelane）是专门指代钡硬锰矿的同义词。

锐钛矿（Anatase，TiO₂）

结晶学： 四方晶系，4/m2/m2/m；晶体通常为尖双锥，以｛101｝为主，偶见平行于｛100｝的板状。

物理性质： 具｛001｝和｛101｝完全解理，参差状断口。硬度 5.5～6，密度 3.9 g/cm³。颜色为蓝黑色，也呈黄色、棕色、红棕色，偶见无色、绿色、蓝色或灰色；条痕发白；金刚光泽，深色时为金属光泽；透明至半透明。

化学性质： 锐钛矿是金红石和板钛矿的同质多象变体。

产状： 锐钛矿比金红石更稀有。它通常出现在片麻岩和片岩中的阿尔卑斯型矿脉（Alpine vein）中，常与石英、冰长石（adularia）和板钛矿共生；也见于伟晶岩中，或呈粒状散布在沉积物中。著名产地有美国科罗拉多州比弗克里克（Beaver Creek，出产蓝色晶体）、

图240 长在石英上的锐钛矿，产自挪威霍达兰郡哈当厄高原。对象：38 mm×111 mm。

瑞士碧茵谷（出产黄色晶体），以及挪威霍达兰郡哈当厄高原（如图239，生长在石英上的蓝黑色晶体）等。

鉴定特征：结晶习性和产状。

板钛矿（Brookite，TiO_2）

斜方晶系，金红石和锐钛矿的同质多象变体；晶体呈平行于 {010} 的板状；或依 {120} 成柱状。具 {120} 不清楚解理。硬度 5.5～6，密度 4.1 g/cm^3。颜色为黄褐色、红褐色至黑色，金属光泽至金刚光泽，透明至半透明。板钛矿见于阿尔卑斯型矿脉中，通常与锐钛矿、金红石和钠长石共生；优质晶体见于威尔士特里马道克（Tremadoc）附近的弗隆奥鲁（Fron Oleu）、法国瓦桑堡等阿尔卑斯山脉几处地方，以及美国阿肯色州马格尼特湾。

铌铁矿［Columbite，$(Fe,Mn)(Nb,Ta)_2O_6$］

结晶学：斜方晶系，$2/m2/m2/m$；晶体常见，多呈柱状，也呈平行于 {101} 的板状，

图241 板钛矿，产自美国阿肯色州马格尼特湾。视场：26 mm×29 mm。

图242 铌铁矿，产自芬兰塔梅拉。视场：37 mm×42 mm。

常具〔201〕双晶。

物理性质：具〔010〕清楚解理，〔100〕不清楚解理；参差状断口。硬度6～6.5；密度5.2～6.8 g/cm³，并且随 Ta 含量增加而增加。颜色为黑色至褐黑色，有时带锖色；条痕褐色至黑色；金属光泽；半透明至不透明。

化学性质：铁铌铁矿〔ferrocolumbite，$(Fe,Mn)(Nb,Ta)_2O_6$〕和锰铌铁矿〔manganocolumbite，$(Mn,Fe)(Nb,Ta)_2O_6$〕之间存在固溶体系列；多数铌铁矿中 Fe 含量多于 Mn。Fe 和 Mn 的价态都是二价。这些矿物也与锰钽铁矿〔manganotantalite，$(Mn,Fe)(Ta,Nb)_2O_6$〕和钽铁矿〔ferrotantalite，$Fe(Ta,Nb)_2O_6$〕形成固溶体系列；通常钽铁矿中 Mn 含量多于 Fe。纯钽铁矿在自然界中不存在，但已知有一种与之密切相关的矿物重钽铁矿（ferrotapiolite），见于芬兰塔梅拉（Tammela）的库尔马拉伟晶岩（Kulmala pegmatite）中。

产状：铌铁矿产于花岗伟晶岩中，偶见于碱性花岗伟晶岩中。产地有美国康涅狄格州哈达姆（Haddam）和南达科他州的几个矿山等地。美国弗吉尼亚州阿米利亚（Amelia）产出大型锰钽铁矿晶体。

鉴定特征：结晶习性、硬度和锖色。

图243 易解石，产自挪威希德拉。对象：72 mm×127 mm。

图 244　褐钇铌矿，产自挪威埃维耶。对象：29 mm×45 mm。

易解石［Aeschynite，(Ce,Ca,Fe)(Ti,Nb)₂(O,OH)₆］

斜方晶系，以粗糙的柱状晶体或块状集合体出现。硬度 5～6，密度 4.2～5.3 g/cm³。颜色为深褐色，条痕褐色至黑色，金属光泽，通常因存在 U 或 Th 而发生蜕晶作用。化学成分变化范围较大，例如 Ti/Nb 比值变化、Ce 被其他稀土元素或 Y 替代。钇易解石（blomstrandine 或 priorite）是易解石的旧称。易解石及其密切相关矿物存在于花岗岩或霞石正长伟晶岩、碳酸盐岩和阿尔卑斯型矿脉中。易解石的已知产地有挪威希德拉（Hidra，过去写作"Hitterø"）等。其他相关矿物有复稀金矿［polycrase，Y(Ti,Nb)₂(O,OH)₆］和黑稀金矿［euxenite，Y(Nb,Ta,Ti)₂O₆］。由于少量的 U 或 Th 替代了 Y，这些矿物通常也会发生蜕晶化。它们的产状与易解石的相似。

褐钇铌矿（Fergusonite，YNbO₄）

四方晶系；晶体呈柱状或尖锥状，集合体呈粒状。硬度 5～6.5，密度 4.2～5.7 g/cm³。颜色通常为黑色或黑褐色；半金属光泽；不透明；由于 U 或 Th 的存在，常为蜕晶质。化学成分多样：Y 被 Ce 或其他稀土元素替代，

图 245　晶质铀矿，产自挪威罗德（Råde）。
对象：12 mm×11 mm。

Nb 被 Ti 或 Ta 替代。褐钇铌矿产于花岗伟晶
岩中，已知产地有美国得克萨斯州巴林杰山
（Baringer Hill）、美国弗吉尼亚州阿米利亚和
加拿大安大略省马达沃斯卡（Madawaska）等。
铌钇矿［samarskite，(Y,Fe,U)(Nb,Ta)O$_4$］是其
共生矿物，也见于花岗伟晶岩中。

晶质铀矿（Uraninite，UO_2）

结晶学：等轴晶系，$4/m\overline{3}2/m$；晶体通常
为 $\{100\}$ 和 $\{111\}$ 的简单聚形；主要呈块
状，称作沥青铀矿（pitchblende）；或呈致密
肾状、葡萄状、条带状集合体。

物理性质：无解理，参差状或贝壳状断
口。硬度 5～6；密度约 11 g/cm^3，随着地质
年龄的增加而减小至 6.5 左右，这是由于部分
U^{4+} 氧化为 U^{6+}，U 被 Th 等元素替代。颜色为
黑色至褐黑色；条痕褐黑色；半金属光泽至沥
青光泽，光泽大多暗淡；不透明。强放射性。

化学性质：在自然界中，晶质铀矿通常
被氧化，其成分与 U_3O_8 非常接近。Th 和稀土
元素（如 Ce）的含量具有多样性，例如 Th 含
量可相当高。Pb 和 He 作为 U 和 Th 的放射性
衰变产物总是存在。晶质铀矿具有萤石型结
构，其中 U 替代 Ca，O 替代 F。

名称与品种：方钍石（thorianite，ThO_2）
的晶体结构与晶质铀矿的相似，它主要存在于

图 246　晶质铀矿，产自美
国新墨西哥州麦金利县第 25
矿区（Section 25 Mine）。对
象：64 mm×116 mm。

花岗伟晶岩中。

产状： 晶质铀矿产于花岗伟晶岩和正长
伟晶岩中，通常与独居石、锆石，以及富含
Nb、Ta、Ti 和稀土元素的氧化物共生，如加
拿大安大略省班克罗夫特（Bancroft）和挪威
南部几个地方的铀矿。它也出现在含锡石和毒
砂的高温热液脉中，例如英国康沃尔郡。它在
中温热液脉中以沥青铀矿的形式与 Co-Ni-Ag
的矿石一起出现，例如捷克亚希莫夫和加拿大
萨斯喀彻温省大熊湖（Great Bear Lake）；同类
产状也见于刚果（金）欣科洛布韦（Shinkolob-
we），不过是与铜矿一起出现的。此外，晶质铀
矿在石英砾岩中以小颗粒形式出现，例如南非
的威特沃特斯兰德含金砾岩（Au-bearing Wit-
watersrand conglomerate）。晶质铀矿在伟晶岩
中常以晶体的形式出现，在热液脉中则主要以
沥青铀矿的形式出现。优质晶体见于美国缅因
州托普瑟姆（Topsham）和北卡罗来纳州斯普
鲁斯派恩（Spruce Pine），大晶体见于加拿大
安大略省威尔伯福斯（Wilberforce）。

用途： 晶质铀矿是提炼铀和镭的主要矿
石。铀主要用于核反应堆，而镭用于放射性
药品。

鉴定特征： 密度和沥青状外观。

水镁石［Brucite，Mg(OH)₂］

结晶学： 三方晶系，$\overline{3}2/m$；晶体罕见，
通常呈平行于〔0001〕的板状并被一个菱面体
包围，以单晶或近平行集合体出现；通常呈叶
片状、块状或纤维状集合体。

物理性质： 具〔0001〕完全解理，解理
薄片具挠性但无弹性，具可切性。硬度 2.5，
密度 2.4 g/cm³。颜色为白色至淡绿色，有时为

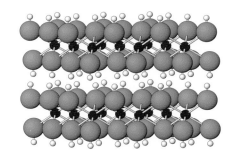

图 247　水镁石具有层状结构，每个复合层由两
层 OH（浅蓝色和白色）及夹在两层之间的一层
Mg（深蓝色）组成。Mg 为八面体配位，周围有
6 个 OH。OH 作六方最紧密堆积，其中每个 OH
一侧与 3 个 Mg 相结合，另一侧与下一层的 3 个
OH 结合。OH 因位于镁层对面的 H（白色）而有
极性。复合层之间的键主要是氢键。

灰色、褐色或蓝色；蜡状玻璃光泽，解理面呈
珍珠光泽；透明。

化学性质： 二价的 Fe 和 Mn 可以替代 Mg。
水镁石晶体具层状结构，每个复合层由两层
OH 及夹在两层之间的一层 Mg 组成，Mg 为

图 248　长在方解石中的水镁石，产自美国纽约州
布鲁斯特的蒂莉福斯特矿。对象：41 mm×43 mm。

图 249　铝土矿，产自法国。对象：76 mm×95 mm。

八面体配位，周围有 6 个 OH。OH 作六方最紧密堆积，其中每个 OH 一侧与 3 个 Mg 相结合，另一侧与下一层的 3 个 OH 结合。OH 带极性，H 在镁层的反方向上。复合层之间的键主要是氢键。层状结构可反映在完全解理上。

产状： 水镁石产于蛇纹岩、绿泥石片岩和白云岩中的低温热液脉中，通常与方解石、文石、菱镁矿和滑石共生。在结晶灰岩中，它是方镁石的蚀变产物。水镁石大晶体见于得克萨斯州伍德矿（Wood's Mine）和宾夕法尼亚州，特别优质的晶体见于俄罗斯乌拉尔山脉的许多矿点。

用途： 水镁石可作为耐火材料和炼镁的原料。

鉴定特征： 叶片状外观；解理片无弹性；在某种程度上，可通过颜色和光泽来鉴定。与滑石相似，但更硬，滑感稍差。纤维状水镁石不如纤蛇纹石丝滑。

三水铝石［Gibbsite，Al(OH)₃］

结晶学： 单斜晶系，$2/m$；晶体罕见，通常为平行于〔001〕的假六方板状；集合体常呈放射状、钟乳状、皮壳状或土状。

物理性质： 具〔001〕完全解理。硬度 2.5～3.5，密度 2.4 g/cm³。颜色为白色至灰色，也呈浅绿色或浅红色；玻璃光泽，解理面呈珍珠光泽；透明。

化学性质： 三水铝石的结构与水镁石的相似，在八面体空隙中 Al 替代了 Mg，不过只充填了 2/3 的空隙，而水镁石中所有空隙都被 Mg 充填。

名称与品种： "hydrargillite" 是三水铝石的旧称（也是矾石的旧称）。

产状： 三水铝石是铝土矿的三种重要成分之一，另外两种是软水铝石（böehmite）和硬水铝石。铝土矿常在亚热带或热带地区表生作用下形成。它源于富铝岩石崩解，除 Al 之外，其中的硅和其他主要元素浸出。铝土矿可以作为一种残积矿床，或被迁移而二次成矿。红土是一种类似的残积矿床，见于热带地区，是一种呈红棕色、含 Al 和 Fe 的土状氢氧化物混合物。铝土矿产于法国的莱博-普罗旺斯（Les Baux-de-Provence）及其南部一些地方，也见于其他国家（如苏里南、圭亚那和牙买加）。三水铝石也产于低温热液脉和碱性火成岩孔洞中。其主要产地有美国马萨诸塞州里士满（Richmond）和加利福尼亚州怀特山。

用途：铝土矿是主要的铝矿石，广泛应用于制造飞机、军舰、汽车和食品容器，以及有轻金属需求的其他许多用途。

鉴定特征：三水铝石不及硬水铝石坚硬；

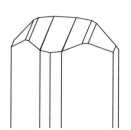

图 250　水锰矿：｛010｝、｛101｝、｛210｝、｛111｝、｛810｝、｛212｝和｛818｝。

图 251　水锰矿，产自德国哈茨山伊尔费尔德。对象：55 mm×93 mm。

图 252 硬水铝石，产自美国马萨诸塞州切斯特（Chester）。对象：55 mm × 94 mm。

细粒的三水铝石不易与铝土矿中的其他矿物区分开来。

水锰矿〔**Manganite，MnO(OH)**〕

结晶学： 单斜晶系，$2/m$，假斜方晶系；晶体不常见，多为平行于 c 轴的中长柱状，晶面条纹也平行于 c 轴；常见｛011｝双晶；通常呈柱状或纤维状集合体。

物理性质： 具｛010｝完全解理，｛110｝和｛001｝中等解理。硬度 4，密度 4.3 g/cm^3。颜色为钢灰色至黑色，条痕深棕色至黑色，半金属光泽，不透明。

产状： 水锰矿产于低温热液脉中，通常与重晶石、方解石、菱铁矿和黑锰矿共生。它也存在于风化带中，通常与软锰矿和其他含锰氧化物一起产出。特别优质的晶体见于德国哈茨山伊尔费尔德和图林根州伊尔默瑙（Ilmenau）、美国弗吉尼亚州伍德斯托克附近的鲍威尔堡垒（Powell's Fort），以及英国康沃尔郡的圣贾斯特（St. Just）。

鉴定特征： 结晶习性，颜色，硬度和条痕，特别是与软锰矿和其他锰氧化物共生。

硬水铝石〔**Diaspore，AlO(OH)**〕

结晶学： 斜方晶系，$2/m2/m2/m$；晶体罕见，最常为长柱状、针状，或呈平行于｛010｝的板状；集合体通常呈分散粒状、块状、鳞片状或钟乳状。

物理性质： 具｛010｝完全解理，｛110｝清楚解理。硬度 6.5~7，密度约 3.4 g/cm^3。颜色为白色至灰色，有时为无色、淡绿色、浅棕色或粉红色；玻璃光泽，解理面呈珍珠光泽；透明至半透明。

化学性质： 硬水铝石的晶体结构为针铁矿型，其中 Al 替代了 Fe^{3+}。

名称与品种： 软水铝石〔AlO(OH)〕是硬

图 253 针铁矿晶体，产自美国科罗拉多州帕克县莱克乔治（Lake George）。对象：69 mm×125 mm。

水铝石的同质多象变体，它与硬水铝石一样，是铝土矿的重要成分。如果不进行详细调查，根本无法将其与其他铝氧化物区分开来。

产状：硬水铝石是铝土矿的三种重要成分之一，其他两种是三水铝石和软水铝石（关于铝土矿参见第 177 页的"三水铝石"）。它

也见于结晶灰岩中，在金刚砂中与刚玉共生，并在碱性伟晶岩中作为一种热液矿物存在。

用途：作为铝土矿的成分，硬水铝石和软水铝石均是重要的铝矿石。

鉴定特征：解理和硬度。

针铁矿［Goethite，FeO(OH)］

结晶学：斜方晶系，$2/m2/m2/m$；晶体罕见，主要呈平行于 c 轴的柱状，或平行于｛010｝的板状或针状；集合体主要呈肾状、葡萄状或钟乳状团块，内部常呈纤维状或同心状发育；

图 254 沼铁矿（针铁矿变种），产自瑞典克鲁努贝里省 Helga Sjön。直径：17～24 mm。

图 255 豆状针铁矿，产自德国索林根（Solingen）。对象：71 mm × 103 mm。

图 256 沼铁矿（针铁矿变种），产自德国梅克伦堡（Mecklenburg）。对象：70 mm × 91 mm。

在或多或少具多孔状的块体中也呈豆状、鲕状或土状。

物理性质：具 [010] 完全解理，[100] 中等解理。硬度 5～5.5，密度 3.3～4.4 g/cm³。颜色为深褐色、黄褐色或红褐色；条痕黄褐色；金刚光泽至半金属光泽，通常暗淡，纤维状集合体呈丝绢光泽；半透明。

化学性质：Mn 常少量替代 Fe。针铁矿的晶体结构是 O 和 OH 作六方紧密堆积，Fe 呈八面体配位。

名称与品种：纤铁矿 [lepidocrocite，FeO(OH)] 是针铁矿的同质多象变体，且相对罕见。

产状：针铁矿是最常见的矿物之一，是业内通常称为"褐铁矿"的主要成分。它是其他含铁矿物在氧化条件下的蚀变产物（类似于生锈），构成帽状物的主要部分或称为"铁帽"，覆盖在许多矿床上。它也是红土和类似残积矿床的主要成分。若它通过无机作用或生物作用在湖泊和沼泽中直接沉积，则称作沼铁矿（bog iron ore）。针铁矿矿床作为铁矿石而具有利用价值，例如法国阿尔萨斯-洛林地区（Alsace-Lorraine）的鲕褐铁矿（minette ore）和古巴的一些红土矿。优质晶体见于美国科罗拉多州派克斯峰和英国康沃尔郡圣贾斯特等地。

用途：针铁矿是重要的铁矿石。

鉴定特征：通过条痕可将针铁矿与赤铁矿区分开来。

图257 孔雀石（绿色）和蓝铜矿（蓝色），产自美国亚利桑那州比斯比。视场：40 mm×60 mm。

碳酸盐、硝酸盐和硼酸盐

碳酸盐是由 [CO₃] 基团和一种或几种阳离子组成的化合物。[CO₃] 基团是一个复杂的阴离子，是由一个中心 C 及在其周围紧密围绕的 3 个 O 组成的平面基团，O 构成一个等边三角形。[CO₃] 基团在结构中独立存在，而不是像硅酸盐那样形成链、环或层。硝酸盐也是如此，硼酸盐则像硅酸盐那样。

碳酸盐类主要包括方解石族和白云石族，是诸如白垩岩和石灰岩等沉积岩及大理岩等变质岩中的重要矿物。它们在热液脉中也很常见。硝酸盐非常易溶，只见于非常干燥的环境中；硼酸盐主要由盐湖蒸发形成。

方解石族

通过用 Ca^{2+} 替代 Na^+，用 [CO₃] 基团替代 Cl^-，可由石盐（NaCl）的晶体结构得到方解石（CaCO₃）的晶体结构。以平面结构单元（例如 [CO₃] 基团）替代球体单元（例如 Cl^-），使对称性从等轴晶系降至三方晶系，因为 4 个三次轴只出现了一个。这一变化在形态学上可以描述成一个立方体变成了一个钝菱面体。以此类推，石盐的立方体解理变成了方解石的钝菱面体解理，也就是说方解石仍具有三向解理，只是它们互相倾斜。菱镁矿、菱铁

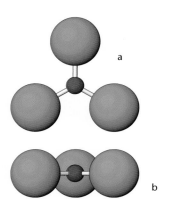

图 258 （a）沿 c 轴和（b）垂直于 c 轴方向观察 [CO₃] 基团。C（红色）位于由 O（浅蓝色，位于三个角上）所构成的等边三角形的中间。为了揭示结构，与 C 相比，O 画得比它们的真实尺寸小。

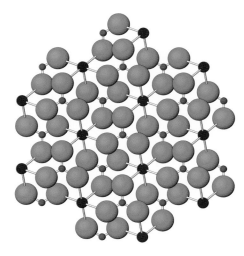

图 259 沿 c 轴方向观察部分方解石结构。在一个平面组中，C（红色）被 3 个 O（浅蓝色）包围，Ca（深蓝色）则与 6 个 O 呈八面体配位。

矿、菱锰矿和菱锌矿的阳离子比 Ca 小，也都为八面体配位，它们的晶体结构与方解石的相同。文石族矿物的情况则不同，下文将对此进行讨论。

方解石（Calcite，CaCO$_3$）

结晶学： 三方晶系；$\bar{3}2/m$；晶体常见，形态极其多样，主要分为三类：①或长或短的棱柱，终端为 {0001} 或菱面体；②普遍为菱面体状；③仅为偏三角面体或者与菱面体或棱柱的聚形。常具 {01$\bar{1}$2} 和 {0001} 双晶；集合体常呈块状、粒状、钟乳状、带状、鲕或豆状、珊瑚状、土状。

物理性质： 具 {10$\bar{1}$1} 完全解理。硬度 3，密度 2.7 g/cm^3。主要为无色或白色，但由于替代物或杂质也可以呈其他颜色；玻璃光泽；透明至半透明。双折射率很高。

化学性质： 方解石的成分通常接近于其理想化学式，但 Mn、Fe 和 Mg 可以局部替代 Ca。方解石易与冷盐酸反应，生成 H$_2$O 和 CO$_2$，伴随着剧烈起泡。方解石与文石为同质多象变体，其晶体结构如第 184 页所述。

名称与品种： 冰洲石（iceland spar）因冰岛而得名，是一种特别纯净透明的方解石，具有明显的双折射现象。犬牙石（dog-tooth spar）是一种终端以锋利的偏三角面体为特征的晶体；钉头石（nail-head spar）的终端则很扁。

产状： 方解石是地球上最丰富的矿物之一，并产于许多不同地质组合中。它是沉积岩和次生变质岩中重要的造岩矿物，在钙质石灰岩和大理岩等岩石中几乎是唯一的矿物。它以结壳和钟乳石的形式存在于这些岩石的孔洞和空腔中，在泉等地方形成钙华（calc-sinter 或

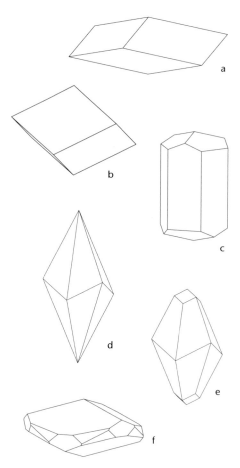

图 260　方解石：（a）{01$\bar{1}$2}；（b）{10$\bar{1}$1}；（c）{10$\bar{1}$0} 和 {01$\bar{1}$2}；（d）{21$\bar{3}$1}；（e）{21$\bar{3}$1} 和 {10$\bar{1}$1}；（f）{10$\bar{1}$2}、{10$\bar{1}$0} 和 {21$\bar{3}$1}。

travertine）。它还是珊瑚、贝壳，以及多种海洋生物骨骼的重要成分。方解石是碳酸岩和霞石正长岩等火成岩中的主要矿物，是富钙硅酸盐的蚀变产物，在玄武岩中充填孔洞并与沸石共生。它也常见于热液脉中，与硫化物共生。以优质方解石晶体而闻名的产地不计其数，这

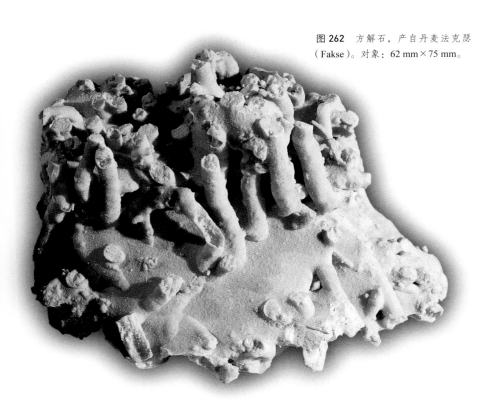

图 262　方解石，产自丹麦法克瑟（Fakse）。对象：62 mm×75 mm。

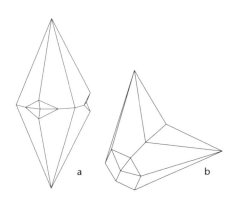

图 261　方解石双晶：(a) ¦0001¦；(b) ¦10$\bar{1}$1¦；(a) 和 (b) 的晶形都是偏三角面体 ¦21$\bar{3}$1¦。

里只列举几个地方，例如德国哈茨山圣安德烈亚斯贝格、美国密苏里州乔普林和俄罗斯达利涅戈尔斯克。冰岛埃斯基菲约泽（Eskifjörd-hur）以出产完美的方解石而闻名。

用途：以石灰岩等形式产出的方解石可用于生产水泥、砂浆、建筑石材、土壤改良剂和许多其他用途，因此，方解石是主要的原材料之一。高度透明的冰洲石已被用于光学用途，以前曾用于制作偏振光棱镜。

鉴定特征：解理、双折射，在冷的稀盐酸中剧烈起泡；结晶习性和硬度。

图 263 方解石，可看出它的 3 个解理方向，产自冰岛。
对象：49 mm×69 mm。

图 264 方解石，产自英国德比郡。
对象：36 mm×65 mm。

图 266 被一根银线围住的方解石，产自挪威孔斯贝格。晶体宽 20 mm。

图 265 方解石，产自美国密歇根州基威诺半岛。对象：87 mm×95 mm。

图 267　与蛇纹石（绿）共生的菱镁矿，产自挪威斯纳鲁姆（Snarum）内斯（Nes）。对象：114 mm×128 mm。

菱镁矿（Magnesite，MgCO₃）

结晶学：三方晶系，$\bar{3}2/m$；晶体不常见，大多为菱面体；通常呈致密土状、白垩状或陶瓷状团块，罕见粒状或纤维状集合体。

物理性质：具 $\{10\bar{1}1\}$ 完全解理。硬度约 4，密度 3.0 g/cm³。颜色为白色、灰色、淡黄色、棕黄色，玻璃光泽，透明至半透明。

化学性质：Mg 可被 Fe 替代，也可被少量 Ca 或 Mn 替代。菱镁矿在热盐酸中起泡。它

具有方解石型结构。

产状：菱镁矿以脉状和块状的形式出现，源于富镁火成岩（例如橄榄岩和蛇纹岩）的蚀变；这类菱镁矿通常是隐晶质的，含有非常细小的 SiO₂ 颗粒。它也产于绿泥石片岩或滑石片岩以及石灰岩中，以条带状或层状存在。这种产状下的菱镁矿要么是原生的，要么是方解石或白云石的蚀变产物；在后一种情况中，菱镁矿有时结晶良好。

用途：菱镁矿可用于生产炉衬砖、镁质水泥，也有少部分用作炼镁的原料。

鉴定特征：产状，即集合体形态和矿物共生组合；呈燧石状形态时，与燧石（chert）等矿物的区别在于硬度较低；在热盐酸中起泡。

图 268 菱铁矿，产自格陵兰伊维图特。对象：40 mm×60 mm。

菱铁矿（Siderite，FeCO₃）

结晶学：三方晶系，$\overline{3}2/m$；晶体多为 $\{10\overline{1}1\}$ 或其他菱面体，晶面常弯曲或复合；集合体呈粒状、葡萄状、球状、鲕状或土状。

物理性质：具 $\{10\overline{1}1\}$ 完全解理。硬度 4，密度 4.0 g/cm³。颜色为浅褐色至深褐色、红褐色、灰色或绿色；条痕白色；玻璃光泽；半透明。

化学性质：Mn、Mg 可以替代 Fe；在热盐酸中起泡。菱铁矿具有方解石型结构。

产状：菱铁矿的产状主要与黏土、板岩或含煤沉积物有关。在这类矿床中，菱铁矿呈块状、细粒状或结核状，通常与黏土混合出现，称为泥铁岩（clay ironstone）；或与煤互层出现，称为黑菱铁矿（black-band ore）。（术语

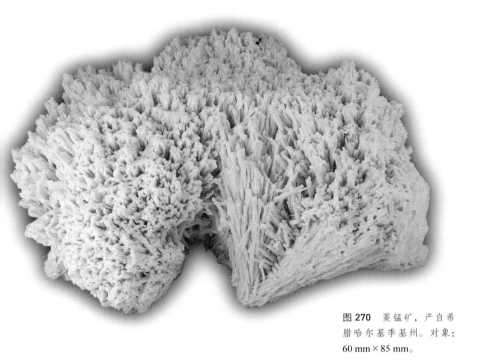

图 270 菱锰矿，产自希腊哈尔基季基州。对象：60 mm×85 mm。

泥铁岩也用于指赤铁矿和黏土的混合物）菱铁矿也存在于由这些沉积物形成的变质岩中。菱铁矿是热液脉中常见的脉石矿物（gangue mineral），偶见于花岗伟晶岩和霞石正长伟晶岩中。菱铁矿在格陵兰伊维图特冰晶石矿床中含量丰富。优质菱铁矿见于加拿大魁北克省圣伊莱尔山，以及巴西米纳斯吉拉斯州几处产地。

用途： 菱铁矿在一些地方是重要的铁矿石。

鉴定特征： 通过与其他碳酸盐比较颜色和密度，与闪锌矿和其他颜色相似的矿物比较解理来鉴定；在热盐酸中起泡。

图 269　菱铁矿，产自巴西米纳斯吉拉斯州贝洛奥里藏特（Belo Horizonte）。视场：39 mm×63 mm。

菱锰矿（Rhodochrosite，MnCO$_3$）

结晶学： 三方晶系，$\bar{3}2/m$；晶体通常为菱面体 $\{10\bar{1}1\}$，偶呈偏三角面体状；晶面有时弯曲或复合；主要呈粒状、葡萄状或皮壳状集合体。

物理性质： 具 $\{10\bar{1}1\}$ 完全解理。硬度 3.5～4，密度 3.6 g/cm^3。颜色从粉红色至深红色，由于杂质的存在也呈深褐色；玻璃光泽；透明至半透明。

化学性质： Mn 可被 Fe 替代，或被 Ca、Mg 或 Zn 少量替代；在热盐酸中起泡。菱锰矿具有方解石型结构。

产状： 菱锰矿赋存于热液脉中，常与银铅锌铜硫化物、其他碳酸盐或锰矿物（例如水

碳酸盐、硝酸盐和硼酸盐　191

锰矿）共生。它在交代锰矿床中与蔷薇辉石、锰铝榴石和黑锰矿一起出现，还见于伟晶岩中，以及在沉积锰矿床中作为次生矿物存在。发育特别良好的晶体产自南非卡拉哈里锰矿田（Kalahari Manganese Field）、美国科罗拉多州的斯威特霍姆矿（Sweet Home Mine）和其他几处矿山，以及秘鲁的华拉蓬矿（Huallapon Mine）等地。阿根廷卡塔马卡省 Capillitas 以出产带状纹理的钟乳状菱锰矿而闻名，这种菱锰矿抛光后可用作装饰品。

用途： 菱锰矿是一种劣质锰矿石，有时用于装饰。

鉴定特征： 颜色和解理，在热盐酸中起泡，硬度低于蔷薇辉石。

图 271 菱锰矿，产自秘鲁。
对象：20 mm × 32 mm。

菱锌矿（Smithsonite，$ZnCO_3$）

结晶学： 三方晶系，$\overline{3}2/m$；晶体罕见，常为菱面体或偏三角面体；通常呈肾状、钟乳状或皮壳状集合体。

物理性质： 具 $\{10\overline{1}1\}$ 完全解理。硬度 $4\sim4.5$，密度 4.4 g/cm^3。颜色多为暗淡的棕白色，有时呈蓝色、绿色、黄色、粉色、白色或无色；条痕白色；强玻璃光泽；半透明。

化学性质： Zn 可被 Fe 和微量 Mn 替代，Ca、Mg、Cd、Co 和 Cu 也可少量存在；在热盐酸中起泡。菱锌矿具有方解石型结构。

名称与品种： 菱锌矿以前在英国被称作"calamine"；而在美国，"calamine"用来表示异极矿。

产状： 菱锌矿是表生矿物，见于锌矿床上部氧化带中，通常是闪锌矿的蚀变产物。它常与白铅矿、孔雀石，以及水锌矿、异极矿等锌矿石共生。美国新墨西哥州马格达莱纳附近的凯利（Kelly）、希腊拉夫里翁（Lavrion）、纳米比亚楚梅布，以及澳大利亚新南威尔士布罗肯希尔（Broken Hill）等地都是著名的菱锌矿产地。

用途： 菱锌矿在一些地方是重要的锌矿石。产于拉夫里翁等地的菱锌矿可用于装饰目的。

鉴定特征： 密度，在热盐酸中起泡。

白云石［Dolomite，$CaMg(CO_3)_2$］

结晶学： 三方晶系，$\overline{3}$；晶体通常为简单菱面体 $\{10\overline{1}1\}$，表面常弯曲和复合，使晶体外观呈马鞍状；常具 $\{0001\}$ 双晶，也具 $\{10\overline{1}0\}$、$\{11\overline{2}0\}$ 双晶，并且晶体薄片平行于 $\{02\overline{2}1\}$；集合体大部分呈块状、粗粒至细粒状、致密状。

图 272　菱锌矿，产自纳米比亚楚梅布。
对象：106 mm×104 mm。

图 273　菱锌矿，产自
意大利撒丁岛马苏阿山
（Monte Masua）。对象：
63 mm×120 mm。

图 274　菱锌矿，产自纳米比亚楚梅布。
对象：71 mm×85 mm。

碳酸盐、硝酸盐和硼酸盐　193

图 275 白云石，产自英国森德兰。对象：63 mm×101 mm。

物理性质：具〔101̄1〕完全解理。硬度3.5～4，密度约 2.9 g/cm³。颜色为白色或灰色，也呈浅绿色、浅褐色或浅粉色；玻璃光泽；透明至半透明。

化学性质：Fe 可替代 Mg，白云石和铁白云石之间有完全固溶体系列。有时 Mn 也可替代 Mg。白云石在冷盐酸中只轻微起泡，但如果是热盐酸则反应剧烈。白云石的晶体结构由

图 276 白云石，产自西班牙纳瓦拉自治区。对象：99 mm×113 mm。

方解石结构衍变而来，Ca 层和 Mg 层在垂直于 c 轴的方向上作有规律地交替排列。由于钙和镁呈有序交替排列，对称性降至 $\bar{3}$（与方解石相比）。

名称与品种： 锰白云石［kutnahorite，$CaMn(CO_3)_2$］具有白云石型结构，其中 Mn 替代了 Mg。它是一种稀有矿物，除颜色呈白色至粉色外，其性质与白云石的相似。

产状： 白云石广泛分布在各沉积层系，以及由这些沉积物变质而形成的白云石质大理岩中。白云岩被认为最初是以方解石和文石沉积物的形式沉积，然后在海底或通过地下水循环，在富镁热液的影响下发生蚀变。白云石也存在于热液脉中，通常与重晶石、萤石以及含 Pb 和 Zn 的矿物共生。白云岩广泛存在于意大利北部的多洛米蒂山中；发育特别良好的晶体见于西班牙纳瓦拉自治区、意大利特拉韦尔塞拉（Traversella）、瑞士碧茵谷伦根巴赫采石场和纳米比亚楚梅布等地。

用途： 白云石可用作建筑石材和特殊类型的水泥。

鉴定特征： 粒状白云石与方解石的区别在于前者只在热盐酸中才剧烈起泡。白云石晶体常通过结晶习性和解理来区分，方解石族矿物则通过仅见 $\bar{3}$ 中的双晶律来区分。

铁白云石［Ankerite，$CaFe(CO_3)_2$］

铁白云石的结构与白云石的相似，并与白云石形成完全固溶体系列。除颜色更近褐色外，其物理性质也与白云石的相似。其产状与白云石的相似；铁白云石尤其与铁矿床有关，也存在于含金石英脉及邻近岩石中。

图 277 铁白云石，产自英国康沃尔郡。对象：80 mm×128 mm。

文石族

在文石族（aragonite group）中，平面［CO_3］基团与半径较大的阳离子结合，即 Ca^{2+}，或更大的 Ba^{2+}、Sr^{2+} 或 Pb^{2+}。在这个结构中，阳离子与 9 个 O 原子配位，而方解石族中的阳离子较小，为六配位。Ca^{2+} 是一种中等大小的阳离子，可以同时适应两种配位方式。文石为斜方晶系，假六方结构。它的假六方特征反映在它倾向于形成模拟双晶。

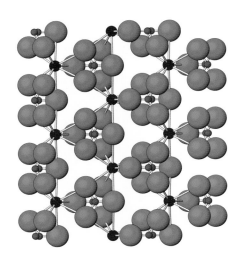

图 278 文石的部分结构，沿 c 轴视角。C（红色）被 3 个 O（浅蓝色）包围，且共在同一平面上；Ca（深蓝色）与 9 个 O 配位。

文石（Aragonite，CaCO₃）

结晶学： 斜方晶系，$2/m2/m2/m$，假六方对称；晶体常见，常呈长柱状至针状，为棱柱 $\{110\}$ 和较陡的棱柱（如 $\{091\}$）、双锥（如 $\{991\}$）的聚形，集合体呈放射状；或短柱状，略微平行于 $\{010\}$ 的板状，单形有稍平的棱柱 $\{011\}$；常依 $\{110\}$ 成双晶或三连晶，三连晶常呈假六方对称；或呈薄片状聚片双晶，具 $\{001\}$ 双晶条纹，既有接触双晶，也有贯穿双晶。多呈柱状、皮壳状、钟乳状、珊瑚状、肾状或具放射状纤维的豆状集合体。

物理性质： 具 $\{010\}$ 清楚解理，贝壳状断口。硬度 3.5～4，密度 2.9 g/cm³。无色、白色、灰色、淡黄色，或带蓝色、绿色、紫色或红色色调；玻璃光泽；透明至半透明。

化学性质： 文石与方解石为同质多象变体，其晶体结构如上所述。它在冷盐酸中起泡。

产状： 文石较方解石不常见，在表生条件下较方解石更不稳定，常被方解石替代。它在温泉中以豆状或泉华状沉积物出现，在孔洞中呈钟乳状，在黏土中与石膏共生；它在铁矿床中与菱铁矿共生，有时呈珊瑚状，被称为文石华（flos ferri）。文石还与沸石一起出现在年轻玄武岩的空腔中，与蛇纹石一起出现在蚀变基性岩中，以及一些低温高压变质大理岩中。有些动物的外壳，如珍珠层和一些双

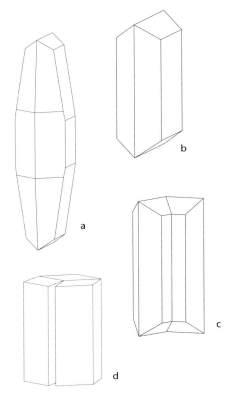

图 279 文石：(a) $\{010\}$、$\{110\}$、$\{011\}$、$\{091\}$ 和 $\{991\}$；(b) $\{010\}$、$\{110\}$ 和 $\{011\}$；(c) $\{110\}$ 双晶，每个单晶都有 $\{010\}$、$\{110\}$ 和 $\{011\}$；(d) $\{110\}$ 三连晶，3 个单晶体都有 $\{110\}$ 和 $\{001\}$。

图 280　文石，产自意大利西西里岛。对象：46 mm×62 mm。

壳类动物的珍珠，完全由文石构成；而大部分其他外壳由方解石构成。西班牙阿拉贡地区和意大利西西里岛阿格里真托（Agrigento）都因文石双晶而著称；奥地利的埃尔茨贝格（Erzberg）和许滕贝格（Hüttenberg）以壮观的文石华而闻名。

图 281　豆状文石，产自捷克波希米亚地区卡罗维发利（Karlovy Vary）。对象：52 mm×97 mm。

图 282 菱锶矿，产自英国苏格兰斯特朗申。对象：56 mm × 65 mm。

鉴定特征：与方解石一样，文石在冷盐酸中剧烈起泡；与方解石的区别在于结晶习性、密度，以及解理不同。

菱锶矿（Strontianite，SrCO₃）

结晶学：斜方晶系，$2/m2/m2/m$，假六方结构；晶体少见，多呈长柱状至针状；常具 {110} 双晶；通常呈柱状、粒状或纤维状集合体。

物理性质：具 {110} 中等解理。硬度 3.5～4，密度 3.8 g/cm³。颜色为白色、灰色、淡黄色或淡绿色，玻璃光泽，多数呈半透明。

化学性质：Ca 可局部替代 Sr。菱锶矿的结构和文石的相同。遇盐酸起泡。

产状：菱锶矿产于石灰岩和大理岩中的低温热液脉中，通常与重晶石、方解石和天青石共生，有时也与硫化物共生。它也见于石灰岩和黏土中，呈结核状。重要的菱锶矿矿床产自德国哈姆和明斯特附近的泥灰岩（marl）。上好的菱锶矿见于该矿物的最早发现地——英国斯特朗申（Strontian）。

用途：菱锶矿和天青石都是提取锶的原料。

鉴定特征：密度、遇盐酸起泡（与天青石相比，通常与之共生）。

毒重石（Witherite，BaCO₃）

结晶学： 斜方晶系，2/*m*2/*m*2/*m*，假六方结构；晶体少见，大多数晶体通常具｛110｝反复双晶，形成假六方双锥，晶面上有水平条纹；多呈球状、葡萄状、粒状或粗纤维状集合体。

物理性质： 具｛010｝清楚解理。硬度3～3.5，密度4.3 g/cm³。颜色为白色、灰色或带光反射色，玻璃光泽，透明至半透明。

化学性质： 可有少量 Ca 和 Sr 替代 Ba；毒重石的结构和文石的相同；遇盐酸起泡；有毒。

产状： 毒重石是除重晶石外分布最广泛的钡矿物，但是它更稀有；它产于热液脉中，通常与方铅矿、重晶石和萤石共生。优质毒重石产自美国伊利诺伊州凯夫因罗克（Cave-in-Rock）、英国诺森伯兰郡赫克瑟姆（Hexham）和坎布里亚郡奥尔斯顿沼泽等地。

用途： 毒重石是一种劣质钡矿石。

鉴定特征： 密度和遇盐酸起泡。

白铅矿（Cerussite，PbCO₃）

结晶学： 斜方晶系，2/*m*2/*m*2/*m*，假六方结构；晶体常见，结晶习性多样，例如呈平行于｛010｝的板状，平行于 *a* 轴的长柱状；｛111｝和｛021｝同等发育时，形似六方双锥。具｛110｝双晶，有时具｛130｝双晶，双晶可交织成星状晶体群或形成网状结构。常呈粒状或纤维状集合体。

物理性质： 具｛110｝清楚解理，｛021｝不清楚解理。硬度3～3.5，密度6.6 g/cm³。无色、白色或灰色，金刚光泽，透明至半透明。

图283 毒重石，产自美国伊利诺伊州凯夫因罗克的密涅瓦矿（Minerva Mine）。对象：81 mm×117 mm。

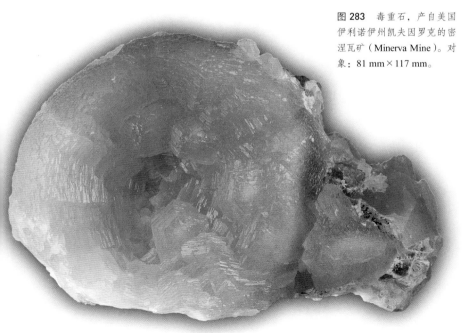

图 284　白铅矿，产自德国莱茵兰-普法尔茨州巴特埃姆斯（Bad Ems）。视场：31 mm×43 mm。

化学性质：白铅矿的成分通常接近于其理想化学式。遇冷盐酸微起泡，遇热硝酸剧烈起泡。白铅矿的结构和文石的相同。

产状：白铅矿是一种常见的表生矿物，由含 CO_2 的溶液和方铅矿反应形成；它通常与方铅矿和闪锌矿等原生矿物，以及铅矾、磷氯铅矿和菱锌矿等次生矿物共生。纳米比亚楚梅布、澳大利亚新南威尔士州布罗肯希尔、意大利撒丁岛蒙特波尼（Monteponi）、美国亚利桑那州弗勒克斯矿（Flux Mine）和宾夕法尼亚州惠特利矿区（Wheatley Mines）都是以出产结晶良好的白铅矿而著称的产地。

图 285　白铅矿，产自澳大利亚新南威尔士州布罗肯希尔。视场：24 mm×36 mm。

图286 孔雀石，产自美国亚利桑那州比斯比。视场：40 mm×60 mm。

用途：白铅矿是一种重要的铅矿物。

鉴定特征：密度、颜色、光泽和双晶。

孔雀石［Malachite，Cu$_2$CO$_3$(OH)$_2$］

结晶学：单斜晶系，2/*m*；优质晶体罕见，常呈长柱状至针状，或呈毛发状且以束状聚合；常具｛100｝双晶；也被看作是蓝铜矿和其他矿物的假象；集合体大多呈球状、皮壳状、葡萄状和钟乳状，通常具有光滑的表面，以及同心或平行的色带。

物理性质：具｛$\overline{2}$01｝完全解理，｛010｝清楚解理，块状孔雀石具有参差状断口。硬度3.5～4；密度4.0 g/cm³，块状孔雀石密度更低。颜色比深绿色浅；条痕浅绿色；晶面有强玻璃光泽，其他还有丝绢光泽，有时光泽暗淡；半透明。

化学性质：孔雀石遇盐酸起泡。Cu以Cu²⁺的形式存在，进入八面体配位并沿*c*轴形成链，这些链通过［CO$_3$］基团连接。

产状：孔雀石是广泛分布并产于铜矿床上部氧化带中的次生矿物，特别是与石灰岩有关；它通常与各种铁氧化物和铜矿物一起产出，例如蓝铜矿、赤铜矿、自然铜和硅孔雀石。最有名的孔雀石产地有俄罗斯乌拉尔山脉下塔吉尔（Nizhniy Tagil）附近产地、纳米比亚楚梅布，以及美国亚利桑那州比斯比和其他几处地方。在欧洲，产自法国里昂附近谢西的孔雀石特别有名。

用途：孔雀石可用于珠宝和装饰。

鉴定特征：颜色、色带、产状，以及遇盐酸起泡。

蓝铜矿 [Azurite，Cu₃(CO₃)₂(OH)₂]

结晶学： 单斜晶系，2/m；晶体常见，习性多样。例如呈平行于 b 轴或 c 轴的长柱状，或呈平行于 ｛001｝的板状，通常有许多晶面。集合体呈块状、钟乳状、葡萄状、柱状或放射状。

物理性质： 具 ｛011｝完全解理，｛100｝清楚解理，贝壳状断口。硬度 3.5～4，密度

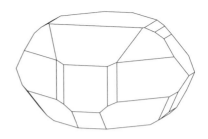

图288　蓝铜矿：｜100｜、｜001｜、｜102｜、｜10̄2̄｜、｜110｜、｜210｜、｜011｜、｜012｜、｜013｜、｜111｜、｜11̄2̄｜和｜12̄3̄｜。

图287　蓝铜矿，来自摩洛哥图伊西特。对象：33 mm×72 mm。

3.8 g/cm³。颜色为天蓝色或深蓝色，块状体通常较浅；条痕浅蓝色；玻璃光泽；透明至半透明。

化学性质： 蓝铜矿遇盐酸起泡。Cu 以 Cu²⁺ 的形式存在，形成四配位的平面正方形，这些平面正方形沿 b 轴形成链；链间通过 ［CO₃］基团连接。

产状： 蓝铜矿较孔雀石不常见，但产状相同。美丽的晶体见于法国里昂附近的谢西、摩洛哥图伊西特（Touissit）、纳米比亚楚梅布和美国亚利桑那州比斯比。

鉴定特征： 颜色、产状和遇盐酸起泡。

水锌矿 [Hydrozincite，Zn₅(CO₃)₂(OH)₆]

单斜晶系；晶体常呈平行于 ｛100｝的板状；集合体主要呈致密土状至多孔块状，也呈条带状结壳或钟乳状。具 ｛100｝完全解理。硬度 2～2.5，密度 3.2～3.8 g/cm³。颜色为纯白色至灰色或淡黄色；晶面呈珍珠光泽，除此之外则呈暗淡的土状光泽。在紫外光下发蓝白色荧光。水锌矿是闪锌矿和其他锌矿石矿床氧化带中的次生矿物。

绿铜锌矿 [Aurichalcite, (Zn,Cu)₅(CO₃)₂(OH)₆]

绿铜锌矿 [**Aurichalcite,**
(Zn,Cu)₅(CO₃)₂(OH)₆]

单斜晶系；呈天鹅绒般的束状小晶体产出，但主要像水锌矿那样呈皮壳状出现。有一个方向具中等解理。硬度 1～2，密度约为 4.2 g/cm³。呈浅绿色至深绿色或天蓝色，丝绢光泽。绿铜锌矿产于锌和铜矿床的上部氧化带中，通常与孔雀石、蓝铜矿、异极矿或水锌矿共生。产地有希腊拉夫里翁等地。

氟碳铈矿 [Bastnäsite, (Ce,La)CO₃F]

氟碳铈矿 [**Bastnäsite，(Ce,La)CO₃F**]

六方晶系；通常为简单晶体，仅具 {0001} 和 {10$\bar{1}$0}；柱面通常有水平沟纹。无明显解理。硬度 4～4.5，密度约 5 g/cm³。颜色为黄棕色至红棕色，油脂玻璃光泽，大多半透明。氟碳铈矿是一类密切相关矿物中的一种，这一类矿物包括氟碳铈矿 [bastnäsite-(Ce)]、氟

图 289　水锌矿，产自澳大利亚北部地方派恩克里克地区埃费林矿（Evelin Mine）。对象：73 mm× 102 mm。

图 290　绿铜锌矿，产自希腊拉夫里翁卡马里佐斯（Kamari-zos）。对象：51 mm×96 mm。

碳镧矿［bastnäsite-(La)，(La,Ce)CO$_3$F］和氟碳钇矿［bastnäsite-(Y)，(Y,Ce)CO$_3$F］。氟碳铈矿产于碱性伟晶岩、热液脉，以及接触带或蚀变带中。著名产地有瑞典 Bastnäs 的铁矿床，这里是它首次被发现的地方。稀土元素和钇元素存在于许多其他碳酸盐中，通常具有相似的结晶习性和产状，例如氟碳钙铈矿［parisite，Ca(Ce,La)$_2$(CO$_3$)$_3$F$_2$］和直氟碳钙铈矿［synchysite，Ca(Ce,La)(CO$_3$)$_3$F］。

硫碳铅石［Leadhillite，Pb$_4$(SO$_4$)(CO$_3$)$_2$(OH)$_2$］

单斜晶系；晶形通常完好，具六边形轮廓，呈平行于｛001｝的板状。具｛001｝完

图 291 氟碳钙铈矿，产自哥伦比亚博亚卡省穆索（Muzo）。对象：19 mm×31 mm。

图 292 角铅矿，产自意大利撒丁岛蒙特波尼。视场：34 mm×41 mm。

全解理。硬度 2.5，密度 6.5 g/cm^3。无色、白色、灰色或灰白色；树脂光泽，｛001｝呈珍珠光泽；透明至半透明。硫碳铅石为表生矿物，产于铅矿床氧化带中，通常与白铅矿和铅矾共生。许多地方都出产这种矿石，例如位于英国苏格兰利德希尔斯的苏珊娜矿（Susanna Mine）。

角铅矿（Phosgenite，Pb$_2$CO$_3$Cl$_2$）

四方晶系；柱状晶体，通常以｛110｝和｛001｝为主，｛111｝为次要晶形。具｛110｝和｛001｝完全解理。硬度 2.5～3，密度 6.1 g/cm^3。颜色为黄白色至黄棕色或灰色，树脂光泽，透明至半透明。角铅矿是铅矿床近地表带的次生矿物，是方铅矿和其他铅矿物的蚀变产物，常与白铅矿共生。一些最好的晶体见于意大利撒丁岛蒙特波尼等地。

泡碱（Natron，$Na_2CO_3 \cdot 10H_2O$）

单斜晶系；在自然界主要呈皮壳状、被膜状，或作为风化物存在。硬度 $1 \sim 1.5$，密度 $1.5 \ g/cm^3$。颜色为白色、灰色或淡黄色，玻璃光泽。泡碱易溶于水，在空气中迅速转化为斜方晶系的水碱（thermonatrite，$Na_2CO_3 \cdot H_2O$）。该矿物和相关矿物天然碱 [trona，$Na_3(HCO_3)$-$(CO_3) \cdot 2H_2O$] 的外观与苏打的相同。这三种矿物都是从干旱地区的盐湖中沉淀出来的；通常寒冷的季节沉淀泡碱，而温暖的季节沉淀水碱。

纤水碳镁石 [Artinite，$Mg_2CO_3(OH)_2 \cdot 3H_2O$]

单斜晶系；晶体呈针状或纤维状，放射枕状或发射球状集合体。具 {100} 完全解理。硬度 2.5，密度 $2.0 \ g/cm^3$。颜色为白色，丝绢

图 293　天然碱，产自美国怀俄明州斯威特沃特县（Sweetwater Co.）。对象：42 mm×87 mm。

图 294　纤水碳镁石，产自美国加利福尼亚州圣贝尼托县。对象：15 mm×21 mm。

图 295　硼砂，产自美国加利福尼亚州博伦（Boron）。对象：36 mm×50 mm。

色或灰色，玻璃光泽。它也易溶于水。硝石产于石灰岩孔洞中，产地有匈牙利和西班牙等，它在钠硝石矿床中是劣等矿物。

硼砂 ［Borax，Na₂B₄O₅(OH)₄·8H₂O］

结晶学： 单斜晶系，$2/m$；晶体呈柱状，｛100｝和｛110｝最为常见，｛010｝或｛001｝相对少见。

物理性质： 具｛100｝完全解理，｛110｝清楚解理；贝壳状断口；性脆。硬度 2～2.5，密度 1.7 g/cm³。无色，脱水后变为白色、灰色或淡黄色；玻璃光泽至暗淡光泽；半透明至不透明。

化学性质： 在干燥空气中，硼砂易失水变成三方硼砂［tincalconite，Na₂B₄O₅(OH)₄·3H₂O］。硼砂溶于水，味道甜中带咸。

产状： 硼砂由盐湖蒸发而产生，常与石盐、石膏和各种硼酸盐共生。产地有美国加利福尼亚州和内华达州的硼砂湖及其他盐湖等。它也产于土耳其、阿根廷和中国西藏［在这里它最早被命名为粗硼砂（tincal）］。

用途： 硼砂是主要硼矿物之一。硼酸盐有许多用途，例如用于医疗产品、肥皂和洗涤剂、特殊玻璃和珐琅制品、纺织品、不易燃材料、火箭燃料等。氮化硼因其硬度而被用作研钵和磨料，可媲美金刚石。

鉴定特征： 结晶习性、产状、密度和溶解度。

光泽。纤水碳镁石是低温热液矿物，见于蚀变超基性岩的岩脉中，与蛇纹石和水镁石等共生。它产于许多石棉矿床中，例如意大利瓦尔布鲁塔（Val Brutta）。

钠硝石（Nitratine，NaNO₃）

三方晶系，方解石型结构；晶体呈菱面体，在自然界中仅见粒状集合体。解理同方解石，硬度 1.5～2，密度 2.2 g/cm³。无色或仅呈浅色，玻璃光泽。易溶于水。钠硝石主要产于智利，见于其北部沙漠中，绵延数百千米。它成层出现，并与砂层、石盐和石膏呈互层；这种矿床被作为肥料氮的来源而开采。硝石（nitre，KNO₃）属于斜方晶系，为文石型结构。它的集合体通常呈薄皮壳状或被膜状，颜色为白

钠硼解石 [Ulexite，NaCaB$_5$O$_6$(OH)$_6$·5H$_2$O]

三斜晶系；通常为由针状、纤维状或毛发状晶体组成的松散棉毛状团块，或平行堆积的具有光学性能的纤维状集合体。硬度2.5，但几乎不可测量；密度 2.0 g/cm^3。颜色为白色，有丝绢光泽。钠硼解石的产状与硼砂的相同，通常与硼砂共生。

硬硼钙石 [Colemanite，CaB$_3$O$_4$(OH)$_3$·H$_2$O]

单斜晶系；晶体通常呈短柱状，具有多种晶形；绝大部分呈粒状集合体。具 { 010 } 完全解理，{ 001 } 清楚解理。硬度 4～4.5，密度 2.4 g/cm^3。无色、白色或淡黄色，玻璃光泽，透明至半透明。硬硼钙石产于硼砂矿床中，产地有美国加利福尼亚州等。它多产于沉积物洞中，通常与硼砂和钠硼解石共生。过去它是具有重要经济价值的硼矿物。

贫水硼砂 [Kernite，Na$_2$B$_4$O$_6$(OH)$_2$·3H$_2$O]

单斜晶系；它常呈大晶体或成米厚的粗粒块体。具 { 001 } 和 { 100 } 完全解理。硬度 2.5，密度 1.9 g/cm^3。无色，由于蚀变而常常有一层白色被膜，玻璃光泽；透明。贫水硼砂大量见于美国加利福尼亚州克恩县克拉默区（Kramer District），它产于可能已发生轻微接触变质的黏土中。今天这里是美国经济价值最大的硼矿床。

天然硼酸 [Sassolite，B(OH)$_3$]

三斜晶系，呈板状假六方小晶体。具 { 001 } 完全解理。硬度 1，有滑腻感；密度 1.5 g/cm^3。颜色白色至灰色，珍珠光泽，味酸。天然硼酸作为喷气孔升华物或温泉沉淀物产出，产地有意大利托斯卡纳大区萨索（Sasso）等。

硼铍石 [Hambergite，Be$_2$BO$_3$(OH)]

斜方晶系；呈完好的长柱状晶体，晶面常有平行于 c 轴的条纹。具 { 010 } 完全解理。硬度 7.5，密度 2.4 g/cm^3。颜色为灰白色，玻璃光泽，透明至半透明。硼铍石产于花岗伟晶岩或正长伟晶岩中，产地有美国加利福尼亚州喜马拉雅矿区（Himalaya Mine）等地。

硼铍铝铯石 [Rhodizite，(K,Cs) Al$_4$Be$_4$(B,Be)$_{12}$O$_{28}$]

等轴晶系；晶体多呈菱形十二面体和四面体。无明显解理。硬度 > 8.5，密度 3.4 g/cm^3。

图 296 硬硼钙石，产自美国加利福尼亚州因约县博拉索矿（Boraxo Mine）。视场：60 mm × 70 mm。

图 297　硼铍铝铯石，产自马达加斯加。视场：35 mm×56 mm。

无色至白色或黄色，强玻璃光泽，大部分透明。硼铍铝铯石产于花岗伟晶岩中，著名产地有俄罗斯乌拉尔山脉和马达加斯加。

方硼石（Boracite，$Mg_3B_7O_{13}Cl$）

　　斜方晶系，268 ℃ 以上转变为等轴晶系；晶体常呈立方体状，例如 $\{100\}$、$\{110\}$、$\{111\}$ 或 $\{1\bar{1}1\}$；集合体呈致密粒状。无解理。硬度 7～7.5，密度 3.0 g/cm³。颜色为白色至灰色，稍带浅绿色和浅蓝色；玻璃光泽，有时暗淡；透明至半透明。强热电性和压电性。方硼石产于盐类矿床中，尤其见于德国蔡希斯坦统（Zechstein）盐矿床光卤石带中，产地有施塔斯富特和吕讷堡（Lüneburg）等；它也产于波兰伊诺弗罗茨瓦夫类似的盐类矿床中。

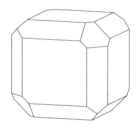

图 298　方硼石：$\{100\}$、$\{110\}$ 和 $\{111\}$。

图 299　石膏，产自西班牙萨拉戈萨（Zaragoza）。视场：40 mm×50 mm。

硫酸盐、铬酸盐、钼酸盐和钨酸盐

硫酸盐是［SO_4］四面体和一种或多种阳离子组成的化合物。硫在硫化物中以半径相对较大的阴离子 S^{2-} 的形式存在，在硫酸盐中则为半径相对较小的阳离子 S^{6+}。［SO_4］四面体是一个复杂的阴离子基团，其中 4 个 O 位于四面体的 4 个顶点，围绕着中心 S。这些四面体在结构中是孤立的，不像在硅酸盐中那样形成群、链、环或层。铬酸盐、钼酸盐和钨酸盐中也是类似情况。

大多数硫酸盐为形成于矿床上部氧化带的风化产物，或由海水、盐湖蒸发而形成。重晶石和其他硫酸盐主要作为原生矿物存在于矿脉中。

无水芒硝（Thenardite，Na_2SO_4）

斜方晶系；晶体通常以｛111｝为主，易结壳或盐华。具｛010｝完全解理。硬度 2.5～3，密度 2.7 g/cm³。无色至白色、灰色或淡黄色，玻璃光泽。易溶于水，味咸。无水芒硝由干旱地区（例如智利北部）的盐湖蒸发而形成，通常与其他硫酸盐、硝酸盐和碳酸盐共

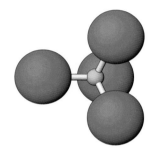

图 300　由 S（黄色）和围绕着它的 4 个 O（浅蓝色）组成的［SO_4］四面体。为了展示四面体的结构，O 画得比其相对于 S 的实际尺寸小。

图 301　无水芒硝，产自玻利维亚。晶体高约 15 mm。

图 302　钙芒硝，产自西班牙奥卡尼亚（Ocaňa）的比利亚鲁维亚（Villa Rubia）。视场：60 mm×67 mm。

生。它以结壳的形式存在于火山区域的熔岩和喷气孔周围。大范围无水芒硝岩层见于西班牙马德里阿兰胡埃斯（Aranjuez）附近，在这里无水芒硝首次被描述。

钙芒硝［Glauberite，Na₂Ca(SO₄)₂］

钙芒硝 ［Glauberite，$Na_2Ca(SO_4)_2$］

单斜晶系；晶形多样，通常有 ｛001｝、｛100｝、｛110｝和｛111｝。具｛001｝完全解理。硬度 2.5～3，密度 2.8 g/cm³。无色或灰色、浅黄色或肉色，玻璃光泽。微溶于水，味微咸。钙芒硝产于盐类矿床、玄武岩空腔中，或喷气孔周围，在干旱地区与硼酸盐和硝酸盐一起产出。优质晶体见于德国施塔斯富特等地。

重晶石（Baryte/Barite，BaSO₄）

重晶石（Baryte/Barite，$BaSO_4$）

结晶学： 斜方晶系，$2/m2/m2/m$；晶体常见，习性极为多样，晶面丰富，通常呈平行于｛001｝的板状，被晶面围成棱柱，例如｛210｝；或呈由短至长的柱状，平行于 a、b 或 c 轴。集合体多呈玫瑰状；或呈山峰状，构成类似于山地的景观；也呈粒状集合体。

物理性质： 具｛001｝完全解理，｛210｝近乎完全解理，即三组解理间夹角分别为 90°、90°，以及 78° 或 102°。硬度 3～3.5，密度 4.5 g/cm³。无色、白色、浅蓝色或绿色，有时为黄褐色至红褐色；玻璃光泽；透明至半透明。

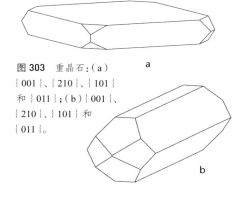

图303 重晶石：(a)
｛001｝、｛210｝、｛101｝
和｛011｝；(b)｛001｝、
｛210｝、｛101｝和
｛011｝。

化学性质：Sr可以替代Ba，不过重晶石的化学成分基本上接近于其理想化学式。在重晶石中，半径较大的Ba^{2+}为十二配位。

名称与品种："baryte"是英式写法，美式写法为"barite"。

产状：重晶石是一种丰富的矿物，也是最常见的钡矿物。它是热液脉中的主要矿物，通常与萤石、方解石、石英、方铅矿等许多其他矿石矿物共生。它也常与方解石一起填充在石灰岩的矿脉或孔洞中，构成由石灰岩风化所形成的残余黏土的主要部分。结晶良好的重晶石产地众多，其中有英国坎布里亚郡奥尔斯顿沼泽和弗里京顿（Frizington）等地、罗马尼亚巴亚斯普列等地，以及美国埃尔克里克（Elk Creek）等地。

用途：重晶石有许多用途，例如用作油气井钻探泥浆、造纸填料、颜料、地板材料等，也可作为提炼钡的原料。

鉴定特征：密度、解理和结晶习性。

天青石（Celestine，$SrSO_4$）

结晶学：斜方晶系，$2/m2/m2/m$；晶体与重晶石的相似，通常呈平行于｛001｝的板状，也呈平行于三轴之一的长柱状；集合体呈粒状，偶见纤维状。

物理性质：具｛001｝完全解理，｛210｝中等解理。硬度3～3.5，密度4.0 g/cm³。颜色通常为蓝白色，有时为无色、浅绿色或浅红色；玻璃光泽；透明至半透明。

化学性质：少量Sr可被Ba替代。天青石具有重晶石型结构。

产状：天青石不如重晶石分布广泛，它产于石灰岩和砂岩（sandstone）及其裂缝和孔洞中。在盐类矿床中，它也作为一种次矿物产出，在热液脉中不常见。美丽的天青石晶体

图304 重晶石，产自英国坎布里亚郡埃格勒蒙特（Egremont）。视场：46 mm×60 mm。

图 305　重晶石，产自加拿大不列颠哥伦比亚省大福克斯。视场：29 mm×46 mm。

产于意大利西西里岛和马达加斯加马哈赞加（Mahajanga）附近，与自然硫共生。

用途： 天青石和碳锶矿是锶的主要来源。锶化合物有各种用途，例如用在烟花中（产生红色）。

鉴定特征： 颜色、解理和密度（略低于重晶石）。

铅矾（Anglesite，PbSO₄）

斜方晶系；晶体结构和结晶习性与重晶石的相同，但晶体并不像重晶石那么常见；集合体多呈粒状、球状或致密状，亦常围绕

图 306　天青石，产自利比亚迈拉代（Maradah）。对象：67 mm×89 mm。

图 307 铅矾，产自意大利撒丁岛蒙特波尼。视场：32 mm×31 mm。

方铅矿核呈同心带状。解理与重晶石的相同但为不完全解理，贝壳状断口。硬度 2.5～3，密度 6.3 g/cm³。无色，白色到灰色、淡黄色或淡绿色；晶面呈树脂光泽；透明至不透明。铅矾产于矿床上部，主要作为方铅矿的蚀变产物出现，通常与白铅矿和石膏共生或伴生。特别美丽的铅矾晶体见于意大利蒙特波尼、摩洛哥图伊西特和纳米比亚楚梅布。密度大、树脂光泽，与方铅矿伴生是其典型特征。

硬石膏（Anhydrite，CaSO₄）

结晶学： 斜方晶系，$2/m2/m2/m$；晶体不常见，主要呈粗糙的晶质块状、粒状或纤维状集合体。

物理性质： 具 {010} 完全解理，{100} 近乎完全解理，{001} 中等解理，即三组解理互相垂直。硬度 3.5，密度 3.0 g/cm³。无色至灰色或浅蓝色，玻璃光泽或珍珠光泽，透明至半

图 308 硬石膏，产自墨西哥奇瓦瓦州奈卡西格罗 X 矿（Siglo X Mine）。对象：80 mm×97 mm。

透明。

化学性质： 通常含有少量的 Ba 或 Sr。硬石膏的晶体结构与重晶石的不同，硬石膏中的 Ca 为八配位。

产状： 硬石膏的产状与石膏的相同，但分布不像石膏那么广泛。它存在于盐类矿床中，成层产出，与石膏、石盐和石灰岩互层。硬石膏也产于某些热液脉中。大型硬石膏矿床见于德国施塔斯富特周围地区和奥地利哈莱因。瑞士辛普朗隧道（Simplon Tunnel）出产特别漂亮的薰衣草色晶体。

用途： 硬石膏可用作土壤改良剂，但不像石膏那么重要。

鉴定特征： 解理（与石膏相区分），以及光泽、硬度。

石膏（Gypsum，CaSO$_4$·2H$_2$O）

结晶学： 单斜晶系，2/m；晶体常见，通常较简单，呈平行于｛010｝的板状，邻接｛120｝和｛11$\bar{1}$｝，晶面有时弯曲，晶体弯曲或扭曲；常见｛100｝接触双晶和贯穿双晶（恰当的说法为燕尾双晶），也见｛$\bar{1}$01｝双晶；集合体呈粒状、致密块状、纤维状或结核状。

物理性质： 具｛010｝完全解理，｛100｝和｛011｝清楚解理；解理片具挠性但无弹性。硬度 2，密度 2.3 g/cm^3。无色，也呈白色、灰色、浅黄色或浅褐色；玻璃光泽，解理面呈

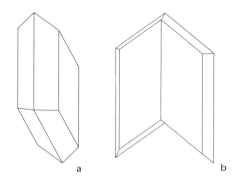

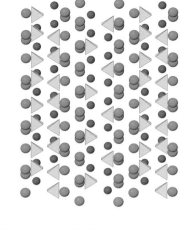

图 309　石膏：（a）¦010¦、¦120¦ 和 ¦11$\bar{1}$¦；（b）¦100¦ "燕尾" 双晶，晶形同（a）。

珍珠光泽，呈纤维状时为丝绢光泽；透明至半透明。

化学性质： 石膏的化学组成通常接近于其理想化学式。它具有层状结构，由 [SO_4] 四面体和 Ca 构成的层与 H_2O 层交替排列，层

图 310　石膏晶体结构切片，以 c 轴（N—S）和 b 轴（E—W）视角观察。石膏具有层状结构，由 [SO_4] 四面体（黄色）和 Ca（红色）所构成的层与 H_2O 层（蓝色）交替排列，层平行于 ¦010¦。Ca 与 [SO_4] 四面体中的 6 个 O 和 2 个 H_2O 联结。H_2O 层内联结很弱，这解释了 ¦010¦ 完全解理。

图 311　石膏，产自西班牙穆尔西亚自治区戈尔格（Gorgue）。视场：45 mm×79 mm。

图 312 纤维石膏（石膏变种），产自俄罗斯乌拉尔山脉昆古尔（Kungur）。对象：92 mm×103 mm。

平行于〔010〕。Ca 与〔SO₄〕四面体中的 6 个 O 和 2 个 H₂O 联结。H₂O 层内联结很弱，可反映在〔010〕完全解理上。

名称与品种：纯净、结晶良好的石膏有时称为透石膏（selenite）；细粒块体称为雪花石膏（alabaster），该词有时也用于条带状石膏；纤维状石膏称为纤维石膏（satin spar）。

产状：石膏是一种常见的矿物，特别是在沉积岩中，常以巨大矿层的形式产出，与石灰岩、黏土、石盐和其他盐类矿物共生。这类石膏由海水蒸发而形成。由于石膏难以溶解，它最先沉淀，然后是硬石膏、石盐，最后是易溶解的镁盐和钾盐。硬石膏可以吸收水并转变为石膏，由于这个过程伴随着体积增加，这类矿床往往形成强烈的褶皱。石膏是盐丘顶部岩石的主要成分。它还以盐湖和喷气孔沉淀物、透镜体和结核、风化物、白垩（chalk）和黏土中的分散晶体、矿床中的次生矿物的形式出现。结晶良好的石膏产地广泛；其中一些

较为壮观的晶体产自西班牙萨拉戈萨丰特斯-埃布罗（Fuentes de Ebro）、墨西哥奇瓦瓦州的奈卡和圣欧拉利娅、澳大利亚昆士兰州埃里奥特山（Mt. Elliott）和南澳大利亚州沃拉鲁（Wallaroo），以及美国犹他州汉克斯维尔（Hanksville）。

用途：石膏可用作墙板及类似的建筑产品、土壤改良剂，可用在水泥中，也可用于造纸填料和绘画。

鉴定特征：硬度、解理和包括双晶在内的结晶习性。

胆矾（Chalcanthite，CuSO₄·5H₂O）

三斜晶系；天然晶体罕见，主要呈钟乳状、皮壳状和被膜状集合体。无明显解理，贝壳状断口。硬度 2.5，密度 2.3 g/cm³。颜色为蓝色，玻璃光泽，透明。胆矾易溶于水，是黄铜矿等铜矿石矿物常见的蚀变产物；它作为铜

图 313 泻利盐，产自西班牙阿拉贡地区卡拉塔尤（Calatayud）。对象：66 mm×105 mm。

矿石在一些地方具有一定经济价值，例如智利丘基卡马塔（Chuquicamata）。

水绿矾（Melanterite，$FeSO_4·7H_2O$）

单斜晶系；天然晶体罕见；集合体多呈钟乳状、皮壳状或被膜状，通常具有纤维状结构。具〔001〕完全解理，〔110〕清楚解理。硬度 2，密度 1.9 g/cm^3。呈各种色调的绿色，当 Cu 替代 Fe 时带蓝色；玻璃光泽；大多为半透明；易溶于水。水绿矾由黄铁矿、白铁矿和其他铁硫化物风化而形成，常见于矿体上部氧化带中；在采场矿壁上非常常见。

泻利盐（Epsomite，$MgSO_4·7H_2O$）

斜方晶系，222；天然晶体罕见；尤其呈纤维状结壳或被膜。具〔010〕完全解理，〔101〕清楚解理。硬度 2～2.5，密度 1.7 g/cm^3。无色或白色；玻璃光泽，纤维状集合体具丝绢光泽；大多为半透明；易溶于水，具有苦涩的金属味。泻利盐产于富镁岩石的上部蚀变部分以及石灰岩溶洞和通道中，通常与黄铁矿一起产出；它也见于泉和盐湖中。著名产地有英国萨里郡埃普瑟姆（Epsom）等。

水胆矾〔Brochantite，$Cu_4SO_4(OH)_6$〕

单斜晶系；晶体不常见，在松散的集合体中最常见柱状或针状晶体；集合体多为皮壳状或粒状块体。具〔100〕完全解理。硬度 3.5～4，密度 4.0 g/cm^3。翠绿色至墨绿色，玻璃光泽，大多为半透明。水胆矾常见于干旱地区铜矿床的上部氧化带中，通常与孔雀石和硅孔雀石共生。它可能很难与氯铜矿、块铜矾，以及其他铜硫酸盐相区分。块铜矾〔antlerite，$Cu_3SO_4(OH)_4$〕是一种斜方晶系矿物，与水胆矾的外观和产状相同。

铁明矾〔Halotrichite，$FeAl_2(SO_4)_4·22H_2O$〕

单斜晶系；晶体呈针状或毛发状，通常聚集成纤维状集合体。无明显解理。硬度 1.5，密度 1.9 g/cm^3。灰白色、淡黄色或淡绿色，丝绢光泽，易溶于水。铁明矾作为黄铁矿的风化产物产于富铝岩石中；它也作为一种风化物见于矿山中，特别是煤矿和喷气孔中。

图 314 水胆矾，产自纳米比亚楚梅布。对象：66 mm×72 mm。

图 315 铁明矾，产自美国加利福尼亚州莫哈韦金皇后矿（Golden Queen Mine）。视场：66 mm×99 mm。

图 316　青铅矾，产自阿根廷卡皮利塔斯（Capillitas）山脉格鲁贝奥尔蒂斯（Grube Ortiz）。对象：80 mm×94 mm。

杂卤石［Polyhalite，$K_2Ca_2Mg(SO_4)_4·2H_2O$］

　　三斜晶系；晶体罕见，通常呈长柱状；多呈块状或纤维状集合体。具｛10$\overline{1}$｝完全解理。硬度 3～3.5，密度 2.8 g/cm³。无色、白色，或淡淡的他色；玻璃光泽，稍带油脂光泽。杂卤石广泛分布在许多海相盐类矿床中，通常与石盐和硬石膏共生；产地有德国施塔斯富特等。

芒硝［Mirabilite，$Na_2SO_4·10H_2O$］

　　单斜晶系；天然晶体罕见，主要以盐华状、纤维状被膜的形式存在，或呈钟乳状集合体。具｛100｝完全解理。硬度 1.5，密度 1.5 g/cm³。无色至白色，玻璃光泽，易溶于水。

芒硝产于盐湖或泉中。已知产地有美国犹他州大盐湖（Great Salt Lake）等，在那里的冬季，芒硝因溶解度降低而沉淀。"glauber salt"是芒硝的旧称。

青铅矾［Linarite，$CuPbSO_4(OH)_2$］

　　单斜晶系；晶体通常呈长柱状，平行于 b 轴，晶面丰富；集合体常呈皮壳状。具｛100｝完全解理。硬度 2.5，密度 5.4 g/cm³。颜色为天青蓝，条痕浅蓝色，强玻璃光泽。青铅矾产于 Pb-Cu 矿床的氧化带中。已知产地有西班牙哈恩利纳雷斯（Linares）、英国坎布里亚郡红吉尔矿（Red Gill Mine，出产美丽的晶体）和其他矿山等。

明矾石［Alunite，KAl₃(SO₄)₂(OH)₆］

结晶学： 三方晶系，$3m$；晶体不常见，通常为立方体状菱面体，偶见平行于﹛0001﹜的板状；集合体多呈块状、致密状、粒状或土状，通常与石英和高岭石等矿物共生出现。

物理性质： 具﹛0001﹜清楚解理。硬度 3.5～4，密度 2.8 g/cm³。颜色为白色、淡黄色或浅红色；玻璃光泽，﹛0001﹜解理面呈珍珠光泽；大多半透明。

化学性质： Na 常替代 K 并占据主导地位。

名称与品种： 黄钾铁矾［jarosite，KFe₃-(SO₄)₂(OH)₆］是明矾石的铁类似物。它呈黄色至棕色，分布广泛。它由黄铁矿和其他铁矿物形成，并呈被膜状覆盖于那些矿物之上。

产状： 明矾石是含硫酸的低温热液作用于中、酸性火成岩所形成的蚀变产物，主要形成于近地表条件下。这类"明矾石化"岩石产地有意大利罗马附近的托尔法（Tolfa）等。托尔法的明矾石已被开采了几代，用于生产明矾和作为铝矿石。

鉴定特征： 无。大块的明矾石与石灰岩相似。

水镁矾（Kieserite，MgSO₄·H₂O）

单斜晶系；晶体罕见，多呈粒状集合体。具﹛110﹜和﹛111﹜完全解理。硬度 3.5，密度 2.6 g/cm³。无色、灰色或浅黄色，玻璃光泽。水镁矾出现在海相盐类矿床中，通常与杂卤石、硬石膏和石盐一起产出，大量产自德国北部和俄罗斯的盐类矿床中。

图 317 黄钾铁矾，产自墨西哥奇瓦瓦州。对象：81 mm×110 mm。

钾盐镁矾［Kainite，KMg(SO$_4$)Cl·3H$_2$O］

单斜晶系；晶体罕见，呈板状；集合体多呈粒状。具｛001｝完全解理。硬度 3.5，密度 2.1 g/cm^3。无色或浅淡的他色，玻璃光泽。钾盐镁矾常见于海相盐类矿床中，在德国北部施塔斯富特等地的钾盐矿床中大量产出，与钾盐、石盐和光卤石共生。

碳钾钠矾［Hanksite，KNa$_{22}$(SO$_4$)$_9$(CO$_3$)$_2$Cl］

六方晶系；晶体常呈柱状，发育良好、巨大。具｛0001｝中等解理。硬度 3～3.5，密度 2.6 g/cm^3。无色、灰色或淡黄色；玻璃光泽，带有些许油脂光泽；多为半透明。碳钾钠矾见于美国加利福尼亚州富硼的盐湖中，与硼砂、天然碱和石盐一起产出。

图 318　钾盐镁矾，产自德国威廉歇尔（Wilhelmshall）。对象：65 mm×92 mm。

图 319　碳钾钠矾，产自美国加利福尼亚州博伦。对象：69 mm×110 mm。

钙铝矾［Ettringite，$Ca_6Al_2(SO_4)_3(OH)_{12}\cdot26H_2O$］

六方晶系；晶体通常呈针状。具｛10$\bar{1}$0｝完全解理。硬度 2～2.5，密度 1.8 g/cm^3。无色至白色或淡黄色，丝绢光泽。钙铝矾见于玄武质熔岩石灰岩包裹体的孔洞中，例如德国艾费尔高原（Eifel）的埃特林根（Ettringen）。在南非库鲁曼的锰矿区，发育良好的钙铝矾晶体可达 20 cm 长。

铬铅矿（Crocoite，$PbCrO_4$）

结晶学：单斜晶系，$2/m$；晶体通常呈平行于 c 轴的长柱状，晶面有条纹，通常部分中空；集合体呈块状、柱状或粒状。

物理性质：具｛110｝清楚解理。硬度 2.5～3，密度 6.0 g/cm^3。颜色为红色或橙红色，条痕橙黄色，强玻璃光泽，透明至半透明。

产状：铬铅矿是一种次生矿物，产于矿床上部蚀变带，特别是侵入富铬超镁铁质岩的富铅矿脉中；它通常与铅矾、磷氯铅矿、白铅矿或其他类似的次生铅矿物共生。最著名的铬铅矿产地位于澳大利亚塔斯马尼亚州邓达斯（Dundas），但是优质铬铅矿晶体见于俄罗斯乌拉尔叶卡捷琳堡（Yekaterinburg）。

鉴定特征：颜色、光泽和密度。

黑钨矿［Wolframite，$(Fe,Mn)WO_4$］

结晶学：单斜晶系，$2/m$；晶体通常呈平行于｛100｝的柱状或板状，晶面上具平行于 c 轴的条纹，晶体聚集体通常近似平行；集合体呈粒状或片状。

物理性质：具｛010｝完全解理。硬度约

图 320 铬铅矿，产自澳大利亚塔斯马尼亚州邓达斯的阿德莱德矿（Adelaide Mine）。视场：60 mm × 90 mm。

5；密度 7.1～7.5 g/cm^3，随 Fe 含量增加而变大。颜色为黑褐色至黑色，条痕红褐色至黑色，半金属光泽，几乎不透明。

化学性质：黑钨矿涵盖一个介于钨铁矿（ferberite，$FeWO_4$）和钨锰矿（hübnerite，$MnWO_4$）之间的完全固溶体系列；黑钨矿的成分通常介于该系列之间。

产状：黑钨矿产于气成矿脉或花岗伟晶岩脉中，通常与石英、锡石、黄玉、电气石、毒砂和锂云母共生。它也产于热液脉中，与黄铁矿和磁黄铁矿等硫化物共生。特别优质的晶体产地有葡萄牙帕纳什凯拉、秘鲁帕斯托布埃诺（Pasto Bueno）、韩国通禾（Tong Wha）、美国科罗拉多州博尔德（Boulder）及其他县。

图 321 黑钨矿，产自韩国通禾。对象：20 mm×42 mm。

少量黑钨矿也见于格陵兰伊维图特的冰晶石矿床中。

用途： 黑钨矿是主要的钨矿石。钨主要用于硬质合金、磨料和电灯泡的灯丝。

鉴定特征： 颜色、光泽、解理和密度。

白钨矿（Scheelite，CaWO$_4$）

结晶学： 四方晶系，$4/m$；晶体常见，多呈双锥 $\{101\}$ 或 $\{112\}$；常见 $\{110\}$ 贯穿双晶；集合体呈粒状。

物理性质： 具 $\{101\}$ 清楚解理。硬度 4.5～5，密度 6.1 g/cm^3。颜色为白色、黄色至褐色，也呈浅绿色或略带红色；油脂光泽，也常呈树脂光泽；大多为半透明。

化学性质： W 可被 Mo 替代，但一般只是少量替代。

图 322 钨铁矿，产自秘鲁拉利伯塔德省新蒙杜（Mundo Nuevo）。对象：105 mm×145 mm。

图 323 钨锰矿，产自秘鲁安卡什省帕斯托布埃诺。对象：42 mm×75 mm。

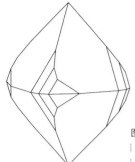

图 324 白钨矿：
｛101｝、｛112｝、
｛211｝和｛123｝。

名称与品种： 钼钙矿（powellite，$CaMoO_4$）具有白钨矿型结构，与白钨矿形成不完全固溶体系列。壮观的钼钙矿晶体见于印度纳西克（Nasik）附近的玄武岩孔洞中，与鱼眼石和沸石一起产出。

产状： 白钨矿产于与黑钨矿同类型的伟晶岩脉和热液脉中，并且通常与之共生。它也存在于接触变质岩中，特别是在花岗岩侵入石灰岩的地方，并与钙铝榴石、硅灰石、绿帘石和其他含 Ca 的硅酸盐共生；这种产状最具经济价值。许多地方出产结晶良好的白钨矿，特别是中国、韩国和巴西；欧洲产地有意大利特拉韦尔塞拉、捷克锡林（Zinnwald）矿区的奇诺维克（Cínovec）矿床和瑞士卡姆梅格（Kammegg）；美国产地有亚利桑那州的博里安娜矿（Boriana Mine）和科恩矿（Cohen mine）。

用途： 白钨矿是重要的钨矿石。

鉴定特征： 结晶习性、颜色、光泽和密度。

图 325 白钨矿，产自中国新疆。视场：28 mm×31 mm。

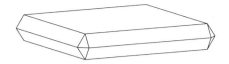

图 326　钼铅矿：{001}、{112} 和 {101}。

钼铅矿（Wulfenite，PbMoO₄）

结晶学： 四方晶系，$4/m$；晶体常见，通常呈平行于 {001} 的板状，被呈锥状或柱状的小晶面围绕；也有的晶体呈薄板状，只有 {001} 单形较发育。集合体呈粒状。

物理性质： 具 {101} 清楚解理。硬度 3；密度 6.8 g/cm³，随 Ca 的增加而降低。颜色为黄色、橙黄色、橙红色、白色或灰色，金刚光泽至树脂光泽，透明至半透明。

化学性质： W 和 Ca 可局部替代 Mo 和 Pb。

产状： 钼铅矿是在 Pb-Mo 矿床的上部氧化带中形成的一种次生矿物，通常与磷氯铅矿、钒铅矿和白铅矿共生。美丽的晶体见于许多产地，例如美国亚利桑那州的格洛弗矿（Glove Mine）、红云矿（Red Cloud Mine）和马默斯－圣安东尼矿。

用途： 钼铅矿是一种重要的钼矿石。

鉴定特征： 结晶习性、颜色、光泽和产状。

图 327　钼铅矿，产自摩洛哥布巴克尔（Bou Beker）。视场：22 mm×30 mm。

图 328　钼铅矿，产自美国亚利桑那州拉巴斯县红云矿。视场：30 mm×41 mm。

磷酸盐、砷酸盐和钒酸盐

图 329 磷氯铅矿，产自美国爱达荷州凯洛格邦克山矿（Bunker Hill Mine）。对象：73 mm × 126 mm。

磷酸盐是［PO₄］四面体和一种或多种阳离子组成的化合物。［PO₄］四面体由 1 个 P 原子和包围它的 4 个 O 原子组成，后者位于四面体的四个角顶。在晶体结构中，［PO₄］四面体通常是独立的。

类似的情况也适用于砷酸盐和钒酸盐，它们分别具有［AsO₄］四面体或［VO₄］四面体。在这类矿物中，磷（P）、砷（As）和钒（V）相当普遍地相互替代，因此，这类矿物的化学性质很复杂。

一些磷酸盐是火成岩和伟晶岩中的原生矿物，而另一些磷酸盐是近地表条件下风化作用形成的次生矿物。

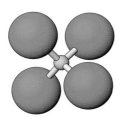

图 330 ［PO₄］四面体，P（黄色）被 4 个 O（淡蓝色）包围。为了揭示结构，O 画得比其相对于 P 的真实尺寸小。

图 331 磷锰石，产自纳米比亚埃龙戈区霍恩施泰因（Hohenstein）。对象：65 mm×83 mm。

磷铁锂矿（Triphylite，LiFePO₄）

斜方晶系；晶体罕见，多呈粗粒状集合体。具 {001} 中等解理，{010} 不完全解理。硬度 4.5～5，密度 3.6 g/cm³。颜色是灰蓝色至灰绿色；玻璃光泽，稍带树脂光泽，半透明。磷铁锂矿与磷锰锂矿（lithiophilite，LiMnPO₄，颜色为棕色或橙红色）形成一个完全固溶体系列。它们都见于花岗伟晶岩中，通常与其他磷酸盐、锂辉石和绿柱石共生。许多地方出产磷铁锂矿，例如美国新罕布什尔州的纽波特矿（Newport Mine）和巴勒莫矿（Palermo Mine）、德国巴伐利亚州哈根多夫（Hagendorf）。磷铁石（heterosite，FePO₄）和磷锰石（purpurite，MnPO₄）是密切相关的矿物，是磷铁锂矿与磷锰锂矿表面氧化的产物，呈粗粒团块状，也产于伟晶岩中。

磷钇矿（Xenotime，YPO₄）

四方晶系；晶体通常较小，晶形与锆石的相似；也呈平行于 {001} 的板状。具 {100} 解理。硬度 4～5，密度 4.5～5.1 g/cm³。颜色呈浅黄色、浅褐色或浅灰色，油脂光泽，透明至不透明。Y 可以在某种程度上被稀土元素 U 或 Th 替代。磷钇矿见于富含白云母的伟晶岩中，通常与锆石共生，偶尔与锆石在结晶时呈规则连生。产地有挪威希德拉和瑞典于特比（Ytterby）等。

独居石［Monazite，(Ce,La,Nd,Th)PO₄］

结晶学： 单斜晶系，2/*m*；晶体不常见，通常呈短柱状，或平行于 {100} 的板状，晶面通常不平整，具有条纹；常见 {100} 双晶；

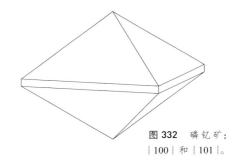

图 332　磷钇矿：{100} 和 {101}。

集合体主要呈粒状，也呈砂状。

物理性质： 具 {100} 中等解理，{010} 不完全解理。硬度 5～5.5；密度 4.6～5.4 g/cm³，随着 Th 含量的增加而增加。颜色呈黄褐色至红褐色，树脂光泽，半透明。具放射性。

化学性质： 三种稀土元素 Ce、La、Nd 的比值不同，每一种都可能占主导地位，但 Ce 占主导最常见。Th 几乎总是存在，含量高达

图 333　独居石，产自挪威伊韦兰（Iveland）。对象：18 mm×22 mm。

图 334 磷铍钙石，产自巴西米纳斯吉拉斯州利诺波利斯（Linopolis）。对象：31 mm×63 mm。

10%～15%，这就解释了独居石的放射性。

产状：独居石是产于花岗岩、正长岩和伟晶岩中的副矿物。它也存在于砂矿中，与其他耐风化矿物如磁铁矿、钛铁矿和锆石一起产出。结晶良好的独居石产自如美国北卡罗来纳州马斯希尔（Mars Hill）和马达加斯加的几处伟晶岩中。

用途：独居石因含 Ce 和 Th 而被开采。主要来源是巴西、印度和澳大利亚的海滩砂。

鉴定特征：结晶习性、密度和硬度。

磷铍钙石［Herderite，CaBePO$_4$(F,OH)］

单斜晶系；晶体呈柱状，具多个棱柱。具｛110｝解理。硬度 5～5.5，密度 3.0 g/cm^3。无色或淡黄色，玻璃光泽，透明至半透明。磷铍钙石见于花岗伟晶岩中。

图 335 磷铝锂石，产自法国克勒兹省蒙特布拉斯（Montebras）。对象：83 mm×96 mm。

磷铝锂石［Amblygonite, (Li,Na)AlPO₄(F,OH)］

磷铝锂石［Amblygonite, $(Li,Na)AlPO_4(F,OH)$］

三斜晶系；发育良好的晶体少见，主要呈粗粒块状集合体。具｛100｝完全解理，｛110｝和｛0$\bar{1}$1｝中等解理至清楚解理。硬度5.5～6，密度3.0 g/cm^3。颜色为白色、淡黄色、绿色、蓝色或红色；玻璃光泽，稍带油脂光泽，解理面呈珍珠光泽；透明至半透明。组分差异很大，尤其是Li/Na和F/OH的比值；在羟磷铝锂石［montebrasite，$LiAlPO_4(OH,F)$］中，OH＞F。磷铝锂石和羟磷铝锂石见于花岗伟晶岩中，晶体大小通常可以达米级，一般与磷灰石以及锂辉石、锂云母等其他含锂矿物一起产出。它们与长石相似，但可通过解理和密度与之相区分。美国缅因州纽里（Newry）出产独特的晶体。

氟磷锰石［Triplite, $Mn_2PO_4(F,OH)$］

单斜晶系；晶体罕见，主要呈粗粒块状集合体。具｛001｝中等解理，｛010｝不完全解理。硬度5～5.5，密度3.5～3.9 g/cm^3。颜色为浅褐色、肉色至近于黑色，油脂光泽，半透明。Mn可以被Fe或Mg替代，氟磷锰石和氟磷铁石［zwieselite，$Fe_2PO_4(F,OH)$］之间、氟磷锰石和氟磷镁石［wagnerite，$Mg_2PO_4(F,OH)$］之间形成固溶体系列，这三种矿物都见于花岗伟晶岩中，通常与磷灰石和其他磷酸盐矿物共生。氟磷锰石见于美国康涅狄格州布兰奇维尔（Branchville）等地。

磷铜矿［Libethenite, $Cu_2PO_4(OH)$］

斜方晶系；晶体呈短柱状；由于｛110｝

图 336 磷铜矿，产自赞比亚罗卡纳露天矿（Rokana Open Pit）。视场：27 mm×41 mm。

和｛011｝均等发育，晶体呈似八面体状。具｛100｝和｛010｝不清楚解理。硬度4，密度4.0 g/cm^3。颜色呈浅绿色至深绿色或墨绿色，玻璃光泽，半透明。磷铜矿见于铜矿床的上部氧化带中，通常与孔雀石和蓝铜矿伴生。

橄榄铜矿［Olivenite, $Cu_2AsO_4(OH)$］

斜方晶系；晶形多样，呈由短至长的柱状、针状或板状；集合体呈纤维状、粒状、土状。具｛011｝和｛110｝不清楚解理。硬度3，密度3.9～4.5 g/cm^3。颜色为橄榄绿色或棕绿色，强光泽，半透明至不透明。橄榄铜矿产于富砷的铜矿床的氧化带中，产地有英国康沃尔郡等。

图 337　橄榄铜矿，产自赞比亚布罗肯希尔。对象：37 mm×41 mm。

图 338　羟砷锌石，产自墨西哥杜兰戈州马皮米（Mapimí）。视场：26 mm×39 mm。

图 339　羟砷锌石，产自希腊拉夫里翁。视场：30 mm×45 mm。

羟砷锌石 [Adamite，Zn$_2$AsO$_4$(OH)]

斜方晶系；晶面多样，呈平行于 b 轴的长柱状，常呈扇形玫瑰花状或放射状集合体。具 {101} 中等解理。硬度 3.5，密度 4.4 g/cm^3。颜色为蜜黄色、棕色、淡绿色、白色或无色，玻璃光泽，透明至半透明。羟砷锌石是次生矿物，存在于富砷的锌矿床的氧化带中。特别漂亮的晶簇见于纳米比亚楚梅布和墨西哥马皮米等地。

天蓝石 [Lazulite，(Mg,Fe)Al$_2$(PO$_4$)$_2$(OH)$_2$]

单斜晶系；晶体呈尖锥状 {111} 和 {$\bar{1}$11}，集合体呈粒状。无显著解理。硬度 5～6，密度 3.1 g/cm^3。颜色呈天蓝色、蓝绿色或蓝白色，玻璃光泽，透明至半透明。Mg 可以被 Fe 替代，天蓝石和铁天蓝石 [scorzalite，(Fe,Mg)Al$_2$(PO$_4$)$_2$(OH)$_2$] 之间存在一个固溶体系列。天蓝石见于强变质岩中，已知产地有美国加利福尼亚州钱皮恩矿（Champion Mine）、佐治亚州格雷夫斯山脉和加拿大育空（Yukon）地区等。

假孔雀石 [Pseudomalachite，Cu$_5$(PO$_4$)$_2$(OH)$_4$]

单斜晶系；晶体罕见，多呈纤维状、葡萄状、块状、带状集合体。无明显解理。硬度 4.5～5，密度 4.3 g/cm^3。颜色为翠绿色至墨绿色，纤维状者颜色通常较浅；玻璃光泽；半透明。假孔雀石出现在铜矿床氧化带中，通常与孔雀石和蓝铜矿伴生。

图340　天蓝石，产自加拿大育空地区拉皮德溪（Rapid Creek）。对象：41 mm×71 mm。

图341　假孔雀石，产自赞比亚布罗肯希尔。对象：108 mm×106 mm。

图 342　羟钒锌铅石，产自纳米比亚阿贝纳布。对象：56 mm × 90 mm。

羟钒锌铅石［Descloizite，PbZnVO₄(OH)］

斜方晶系；晶体通常依｛110｝成柱状或依｛111｝成锥状，晶体聚合体呈放射状或近乎平行排列；集合体呈纤维状、粒状或钟乳状。无解理。硬度 3.5，密度 6.2 g/cm³。颜色为褐色至黑褐色或红褐色，油脂光泽，半透明。Zn 可以被 Cu 替代，在羟钒锌铅石和羟钒铜铅石［mottramite，PbCuVO₄(OH)］之间有一个固溶体系列。羟钒锌铅石是一种产于矿床氧化带中的次生矿物，通常与钒铅矿和磷氯铅矿共生。它的晶体也见于砂岩中，特别优质的晶簇产自纳米比亚的阿贝纳布（Abenab）等地。

磷铝钠石［Brazilianite，NaAl₃(PO₄)₂(OH)₄］

单斜晶系；晶体呈柱状。具｛010｝中等解理。硬度 5.5，密度 3.0 g/cm³。颜色为黄色或黄绿色，玻璃光泽，透明。磷铝钠石产于花岗伟晶岩的晶洞中。著名产地有巴西米纳斯吉拉斯州，那里出产宝石级的磷铝钠石。

图 343　磷铝钠石，产自巴西米纳斯吉拉斯州门德斯皮门特尔（Mendes Pimentel）。视场：28 mm × 32 mm。

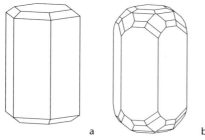

图 344　磷灰石：(a) $\{10\bar{1}0\}$、$\{10\bar{1}1\}$ 和 $\{0001\}$；
(b) $\{10\bar{1}0\}$、$\{0001\}$、$\{10\bar{1}1\}$、$\{10\bar{1}2\}$、$\{11\bar{2}1\}$、
$\{20\bar{2}1\}$ 和 $\{21\bar{3}1\}$。

磷灰石 [Apatite，$Ca_5(PO_4)_3(F, Cl, OH$]

结晶学： 六方晶系，$6/m$；晶体常见，呈
平行于 $\{0001\}$ 的板状，或由短至长的棱柱
$\{10\bar{1}0\}$、$\{10\bar{1}1\}$，以及次要晶形 $\{0001\}$，也

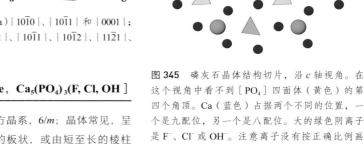

图 345　磷灰石晶体结构切片，沿 c 轴视角。在
这个视角中看不到 $[PO_4]$ 四面体（黄色）的第
四个角顶。Ca（蓝色）占据两个不同的位置，一
个是九配位，另一个是八配位。大的绿色阴离子
是 F^-、Cl^- 或 OH^-。注意离子没有按正确比例画
出，且 $[PO_4]$ 四面体为没有考虑所含离子大小
情况下的简图。

图 346　磷灰石，产自挪威斯纳鲁姆。视场：
78 mm×127 mm。

图 347 磷灰石，产自加拿大安大略省伦弗鲁县（Renfrew County）。对象：51 mm×79 mm。

可见其他棱柱状和双锥状；集合体呈粒状、致密块状。

物理性质： 无明显解理，贝壳状或参差状断口。硬度 5，密度 3.2 g/cm³。颜色为黄绿色、灰绿色或蓝绿色，褐色或无色，通常含杂质；玻璃光泽，断口油脂光泽；透明至半透明。

化学性质： 磷灰石族包括三种矿物：最常见的氟磷灰石 [fluorapatite，Ca₅(PO₄)₃F]、羟磷灰石 [hydroxylapatite，Ca₅(PO₄)₃(OH)] 和

图 348 磷灰石，产自奥地利下苏尔茨巴赫谷。视场：32 mm×38 mm。

氯磷灰石 [chlorapatite，Ca₅(PO₄)₃Cl]。这三个端员之间有完全固溶体系列。

在碳磷灰石（carbonate-apatite）中，[PO₄] 基团被 [CO₃OH] 基团替代。另外，P 可以被 Si 部分代替，但它必须与另一个替代物相结合，以维持电荷平衡。最后，极少量 Mn 或 Sr 可以代替 Ca。在磷灰石的晶体结构中，Ca 占据两个不同的位置，一个是九配位，另一个是八配位。

名称与品种： 铈磷灰石 [britholite，(Ce,Ca)₅(SiO₄,PO₄)₃(OH,F)] 是一种与磷灰石有关的褐色矿物，它存在于碱性岩（alkaline rock）及相关的伟晶岩中，例如格陵兰的伊利马萨克杂岩体。

产状： 磷灰石是主要的磷酸盐矿物，在各类岩石中作为一种副矿物广泛存在；它也存在于伟晶岩和岩脉中。磷灰石大量存在于含 Ti 的磁铁矿矿床中，并与碱性杂岩体有关。

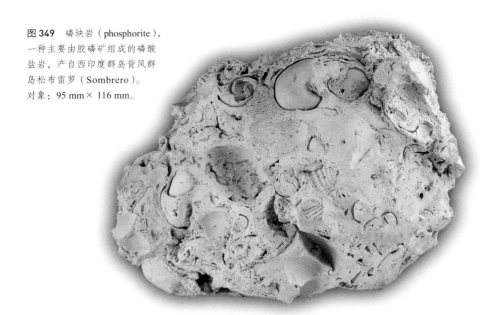

图349 磷块岩（phosphorite），一种主要由胶磷矿组成的磷酸盐岩，产自西印度群岛背风群岛松布雷罗（Sombrero）。对象：95 mm × 116 mm。

已知最大的磷灰石产地是俄罗斯科拉半岛基洛夫斯克（Kirovsk），那里有一个巨大的磷灰石矿体位于两个霞石正长岩侵入体之间。大的磷灰石块体也见于瑞典基律纳的磁铁矿矿床中，并与钙钛矿和磁铁矿一起出现在格陵兰加德纳杂岩体中。重达 200 kg 的磷灰石大晶体见于加拿大安大略省伦弗鲁县等地。美国缅因州磷灰石山（Mount Apatite）和墨西哥杜兰戈州的一些矿山出产特别优良的磷灰石晶体。

磷灰石（主要是碳磷灰石）作为胶磷矿（collophane）的主要成分更是广泛分布，呈细粒或隐晶质块体出现，常呈结核状和带状层。它由动物骨骼和牙齿堆积、鸟粪和石灰岩反应，或海水化学沉淀而形成。

用途：磷灰石是主要的磷矿物，大部分开采的磷灰石被用作肥料。

鉴定特征：结晶习性、颜色、光泽和硬度。

磷氯铅矿 [Pyromorphite，Pb$_5$(PO$_4$)$_3$Cl]

结晶学：六方晶系，6/m；晶体常见，多呈简单的棱柱 {10$\bar{1}$0} 和 {0001}，还可能为 {10$\bar{1}$1}，有时呈桶状并部分空心；集合体常呈球状。

物理性质：具 {10$\bar{1}$1} 不清楚解理，参差状断口。硬度 3.5～4，密度 7.0 g/cm³。颜色为黄色、褐色或绿色，树脂光泽，大多呈半透明。

化学性质：P 可被 As 替代，磷氯铅矿和砷铅矿 [Pb$_5$(AsO$_4$)$_3$Cl] 之间有一个完全固溶体系列。磷氯铅矿具有磷灰石型结构。

产状：磷氯铅矿是产于铅矿床上部氧化带的次生矿物，常与其他次生铅矿物伴生。一些地方出产漂亮的晶簇，例如德国埃姆斯河（Ems）、美国爱达荷州邦克山，以及英国坎布里亚郡的科尔德贝克丘陵（Caldbeck Fells）、邓弗里斯和加洛韦行政区的旺洛克黑德（Wan-

图 350　磷氯铅矿，产自澳大利亚新南威尔士州布罗肯希尔。视场：36 mm×54 mm。

lockhead）、南拉纳克郡的利德希尔斯。

用途：磷氯铅矿是一种次要铅矿石。

鉴定特征：结晶习性、密度和光泽。

砷铅矿〔Mimetite，Pb₅(AsO₄)₃Cl〕

六方晶系，晶体结构与磷氯铅矿的相同；晶形大多简单，呈桶状〔10$\bar{1}$0〕和〔0001〕；集合体多呈球状。具〔10$\bar{1}$1〕不清楚解理，贝壳状至参差状断口。硬度 3.5～4，密度 7.3 g/cm³。颜色为淡黄色至黄褐色或橙黄色，树脂光泽，大部分呈半透明。P 可替代 As，磷氯铅矿和砷铅矿之间存在一个完全固溶体系列，砷铅矿的产状与磷氯铅矿的相同，但砷铅矿不那么普遍。特别美丽的晶体见于纳米比亚楚梅布。磷砷铅矿（campylite）是砷铅矿的变种，晶体呈桶状，见于英国坎布里亚郡德赖吉尔（Dry Gill）。

图 351　砷铅矿，产自纳米比亚楚梅布。对象：28 mm×47 mm。

图 352 砷铅矿，产自墨西哥奇瓦瓦州圣佩德罗科拉利托斯（San Pedro Corralitos）。视场：76 mm×120 mm。

图 353 钒铅矿，产自摩洛哥米卜拉丁-奥利（Mibladen-Aouli）。视场：26 mm×39 mm。

钒铅矿 [Vanadinite，Pb₅(VO₄)₃Cl]

结晶学： 六方晶系，$6/m$；晶体常见，多呈棱柱 $\{10\overline{1}0\}$ 和 $\{0001\}$，或呈平行于 $\{0001\}$ 的板状，有时有孔洞；集合体呈球状或皮壳状。

物理性质： 无解理，参差状断口。硬度3，密度 6.9 g/cm³。颜色为红色、橙红色或红褐色，近于金刚光泽，透明至半透明。

化学性质： 极少量 P 和 As 可替代 V，Ca、Zn、Cu 可替代 Pb。钒铅矿具有磷灰石型结构。

产状： 钒铅矿是一种相对稀有的矿物，见于铅矿床上部氧化带。著名的钒铅矿产地有摩洛哥米卜拉丁、美国亚利桑那州老尤马矿（Old Yuma Mine）以及新墨西哥州一些矿山。

用途： 钒铅矿是劣质的钒铅矿石。

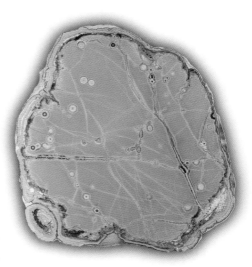

图 355　磷铝石，产自美国犹他州费尔菲尔德。对象：126 mm×139 mm。

鉴定特征： 结晶习性、颜色、密度和光泽。

磷铝石（Variscite，AlPO₄·2H₂O）

斜方晶系，主要呈隐晶质形式。硬度4.5，密度 2.5 g/cm³。苹果绿色，蜡状光泽。磷铝石沉淀在近地表孔洞的循环水中，与一系列外来的磷酸盐有关。最有名的磷铝石矿产地位于美国犹他州费尔菲尔德附近，这里的磷铝石矿是为装饰目的而开采的。红磷铁矿（strengite，FePO₄·2H₂O）的结构与磷铝石的相同，但外观不同；它呈由红色放射纤维状晶体组成的球状集合体，通过磷铁锂矿和伟晶岩中的其他磷酸盐蚀变而成。臭葱石（scorodite，FeAsO₄·2H₂O）的结构也与磷铝石的相同；它

图 354　钒铅矿，产自摩洛哥。视场：18 mm×33 mm。

图 356　臭葱石，产自俄罗斯乌拉尔山脉别廖佐夫斯基（Berezovskiy）。对象：60 mm×68 mm。

呈绿色小晶体出现，是毒砂和其他含砷矿物的风化产物，并呈被膜状覆盖在这些矿物表面。

蓝铁矿［Vivianite，$Fe_3(PO_4)_2 \cdot 8H_2O$］

结晶学：单斜晶系，$2/m$；晶体常见，主要呈柱状，以｛010｝和｛100｝为主；也呈结核状、纤维状或叶状被膜出现，或呈土状集合体。

物理性质：具｛010｝完全解理，解理片具挠性。硬度 1.5～2，密度 2.7 g/cm³。新鲜面无色，由于 Fe^{2+} 部分氧化为 Fe^{3+}，在空气中迅速变暗，呈蓝色或绿色至近乎黑色；玻璃光泽；透明至半透明。

化学性质：Mn、Mg 和 Ca 可以少量替代 Fe。

产状：蓝铁矿是铁矿石或含铁磷酸盐在近地表条件下的蚀变产物。它也见于含骨骼等有机物质的年轻沉积物中，以被膜和结核的形式出现。玻利维亚锡矿的上部地带出产优质晶体。

鉴定特征：硬度、颜色特性，以及解理片具挠性。

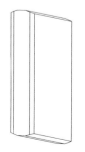

图 357　蓝铁矿：｛100｝、｛010｝、｛110｝、｛10$\overline{1}$｝和｛11$\overline{1}$｝。

钴华 [Erythrite, Co₃(AsO₄)₂·8H₂O]

单斜晶系；晶体罕见，大多细小，呈针状；集合体通常呈粉末状被膜。具 [010] 完全解理。硬度 1.5～2.5，密度 3.1 g/cm³。颜色为深红色，条痕淡红色，玻璃光泽。它是方钴矿等含钴矿石的蚀变产物，常以被膜的形式附在这些矿物表面。镍华 [Ni₃(AsO₄)₂·8H₂O] 呈苹果绿色，产状与钴华的相同，在含镍矿物表面呈被膜状产出。

图 358　蓝铁矿，来自玻利维亚奥鲁罗省潘塔莱昂达伦斯地区（Pantaleon Dalence Province）莫罗科卡拉矿（Morococala Mine）。视场：90 mm×106 mm。

图 359　钴华，产自摩洛哥布阿泽尔（Bou Azzer）。对象：76 mm×78 mm。

图 360　镍华，产自希腊拉夫里翁。对象：61 mm×78 mm。

磷钙锌矿 [Scholzite, CaZn₂(PO₄)₂·2H₂O]

斜方晶系；晶体常发育良好，通常呈针状。无解理。硬度 4，密度 3.1 g/cm³。无色，玻璃光泽，透明。磷钙锌矿是一种产于伟晶岩和沉积岩中的磷酸盐蚀变产物，产地有澳大利亚南澳大利亚州雷普胡克山（Reaphook Hill）等。

鸟粪石 [Struvite, (NH₄)MgPO₄·6H₂O]

斜方晶系，mm2；晶体明显呈异极形态，在 c 轴两端显示出不同的晶形（图 362）。具 {001} 中等解理。硬度 1.5～2，密度 1.7 g/cm³。颜色为黄白色或者棕白色；玻璃光泽；新鲜时

图 361 磷钙锌矿，产自澳大利亚南澳大利亚州雷普胡克山。对象：82 mm×143 mm。

为透明至半透明，但在干燥空气中由于脱水而变暗淡并呈白垩状。鸟粪石形成于鸟粪或蝙蝠粪、沉积物、经由细菌活动的土壤中，以及作为肾脏或膀胱结石形成于人类泌尿系统中。已知产自位于丹麦利姆海峡奥尔堡（Ålborg）的一个冰后海相沉积矿床，以及德国汉堡圣尼古拉教堂（St. Nikolai Church）下面的泥炭沉积物中。

银星石 [Wavellite, Al₃(PO₄)₂(OH,F)₃·5H₂O]

斜方晶系；单晶罕见，主要呈放射状球形或半球形集合体。具 {110} 和 {101} 中等解理。硬度 3.5～4，密度 2.4 g/cm³。无色、灰色、淡黄色或淡绿色，玻璃光泽，半透明。银星石作为次生矿物见于板岩中的裂缝或孔洞，

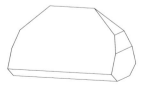

图 362 鸟粪石：{00$\bar{1}$}、{010}、{012}、{021}、{101} 和 {10$\bar{3}$}。

图 363　鸟粪石，产自德国汉堡圣尼古拉教堂。视场：24 mm×36 mm。

图 364　银星石，产自美国阿肯色州蒙哥马利县。视场：70 mm×105 mm。

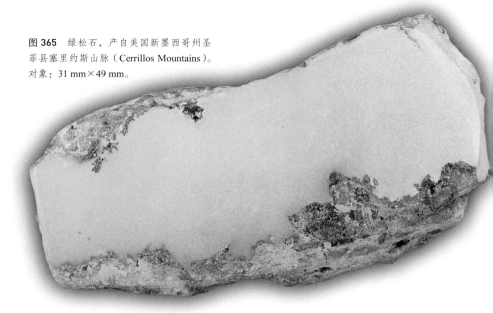

图 365 绿松石，产自美国新墨西哥州圣菲县塞里约斯山脉（Cerrillos Mountains）。对象：31 mm×49 mm。

以及磷酸盐矿床中。产地有英国德文郡菲利的海当采石场（Highdown Quarry，典型产地），以及美国阿肯色州蒙哥马利县等地。

绿松石［Turquoise，CuAl₆(PO₄)₄(OH)₈·4H₂O］

$$绿松石［Turquoise，CuAl_6(PO_4)_4(OH)_8·4H_2O］$$

三斜晶系；晶体非常罕见，集合体主要呈致密、细粒或隐晶质块体或结核。稍具贝壳状

图 366 绿松石，产自美国新墨西哥州圣菲县。对象：64 mm×93 mm。

图 367　钙铀云母，产自法国上维埃纳省马尔涅克（Margnac）。对象：64 mm×92 mm。

断口，性脆。硬度 5～6，密度 2.6～2.8 g/cm³。颜色为蓝色、蓝绿色或绿色；蜡状光泽，暗淡；半透明。绿松石是一种次生矿物，形成于干旱地区蚀变火山岩石的细脉和裂缝中；它通常与褐铁矿和玉髓伴生。最著名的绿松石产地包括伊朗呼罗珊地区内沙布尔（Neyshabur或 Nishapur），在那里绿松石产于粗面岩（tra-chyte）中；还有美国新墨西哥州洛斯塞里约斯山脉（Los Cerrillos Mountains），产于蚀变粗面岩中。在位于英国康沃尔郡圣奥斯特尔地区（St. Austell area）的花岗岩中，绿松石作为金属热液矿化的次生蚀变产物而存在。自古以来，绿松石就被视为宝石，最好的切割方式是切割成各种圆形。常见的切割方式是沿其他矿

图 368　铜铀云母，产自德国福格特兰地区贝尔根（Bergen）。视场：18 mm×27 mm。

物质的细纹切割。在售卖时，这类材料被称为绿松石基质（turquoise matrix），但目前出售的产品中，大部分都是仿制品。

钙铀云母［Autunite，Ca(UO₂)₂(PO₄)₂·10H₂O］

四方晶系；晶体呈平行于｛001｝的薄板状；通常呈扇状、鳞片状集合体，或呈不平坦的被膜状。具｛001｝完全解理。硬度2～2.5，密度3.1～3.2 g/cm³。柠檬黄色至浅绿色；玻璃光泽，解理面呈珍珠光泽；半透明；具放射性。钙铀云母是一种次生矿物，形成于晶质铀矿和其他含铀矿物的矿床氧化带中。铜铀云母［torbernite，Cu(UO₂)₂(PO₄)₂·10H₂O］是一

与钙铀云母相关的矿物，除颜色呈绿色外，它与钙铀云母的结构、结晶习性和物理性质都相同；它的产状与钙铀云母的也相同。

钒钾铀矿［Carnotite，K₂(UO₂)₂(VO₄)₂·3H₂O］

单斜晶系；晶体罕见，主要呈粉末状或松散的集合体。具｛001｝完全解理。硬度约2，密度4～5 g/cm³。颜色呈淡黄色至绿黄色；土状光泽，暗淡；具放射性。钒钾铀矿是一种次生矿物，形成于铀矿床风化带中。钒钾铀矿呈分散颗粒的形式广泛分布在美国科罗拉多州和犹他州的砂岩中，在那里它是重要的铀矿石，作为矾矿石则重要性稍低。

图369　与正长石（白色）、霓石（绿色）和双晶石（少量，呈浅色板状）一起产出的石英（变种，烟晶），它们都是硅酸盐，产自马拉维奇尔瓦省松巴-马洛萨（Zomba-Malosa）杂岩体。视场：52 mm×78 mm。

硅酸盐

地球上超过 90% 的地壳由硅酸盐组成，因此硅酸盐类是迄今为止最大的矿物群。地壳中仅长石族矿物就占 60%，石英则略高于 10%。硅酸盐矿物是火成岩及大多数变质岩和沉积岩的主要矿物。然而只有少数硅酸盐相对常见，大多数硅酸盐相对稀有。

［SiO_4］四面体是所有硅酸盐的基本构造单元，在这个四面体中，1 个中心硅原子（Si）被 4 个氧原子（O）包围。硅氧结合键的键能非常强，介于离子键和共价键之间。［SiO_4］四面体可以是孤立的，也可以形成各种各样的组合。根据这些排列方式，可对硅酸盐进行分类（图 371）。

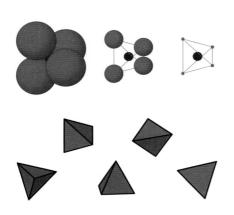

图 370 ［SiO_4］四面体是所有硅酸盐的基本构造单元。它由一个中心 Si 原子（蓝色）及其周围的 4 个 O 原子（红色）组成。左上角图中所绘原子近似于它们的真实比例。中心 Si 原子藏在氧原子后面。为了揭示结构，在维持真实位置（顶点、中心）的情况下，可以改变原子的相对大小。最终的解决方案是通过完全移除原子来简化绘图，只显示氧原子之间的连线。四面体现在已显而易见。图的下半部分为从不同角度观察到的四面体。

岛状硅酸盐（nesosilicate）：［SiO_4］四面体是孤立的，即不与其他四面体联结（希腊语 "*nesos*" 意指 "岛"）。其硅酸盐部分在化学式中是简单的 SiO_4，例如橄榄石，$(Mg,Fe)_2SiO_4$。

双岛状硅酸盐（sorosilicate）：［SiO_4］四面体通过共享一个角顶联结（希腊语 "*soros*" 意指 "群"）。其硅酸盐部分在化学式中是简单的 Si_2O_7，例如异极矿，$Zn_4Si_2O_7(OH)_2 \cdot H_2O$。

环状硅酸盐（cyclosilicate）：［SiO_4］四面体联结成环状，环中每个四面体与另外 2 个四面体共用角顶（希腊语 "*cyclo*" 意指 "环"）。其硅酸盐部分在化学式中是 Si_nO_{3n}，其中 n 是环中四面体的数量，例如绿柱石，$Be_3Al_2Si_6O_{18}$；也可形成其他类型的环。

链状硅酸盐（inosilicate）：［SiO_4］四面体联结成无限延伸的链（希腊语 "*ino*" 意指 "链"），例如单链，链中每一个四面体都与其他 2 个四面体共用角顶。其硅酸盐部分在化学式中是 Si_2O_6，例如透辉石，$CaMgSi_2O_6$。这些四面体也可以形成双链，例如在角闪石中，每个［SiO_4］四面体与其他四面体交替共用 2 个或 3 个角顶。

层状硅酸盐（phyllosilicate）：所有［SiO_4］四面体都与其他 3 个四面体共用角顶，形成无限延伸的层（希腊语 "*phyllo*" 意指 "叶"）。其硅酸盐部分在化学式中是 Si_2O_5，例如高岭石，$Al_2Si_2O_5(OH)_4$。

架状硅酸盐（tectosilicate）：每个［SiO_4］

图 371 基于［SiO₄］四面体与其他［SiO₄］四面体共用的角顶数为硅酸盐分类。在岛状硅酸盐（a）中没有共用的角顶；在双岛状硅酸盐（b）中，1 个角顶被共用；在环状硅酸盐（c）中，2 个角顶被共用，从而形成环，图中是一个六方环；在链状硅酸盐中，2 个角顶被共用并形成无限延伸的链（d），或者 2 个或 3 个角顶被交替共用形成无限延伸的双链（e）；在层状硅酸盐（f）中，3 个角顶被共用；在架状硅酸盐（g）中，4 个角顶都是共用的。图（g）为一个三维晶格在纸平面上的投影；从本质上说，其他结构几乎都是二维的。

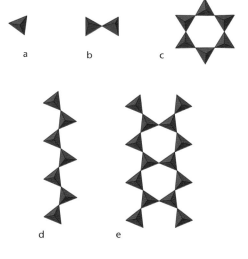

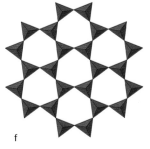
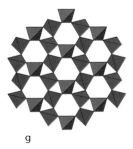

四面体都与其他四面体共用 4 个角顶，形成一个三维的框架（希腊语 "*tecto*" 意指 "框架"）。其硅酸盐部分在化学式中是 SiO_2，例如石英（SiO_2）或正长石（$KAlSi_3O_8$，Al 替代一个 Si）。

随着［SiO₄］四面体聚合程度增加，Si/O 的比值逐渐从 1/4 上升到 1/2。

在某些硅酸盐中，铝（Al）是重要的元素，例如架状硅酸盐，如果 Al 没有替代部分 Si，它们的硅酸盐部分在化学式中都将是 SiO_2。铝是三价，硅是四价，因此，当 Al^{3+} 在四面体中替代 Si^{4+} 时，在结构的其他位置必须形成某种形式的补偿。通常形式是 "引入" 一

种单价离子，例如 K^+ 进入结构中合适的空位，或用一个 Ca^{2+} 替换一个 K^+。长石就是这种组合替换的典型例子。在长石中，$Al^{3+}+Ca^{2+}$

图 372 氧（O）、硅（Si）、铝（Al）、铁（Fe）、钙（Ca）、钠（Na）、钾（K）和镁（Mg）是硅酸盐中最常见的元素。它们以带电的离子的形式存在，即带负电的阴离子或带正电的阳离子。上述元素的离子形式分别为 O^{2-}、Si^{4+}、Al^{3+}、Fe^{2+} 或 Fe^{3+}、Ca^{2+}、Na^+、K^+ 和 Mg^{2+}，此处以大致正确的比例呈现。

可以替代 $Si^{4+}+K^+$，反之亦然，平衡得以维持。

[SiO_4] 四面体之间的空间也可以容纳其他元素。诸如 Mg^{2+}、Fe^{2+}、Fe^{3+}、Mn^{2+}、Al^{3+} 和 Ti^{4+} 这样的阳离子充填这些空位，并呈八面体配位，即被 6 个氧原子包围。即使它们的化合价不同，它们也可以很容易地被替换，补偿则在其他位置进行。这同样也适用于 Na^+ 和 Ca^{2+} 之间的替换。这些阳离子更大，适合那些通常被 8 个氧原子包围的位置。

Al^{3+} 的大小使它能够进入四面体或八面体中的位置，这一性质在相当大程度上造成了硅酸盐的多样性。

图 373 长在钠沸石中的黑榴石（melanite，钙铁榴石变种），产自格陵兰加德纳杂岩体。视场：60 mm × 69 mm。

岛状硅酸盐

在岛状硅酸盐中，[SiO₄]四面体是孤立的，并与呈六次或八次配位的其他阳离子结合，少数呈四次或五次配位。橄榄石和石榴子石属于这一类。这些矿物的通式以 SiO₄ 或 SiO₄ 的倍数结束。

硅铍石（Phenakite，Be₂SiO₄）

结晶学： 三方晶系，$\bar{3}$；晶体呈柱状或板状菱面体，通常会有几个晶面发育良好；常见 {10$\bar{1}$0} 双晶。

物理性质： 具 {10$\bar{1}$0} 不清楚解理，贝壳状断口。硬度 7.5～8，密度 3.0 g/cm³。无色或白色，玻璃光泽，透明或半透明。

化学性质： 硅铍石和硅锌矿的结构相同。

产状： 硅铍石是一种稀有矿物，见于伟晶岩中，通常与黄玉或绿柱石共生。纯净完美的晶体见于巴西圣米格尔-皮拉西卡巴（San Miguel di Piracicaba）及其他地方；挪威克拉格勒出产长达 20 cm 的大型晶体。

用途： 硅铍石有时可用作宝石。

鉴定特征： 结晶习性；和石英相比，硬度较高，但柱面上没有条纹。

硅锌矿（Willemite，Zn₂SiO₄）

结晶学： 三方晶系，$\bar{3}$；晶体罕见；集合体多呈块状、粒状。

物理性质： 具 {0001} 中等解理，参差状至贝壳状断口。硬度 5.5，密度约 4 g/cm³。颜色为白色或淡黄色，有时为浅绿色、浅褐色，或浅红色，黑色少见；玻璃光泽至油脂光

图 374 长在石英上的硅铍石，产自挪威克拉格勒市唐恩（Tangen）。视场：50 mm×72 mm。

泽；大多为半透明。在紫外光照射下，含 Mn 的硅锌矿会发出黄绿色荧光。

化学性质： 硅锌矿和硅铍石同结构。通常存在少量 Fe，Mn 也可以在一定程度上替代 Zn。

名称与品种： 锰硅锌矿（troostite）是一种含锰的硅锌矿变种。

产状： 硅锌矿常见于结晶灰岩中，有时也见于锌矿床的氧化带中。美国新泽西州富兰克林是硅锌矿的主要产地，那里的硅锌矿通常与锌铁尖晶石和红锌矿共生。

用途： 在美国新泽西州富兰克林，硅锌矿是有价值的锌矿石。

鉴定特征： 硅锌矿通常在紫外光照射下发出黄绿色荧光，但在其他方面很难识别。产自富兰克林的标本最容易通过共生矿物识别。

图 375 锰硅锌矿（硅锌矿变种），产自美国新泽西州富兰克林。视场：60 mm×72 mm。

图 376 橄榄石：｜100｜、｜010｜、｜001｜、｜110｜、｜101｜、｜021｜和｜111｜。

橄榄石［Olivine，(Mg,Fe)$_2$SiO$_4$］

结晶学： 斜方晶系，$2/m2/m2/m$；晶体通常为平行双面、棱柱和双锥的聚形；主要呈粒状集合体。

物理性质： 无明显解理，贝壳状断口。硬度 6.5～7，密度 3.3 g/cm^3（镁橄榄石）～4.4 g/cm^3（铁橄榄石）。随着 Fe 含量的增加，颜色由黄绿色、橄榄绿、棕色变至黑色；玻璃光泽；透明至半透明。

化学性质： 镁橄榄石（Mg$_2$SiO$_4$）和铁橄榄石（Fe$_2$SiO$_4$）之间有一个完全固溶体系列。铁以 Fe^{2+} 的形式存在，直接替代 Mg^{2+}。普通橄榄石中 Mg > Fe。在橄榄石的晶体结构中，孤立的［SiO$_4$］四面体将［(Mg,Fe)O$_6$］八面体层连接起来。Mg 和 Fe 所占据的八面体位置是随机的。

名称与品种： 橄榄石的名字反映了它常见的橄榄绿色。"peridot" 一词源于法文，意指宝石级的橄榄石。贵橄榄石（chrysolite）以前是橄榄石的同义词，但现在有时用于表示含 70%～90% 镁橄榄石的橄榄石。锰橄榄石（tephroite，Mn$_2$SiO$_4$）也是橄榄石族的成员之一。钙镁橄榄石（monticellite，CaMgSiO$_4$）以前属于橄榄石；它呈无色、苍白色或浅黄色，见于接触变质的石灰岩中。

图 377 橄榄石的晶体结构由共棱的［(Mg,Fe)O$_6$］八面体层（蓝色）组成。这些层通过孤立的［SiO$_4$］四面体（红色）连接。Mg 和 Fe 在八面体中的位置是随机的。

产状： 橄榄石是重要的造岩矿物。它常见于暗色的（深色）基性或超基性火成岩中，例如玄武岩、橄榄岩和纯橄榄岩。橄榄石在纯橄榄岩中占主导地位。它蚀变后变成叶蛇纹石或其他蛇纹石矿物。镁橄榄石也见于变质的白云石质灰岩中。橄榄石是石质陨石中的一种常见矿物，也是地球上地幔的重要组成。埃及红海的圣约翰岛出产发育良好的透明晶体。

用途： 富镁橄榄石熔点高，可用作耐火砖；它也可用作绝缘材料。

鉴定特征： 结晶习性，在颜色和断口方面具有玻璃状外观，粒状集合体。富镁橄榄石不与石英共生。

图 378 橄榄石，产自埃及红海的圣约翰岛。对象：16 mm×20 mm。

图 379 橄榄石，产自挪威阿尔姆克洛夫山谷（Almklovdalen）。对象：73 mm×87 mm。

图 380　方解石中的粒硅镁石，产自芬兰帕尔加斯（Pargas）。视场：26 mm×39 mm。

硅镁石族

硅镁石族包括一系列紧密相关的镁硅酸盐。和橄榄石一样，它们也有由孤立的［SiO_4］四面体连接的［$(Mg,Fe)O_6$］八面体层。它们之间以及和橄榄石之间的区别在于八面体在层内的排列方式。

结晶学： 斜方晶系，$2/m2/m2/m$；或单斜晶系，$2/m$；晶体通常有多种形态，但大多呈粒状集合体；常见双晶。

物理性质： 无明显解理，贝壳状断口。硬度 6～6.5，密度约 3.2 g/cm³。颜色从淡黄至深褐色或深红色，亦可白色；玻璃光泽；透明至半透明。

化学性质： 这一族包括块硅镁石［norbergite，$Mg_3(SiO_4)(F,OH)_2$］、粒硅镁石［chondrodite，$(Mg,Fe,Ti)_5(SiO_4)_2(F,OH,O)_2$］、硅镁石［humite，$(Mg,Fe)_7(SiO_4)_3(F,OH)_2$］，以及斜硅镁石［clinohumite，$(Mg,Fe,Ti)_9(SiO_4)_4(F,OH)_2$］。这些化学式表明，Fe 可以部分替代 Mg（在粒硅镁石和斜硅镁石中，Ti 可以部分替代 Mg），F 和 OH 相互替代。

名称与品种： 类似的含 Mn 的矿物系列也存在，例如粒硅锰石［alleghanyite，$Mn_5(SiO_4)_2(OH)_2$］。

产状： 这些矿物主要见于接触变质白云质灰岩中。

鉴定特征： 产状；在某种程度上，颜色是最好的鉴定特征，但这些矿物通常很难识别，尤其是很难相互区分。

石榴子石族　［Garnet，$A_3B_2(SiO_4)_3$］

在通式中，A 为 Mg、Fe、Mn 或 Ca，B 为 Al、Fe 或 Cr。

石榴子石族矿物分布广泛，在变质岩中尤其丰富。它们通常很容易辨认，因为它们的晶体通常发育良好，具有特征性的立方体形式。在不采用化学分析的情况下，石榴子石族矿物之间很难互相区分，但可以大致通过产状和颜色来确定。"garnet"源自拉丁文，意思是"谷物"。

图 381　和磁铁矿（黑色）以及钠透闪石（浅黄色）一起产出的含钛斜硅镁石（红色），产自格陵兰加德纳杂岩体。视场：66 mm×100 mm。

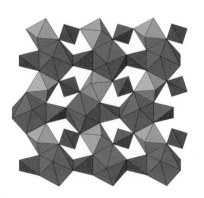

图 382 典型的石榴子石晶体：(a) 仅 {110}；(b) 仅 {211}；(c) 和 (d) 都为 {110} 和 {211} 的聚形。

结晶学： 等轴晶系，$4/m\bar{3}2/m$；晶体常见，通常呈 {101}、{211} 或它们的聚形；集合体呈由细到粗的粒状。

物理性质： 无解理，贝壳状断口。硬度约 7；密度 3.5～4.3 g/cm^3，根据成分而定。大多数石榴子石呈红色至褐色，具体地说，镁铝榴石呈深红色至近乎黑色，铁铝榴石呈红色至褐色，锰铝榴石呈橙色、红色或褐色，钙铝榴石呈白色、黄色、粉色、绿色或褐色，钙铁榴石呈黄色、绿色、褐色或黑色，钙铬榴石呈翠绿色；玻璃光泽，有时呈树脂光泽；透明至半透明。

化学性质： 石榴子石族矿物的通式是 $A_3B_2(SiO_4)_3$，其中 A 代表相对较大的二价离子，例如 Mg^{2+}、Fe^{2+}、Mn^{2+} 或 Ca^{2+}，B 代表相对较

图 384 锰铝榴石，产自美国科罗拉多州纳斯罗普。视场：14 mm×20 mm。

图 383 石榴子石晶体结构切片，沿 a 轴的视角。Mg^{2+}、Fe^{2+}、Mn^{2+} 或 Ca^{2+}（化学式中的 A 原子）被 8 个 O 原子包围，O 原子位于畸变立方体（蓝色）的角顶；Al^{3+}、Fe^{3+} 或 Cr^{3+}（化学式中的 B 原子）位于八面体（灰色）的中心；Si^{4+} 位于孤立的四面体（红色）中。

图 385 铁铝榴石，产自澳大利亚新南威尔士州布罗肯希尔。视场：40 mm×61 mm。

小的三价离子，例如 Al^{3+}、Fe^{3+} 或 Cr^{3+}。A 和 B 在晶体结构中的位置是：A 被 8 个 O 原子包围，O 原子位于可被视为畸变立方体的多面体的角顶；B 在八面体中被 6 个 O 原子包围。Si 是孤立的四面体，通常不会被其他元素替代。该族包括以下端员组分：

镁铝榴石［$Mg_3Al_2(SiO_4)_3$］、铁铝榴石［Fe_3-$Al_2(SiO_4)_3$］、锰铝榴石［$Mn_3Al_2(SiO_4)_3$］、钙铝榴石［$Ca_3Al_2(SiO_4)_3$］、钙铁榴石［andradite，$Ca_3Fe_2(SiO_4)_3$］、钙铬榴石［$Ca_3Cr_2(SiO_4)_3$］和钛榴石｛$Ca_3(Ti,Fe)_2[(Si,Fe)O_4]_3$｝。

石榴子石族通常分为两类：铝榴石类（pyralspite，包括镁铝榴石、铁铝榴石、锰铝榴石）和钙榴石类（ugrandite，钙铬榴石、钙

铝榴石和钙铁榴石）。每类中都存在相当多的固溶体，但这两类之间的混溶性非常有限。

名称与品种： 镁铝榴石 "pyrope" 源于希腊语，意思是 "火"；铁铝榴石 "almandine" 源于土耳其语 "Alabanda"；锰铝榴石 "spessartine" 源于德语 "Spessart"；钙铝榴石 "grossular" 源于醋栗（*ribes grossularia*），因其绿色而得名；钙铁榴石 "andradite" 以葡萄牙矿物学家德安德拉达（D'Andrada）的名字命名；钙铬榴石 "uvarovite" 以俄国乌瓦罗夫伯爵（Count Uvarov）的名字命名；钛榴石 "schorlomite" 源于其与黑电气石 "schorl" 的相似性，后者为一种黑色不透明的电气石。翠榴石（demantoid）是一种绿色宝石，是钙铁榴石的

图 386　钙铝榴石，产自马里纽罗萨赫勒（Nioro du Sahel）桑达雷（Sandaré）。对象：29 mm×32 mm。

变种；黑榴石是一种黑色、富 Ti 的钙铁榴石变种；水钙铝榴石（hydrogrossular）是一类含 H_2O 的石榴子石；铁钙铝榴石（hessonite）是一种黄褐色到红褐色的宝石；铬钒钙铝榴石（tsavorite）是一种绿色宝石，是含 V 和 Cr 的钙铝榴石变种。

产状： 镁铝榴石存在于橄榄岩等超基性岩及其衍生的蛇纹岩中，也存在于富 Mg 的高级变质岩中。铁铝榴石存在于片麻岩和片岩等变质岩中，也见于沉积岩中。锰铝榴石产于花岗伟晶岩和富 Mn 的变质岩中。钙铝榴石和钙铁榴石常见于接触变质或区域变质的不纯石灰岩中，常与其他矽卡岩（skarn）矿物和硫化物共生。钛榴石见于碱性岩中。钙铬榴石不像其他石榴子石那样普遍，它产于含 Cr 的蛇纹岩中。

用途： 石榴子石可作为磨料，因为它们的硬度相对较高，且解理不发育。透明无瑕的石榴子石被誉为宝石，绿色的翠榴石最受欢迎。

鉴定特征： 结晶习性、产状；也可通过颜色来鉴定部分石榴子石。

其他岛状硅酸盐

锆石（Zircon，$ZrSiO_4$）

结晶学： 四方晶系，$4/m2/m2/m$；晶体常见，通常呈棱柱和双锥的简单组合，例如 {100} 和 {101}；也见更富晶面的晶体。

物理性质： 具 {100} 不完全解理。硬度

图 387　钙铝榴石，产自加拿大魁北克省阿斯贝斯
托斯杰弗里矿区（Jeffrey Mine）。视场：26 mm×
39 mm。

图 388　黑榴石（钙铁榴石变种），产自格陵兰
加德纳杂岩体。视场：54 mm×87 mm。

7.5；密度约 4.7 g/cm³，随蜕晶作用的增强而降低。天然锆石呈棕黄色至棕红色，而宝石级（通常经过热处理）可为无色、黄色或蓝色；金刚光泽，双折射率很高；透明至半透明。

化学性质： 锆石通常含有少量 Hf，有时也含有 U 或 Th，这是其呈蜕晶态的原因。Zr 在四方多面体中被 8 个 O 原子包围，与孤立的 [SiO₄] 四面体在 c 轴方向上交替排列，就像一串珍珠。整个晶体结构由这样的"串"组成，以四方体排列的形式彼此相联结。

名称与品种： 红锆石（hyacinth）这个名称有时用于表示黄红色或棕红色的锆石宝石。

产状： 锆石是火成岩中常见的副矿物，特别是在花岗岩、正长岩、霞石正长岩及其相关的伟晶岩中。马达加斯加贝特鲁卡附近和加拿大安大略省伦弗鲁县出产特别巨大的晶体。由于锆石的高硬度和耐化学侵蚀性，它在许多沉积物中与其他相对较重的矿物一起产出。这类矿床见于斯里兰卡、澳大利亚和俄罗斯乌拉尔山脉。

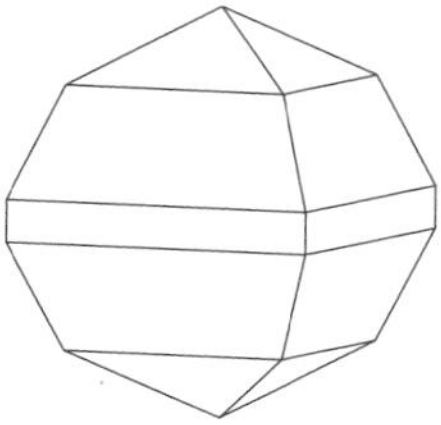

图 389 图 390 中的锆石：{110}、{112} 和 {221}。

用途： 锆石是提取锆的主要来源。纯锆用于建造核反应堆；ZrO₂ 具有极高的熔点，用于制造陶瓷和熔炼铂的坩埚等。纯净的锆石可用作宝石；许多锆石经过热处理来改变颜色。锆石中的放射性元素使得它有助于测定岩石的年龄。

鉴定特征： 结晶习性、硬度、密度、光泽和颜色。

钍石 [Thorite，(Th,U)SiO₄] 和铀石 {Coffinite，U[SiO₄,(OH)₄]}

四方晶系，具有锆石型结构。这些矿物一般为深色至黑色，密度高，光泽强。它们具有放射性，通常呈蜕晶态。它们的产状与锆石的几乎相同。

图 390 锆石，产自挪威芬马克郡塞兰岛（Seiland）。对象：34 mm×40 mm。

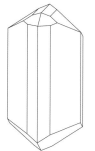

图 391 蓝柱石：
｛010｝、｛110｝、
｛011｝、｛120｝、
｛021｝、｛111｝和
｛$\bar{1}$31｝。

蓝柱石［Euclase，BeAlSiO$_4$(OH)］

单斜晶系；晶体发育良好，通常呈平行于 c 轴的柱状。具｛010｝完全解理。硬度 7.5，密度 3.0 g/cm^3。无色至浅绿色或蓝色，玻璃光泽。蓝柱石见于花岗伟晶岩中，有时可作为宝石。

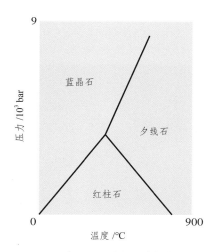

图 392 三种 Al$_2$SiO$_5$ 矿物的稳定性图。三相交点处的压力和温度条件对应的地球地壳深度为 15～20 km。（注：1 bar = 100 000 Pa）

Al$_2$SiO$_5$ 族

Al$_2$SiO$_5$ 族矿物包括夕线石、红柱石和蓝晶石，是富 Al 变质岩中的特征矿物。它们是解释地质事件的宝贵工具，因为它们对变质过程中的压力和温度条件有指示作用。图 392 显示了三种矿物的稳定性条件。这些矿物是同质多象变体，即它们具有相同的化学式 Al$_2$SiO$_5$，但晶体结构不同。莫来石（mullite）是一种在自然界中很稀有的矿物，但夕线石、红柱石或蓝晶石在加热过程中均可转变为莫来石。莫来石常应用于陶瓷工业中。

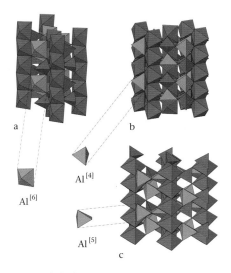

图 393 （a）蓝晶石、（b）夕线石和（c）红柱石的晶体结构，化学式均为 Al$_2$SiO$_5$。在三种矿物中，Si 都在孤立的四面体（红色）中，一半的 Al 在沿 c 轴延伸的八面体链中（蓝色）。对剩下的 Al 原子（棕黄色）来说，配位数，也就是与之最相邻的 O 原子数在三种矿物中各不相同：在蓝晶石中是 6，在夕线石中是 4，在红柱石中是 5。蓝晶石是在高压下形成的，结构最致密，因而具有更高的密度。

图394 夕线石，产自澳大利亚新南威尔士州。
对象：51 mm×63 mm。

触变质岩中。

鉴定特征：夕线石以纤维状或柱状习性
而为人所知。与硅灰石或透闪石等其他纤维状
的硅酸盐不同，它只有一组解理。

红柱石（Andalusite，Al_2SiO_5）

结晶学：斜方晶系，$2/m2/m2/m$；晶体通
常呈简单柱状，横断面近似呈正方形；表面常
发生轻微蚀变，形成云母状产物。

物理性质：具［110］中等解理。硬度7.5，
密度 3.2 g/cm^3。颜色通常呈灰色、暗绿色、褐
色或红色；玻璃光泽；半透明，偶见透明；透
明晶体具强多色性。

化学性质：红柱石的晶体结构由［AlO_6］
八面体链与交替排列的［SiO_4］四面体和
［AlO_5］多面体联结组成。少量 Mn^{3+} 可替代 Al。

夕线石（Sillimanite，Al_2SiO_5）

结晶学：斜方晶系，$2/m2/m2/m$；完好晶
体罕见，主要晶形为｛110｝；通常呈纤维状、
柱状集合体。

物理性质：具｛010｝完全解理。硬度
6～7，密度 3.2 g/cm^3。颜色为浅灰色、浅黄
色、浅棕色或绿色；玻璃光泽，呈纤维状时具
丝绢光泽；透明至半透明。

化学性质：夕线石的晶体结构由［AlO_6］
八面体链与交替排列的［SiO_4］四面体和
［AlO_4］四面体联结组成。

名称与品种：夕线石曾被称为细夕线石
（fibrolite）。

产状：夕线石主要存在于富 Al 高级区域
变质岩中，例如片麻岩和云母片岩；还见于接

图395 红柱石，产自意大利一个旧称为 "Lizenser-
alp"（蒂罗尔）的地方。视场：42 mm×47 mm。

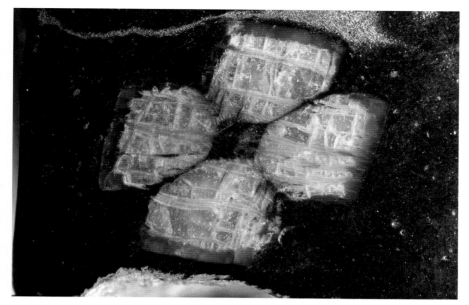

图 396　空晶石（红柱石变种），产自美国马萨诸塞州兰开斯特。视场：16 mm×24 mm。

名称与品种：空晶石（chiastolite）是红柱石的变种，其所捕获的黑色碳质包裹体在其柱状横断面上呈十字形。

产状：红柱石是富铝接触变质岩中的特征矿物，例如页岩（shale）。它也见于区域变质岩中。除西班牙（红柱石因这里的产地而得名）外，有价值的矿床也见于美国加利福尼亚州。宝石级红柱石产于巴西圣埃斯皮里图州圣特雷莎（Santa Teresa）。

用途：红柱石可用于制造火花塞和陶瓷产品。透明品种可用作宝石。

鉴定特征：红柱石可通过产状、结晶习性、硬度和十字形包裹体来鉴定。

蓝晶石（Kyanite，Al₂SiO₅）

结晶学：三斜晶系，$\overline{1}$；晶体常见，常沿 c 轴呈平行于 {100} 的板状，具次级单形 {010}；{100} 有水平晶面条纹；见双晶，例如 {100}；呈叶片状集合体。

物理性质：具 {100} 完全解理。硬度随晶体方向不同而不同，在 {100} 上，平行于 c 轴约为 4.5，垂直于该方向约为 6.5。密度 3.6 g/cm³。颜色常呈浅蓝色，越靠近晶体中心颜色越深，也呈白色、浅灰色或浅绿色；玻璃光泽至珍珠光泽；透明至半透明。

化学性质：蓝晶石的晶体结构由 [AlO₆] 八面体链与 [SiO₄] 四面体和 [AlO₆] 八面体

图397 蓝晶石:{100}、{010}、{001}、{110}和{1$\bar{1}$0}。蓝晶石的硬度随结晶方向的变化而变化:平行于c轴约为4～4.5,垂直于c轴约为6～7。

联结组成。

名称与品种: 基于蓝晶石的硬度随结晶方向而异,它以前被称作"disthene"。

产状: 蓝晶石存在于富铝的区域变质岩中,例如云母片岩和片麻岩,常与十字石和石榴子石共生。它也见于榴辉岩(eclogite)以及在极高的压力下形成的类似岩石中。优质的蓝晶石晶体产自瑞士圣哥达、美国北卡罗来纳州扬西县(Yancey County),以及巴西的一些产地。

用途: 与红柱石一样,蓝晶石主要用于制造火花塞和一些陶瓷产品。

鉴定特征: 硬度特征、不同强度的蓝色、结晶习性和解理,使得蓝晶石很容易辨别。

图398 石英中的蓝晶石,产自巴西。视场:80 mm×83 mm。

十字石［Staurolite，$(Fe,Mg)_4Al_{17}(Si,Al)_8O_{45}(OH)_3$］

结晶学： 单斜晶系，$2/m$，呈假斜方晶系；晶体常见，通常为｛110｝和｛001｝、｛010｝和｛101｝的聚形；双晶遵循两种双晶律，常见｛031｝和｛231｝双晶，两者都形成十字双晶。

物理性质： 具｛010｝清楚解理。硬度 7，密度 3.7 g/cm³。颜色呈浅褐色、红褐色或褐黑色；玻璃光泽，有时呈树脂光泽；半透明至近乎不透明。

化学性质： 化学成分可稍微变化，例如 Fe^{3+} 可部分替代 Al。由于十字石由蓝晶石层与其他类型的层交替而组成，它的晶体结构

图 400 十字石，具｛031｝双晶，产自瑞士圣哥达。对象：29 mm×28 mm。

图 401 钠云母片岩中的十字石，产自瑞士圣哥达。视场：26 mm×37 mm。

a

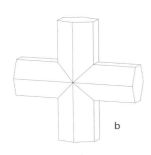

b

图 399 十字石双晶：十字双晶，（a）｛231｝双晶，两个单晶体之间的夹角为 60°；（b）｛031｝双晶，两个单晶体之间的夹角为 90°。

与蓝晶石的具有共同的特征。这些层平行于 {010}，这解释了蓝晶石晶体和十字石晶体为什么在一个结晶方向上共同生长，并且共用一个 {010} 面，它们的 c 轴也互相平行。

名称与品种： 十字石一词源自希腊语 "*stauros*"，意指 "交叉"，指它的特征双晶。

产状： 十字石见于云母片岩和片麻岩等富铝的区域变质岩中，通常与蓝晶石、石榴子石或夕线石共生。美国佐治亚州范宁县（Fannin County）、瑞士蒙特坎皮奥内（Monte Campione）和巴西米纳斯吉拉斯州鲁贝里塔（Rubelita）都是众所周知的产地。

鉴定特征： 颜色、结晶习性及其具有的特殊双晶模式。

黄玉 ［ **Topaz, Al$_2$SiO$_4$(F,OH)$_2$** ］

结晶学： 斜方晶系，2/m2/m2/m；晶体常见，通常沿着 c 轴方向呈由短至长的柱状；晶体终端呈双锥、其他晶体或平行双面；柱面上常有纵纹；集合体常呈由细到粗的粒状。

物理性质： 具 {001} 完全解理。硬度 8，密度 3.5 g/cm^3。无色、黄色、棕色、蓝色或带绿色调，偶见粉色；玻璃光泽；透明或半透明。

化学性质： F 通常比 OH 更占主导地位；晶体结构由平行于 c 轴的 ［AlO$_4$F$_2$］八面体链与孤立的 ［SiO$_4$］四面体联结而成。这个结构反映了它常见的柱状结晶习性。解理只打破了

图 402 黄玉，产自俄罗斯乌拉尔山脉姆尔辛卡（Mursinka）。
视场：40 mm × 60 mm。

Al—O 键和 Al—F 键，没有打破 Si—O 键。这个结构是原子相对紧密的堆积，这就解释了为什么它的密度相对较高。

产状： 黄玉是气成矿脉和伟晶岩脉中的一种特征矿物，产于花岗岩和流纹岩等富硅火成岩中。常与钠长石、电气石、锡石、磷灰石、萤石、绿柱石和云母共生。

巴西米纳斯吉拉斯州的欧鲁普雷图等地出产重达 200 kg 的大晶体。俄罗斯西伯利亚涅尔琴斯克（Nerchinsk）地区和位于乌拉尔山脉姆尔辛卡的经典产地出产很好的标本。美国的已知产地有科罗拉多州派克斯峰和犹他州托马斯山脉等。黄玉也见于斯里兰卡和巴基斯坦，以及位于德国萨克森州的典型产地施内肯施泰因（Schneckenstein）。

用途： 黄玉是一种受人喜爱的宝石。精雕细琢过的黄玉非常昂贵，这导致了类似的黄色或棕色矿物被冠以黄玉之名来销售，尤其是石英。

鉴定特征： 结晶习性、高硬度、高密度和产状。赛黄晶在结晶习性和物理性质方面与黄玉相似。

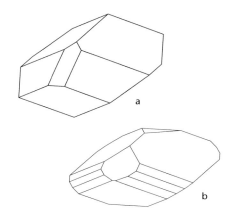

图 404 榍石：(a) {001}、{011}、{$\bar{1}$01} 和 {$\bar{1}$23}；(b) {001}、{110}、{011}、{$\bar{1}$01}、{$\bar{1}$02}、{121} 和 {$\bar{1}$23}。

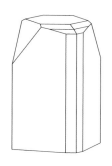

图 403 图 402 中的黄玉：{001}、{110}、{120}、{021}、{113} 和 {114}。

榍石 [Titanite，CaTiO(SiO₄)]

结晶学： 单斜晶系，2/m；常为平行于 {001} 的扁平状，横断面呈楔形；常见单形有 {100}、{001}、{110} 和 {111}；见 {100} 接触双晶或贯穿双晶。集合体呈粒状或片状。

物理性质： 具 {110} 清楚解理。硬度 5～5.5，密度 3.4～3.6 g/cm³。颜色通常呈褐色，也呈黄色、绿色或灰色至黑色；弱金刚光泽；透明或半透明。

化学性质： 化学成分稍具多样性。Ca 可以被 Na 或稀土元素部分替代，Ti 可被 Al、Fe 或 Nb 等替代，Si 可被 Al 替代。F 可以少量替代 O。晶体结构由 [TiO₆] 八面体链与孤立的 [SiO₄] 四面体联结组成；这种联结导致架构中具有相对较大的空隙，可被 Ca 充填。

名称与品种： 榍石名称源于其中所含的

图 405 钠沸石中的榍石，产自格陵兰加德纳杂岩体。视场：24 mm×30 mm。

钛。"sphene"是榍石的旧称。

产状：榍石作为副矿物广泛分布于从花岗岩到霞石正长岩等火成岩中；它也存在于一些变质岩中，例如绿泥石片岩或结晶灰岩。俄罗斯科拉半岛洛沃泽罗和基比纳地块有大量榍石产出，与磷灰石和霞石共生。优质标本见于瑞士阿尔卑斯山脉圣哥达及其他地方、美国纽约州蒂莉福斯特矿和宾夕法尼亚州布里奇沃特（Bridgewater）。

用途：大量产出的榍石可作为提取 Ti 的原料。

鉴定特征：光泽相对较强，表现为扁平状的结晶习性；尽管颜色多样，但也常用于鉴定。

图 406 石英中的硬绿泥石，产自奥地利蒂罗尔州。视场：36 mm×60 mm。

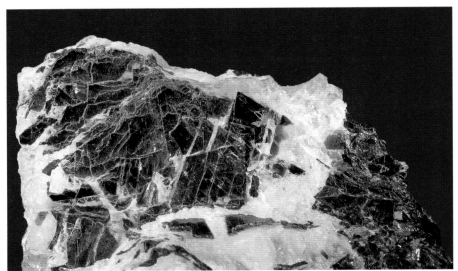

图 407 硅硼钙石，产自挪威阿伦达尔市阿斯达尔（Asdal）。视场：40 mm×60 mm。

硬绿泥石 ［Chloritoid，(Fe,Mg,Mn)Al₂SiO₅(OH)₂］

单斜晶系或三斜晶系；晶体有时呈简单的板状，双晶常见；主要呈鳞片状或叶片状集合体。具｛001｝中等解理。硬度 6.5，密度约 3.6 g/cm³。颜色通常为绿灰色至黑色；玻璃光泽，解理面呈珍珠光泽。硬绿泥石见于片岩等中低变质程度的变质岩中，与绿泥石、白云母和石榴子石共生。它与绿泥石相似，名称也与之相似，但它的硬度更高，解理片具脆性，以此可与绿泥石相区分。

硅硼钙石 ［Datolite，CaBSiO₄(OH)］

单斜晶系；晶体常呈短柱状，通常有许多晶面；呈粒状的瓷状集合体。无明显解理。硬度约 5，密度 3.0 g/cm³。无色、白色或淡绿色；玻璃光泽，有时呈珍珠光泽。硅硼钙石见于玄武质熔岩的孔洞中，常与沸石和方解石共生。鉴别它的最佳方式是通过它的产状、结晶习性或瓷状外观。硅硼钙铁矿［homilite，Ca₂(Fe,Mg)B₂Si₂O₁₀］和兴安矿［hingganite，(Yb,Y)₂Be₂Si₂O₈(OH)₂］是与其密切相关的矿物，见于霞石正长岩中。

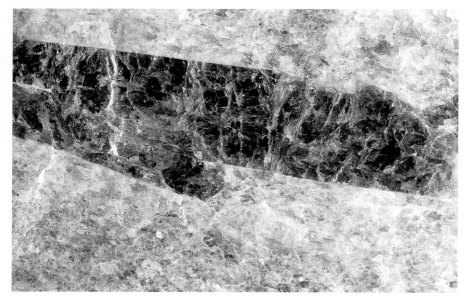

图 408　斜长岩中的柱晶石，产自格陵兰费申纳什［Qeqertarsuatsiaat，也称菲斯克奈瑟（Fiskenæsset）］。视场：50 mm×75 mm。

图 409　蓝线石，产自马达加斯加。对象：42 mm×64 mm。

硅铍钇矿 [Gadolinite，Be₂FeY₂Si₂O₁₀]

单斜晶系；晶体罕见，主要呈致密块状集合体。具贝壳状断口。硬度 6.5，密度 4～4.7 g/cm³。颜色为褐色至黑色，条痕灰绿色，油脂光泽，近于不透明。部分 Y 常被稀有元素或 Th 替代，Th 的存在使硅铍钇矿呈蜕晶态。硅铍钇矿产于花岗伟晶岩中，产地有瑞典于特比和出产大晶体的挪威伊韦兰等。硅铍钇矿因其蜕晶化外观和产状而为人所知，包括由蜕晶作用所引起的膨胀而导致相邻矿物产生裂隙。

柱晶石 [Kornerupine，Mg₄Al₆(Si,Al,B)₅O₂₁(OH)]

斜方晶系；晶体呈长柱状，集合体呈柱状或放射状。具 {110} 解理。硬度 6.5，密度 3.3 g/cm³。无色、淡黄色、棕色或绿色，透明或半透明。矿物名称以丹麦地质学家安德烈亚斯·科内鲁普（Andreas Kornerup）的名字命名。硼柱晶石（prismatine）是一种与之密切相关的矿物。柱晶石产于富镁铝变质岩中，产地有格陵兰费申纳什（菲斯克奈瑟）等，那里的柱晶石与假蓝宝石和堇青石共生。它也见于马达加斯加和斯里兰卡等地，那些地方出产的透明晶体可作为宝石。

蓝线石 [Dumortierite，(Al,Mg,Fe)₂₇B₄Si₁₂O₆₉(OH)₃]

斜方晶系；晶体呈柱状，但集合体多呈致密纤维块状。硬度 7，密度 3.3 g/cm³。颜色为深蓝至紫色，灰蓝色、棕色或浅红色；丝绢光泽；半透明。蓝线石主要分布在花岗伟晶岩

图 410　硅铜铀矿，产自刚果（金）沙巴。视场：24 mm×34 mm。

中。颜色和纤维状外观是它的特征。

硅钙铀矿 [Uranophane，Ca(UO₂)₂(SiO₃OH)₂·5H₂O]

单斜晶系；晶体呈细针状，常呈放射状球形集合体；也呈毡状集合体。具 {100} 中等解理。硬度 2.5，密度 3.9 g/cm³。颜色从黄色至橙黄色；玻璃光泽，有时呈珍珠光泽；半透明。硅钙铀矿是一种次生矿物，作为晶质铀矿的蚀变产物产于伟晶岩中。硅铅铀矿 [kasolite，Pb(UO₂)SiO₄·H₂O] 和硅铜铀矿 [cuprosklodowskite，Cu(UO₂)₂(SiO₃OH)₂·6H₂O] 是与之密切相关的矿物。前者为 Pb 替代 Ca；后者为 Cu 替代 Ca，并且晶体常呈绿色针状。这些矿物和铀矿石一样具有重要的经济价值。

图 411　绿帘石，产自秘鲁万卡韦利卡省卡斯特罗维雷纳（Castrovirreyna）。对象：55 mm×65 mm。

双岛状硅酸盐

在双岛状硅酸盐中，[SiO_4] 四面体成对联结。这类矿物中有一些既有成对的 [SiO_4] 四面体也有孤立的 [SiO_4] 四面体。因此，化学式中的硅酸盐部分比 Si_2O_7 更复杂，而 Si_2O_7 只适用于简单的情况。

钪钇石 [**Thortveitite，$(Sc,Y)_2Si_2O_7$**]

单斜晶系；晶体呈棱柱状，有时相当大。它是一种呈深绿色至黑色的稀有矿物，硬度 6.5，见于花岗伟晶岩中，产地有挪威伊韦兰和美国蒙大拿州水晶山矿（Crystal Mountain Mine）等。

黄长石 [**Melilite，(Ca,Na)$_2$(Al,Mg)(Si,Al)$_2$O$_7$**]

结晶学： 四方晶系，$\overline{4}2m$；晶体较小，通常只呈简单的 {110} 和 {001}；多呈粒状集合体。

物理性质： 具 {001} 清楚解理，{110}

不清楚解理。硬度 5.5，密度约 3.0 g/cm^3。颜色为淡黄色、浅棕色、浅灰色或无色；玻璃光泽，新鲜面稍带油脂光泽；透明至半透明。

化学性质： 镁黄长石 [åkermanite，Ca_2-$MgSi_2O_7$] 和钙铝黄长石 [gehlenite，Ca_2Al $(Si,Al)_2O_7$] 之间存在一个固溶体系列，黄长石是该系列中的常见成员。在黄长石中，一些 Ca 通常被 Na 替代，而少量 Fe 可以替代 Mg 或 Al。在黄长石的晶体结构中，成对的 [SiO_4] 四面体沿（001）面成层排列，并通过 [(Al,Mg)-O_4] 四面体联结；较大的阳离子 Ca^{2+} 和 Na^+ 充填在这些层之间，这就解释了它的解理。

产状： 黄长石是一种造岩矿物，见于贫硅而富钙的火成岩中，在这一类岩石中它替代了长石。它产于格陵兰加德纳杂岩体和美国科罗拉多州艾恩希尔（Iron Hill）等地。黄长石也存在于接触变质灰岩中。

图 412 黄长石，产自格陵兰加德纳杂岩体。对象：83 mm×98 mm。

用途： 天然黄长石一般不具开采价值。不过，人工合成的黄长石相材料是水泥和炉渣中的重要成分。

鉴定特征： 呈粒状集合体的黄长石很难被识别。旧的风化表面通常覆盖黄褐色结壳，这为鉴定黄长石提供了一个很好的线索。

白铍石 [Leucophanite，$NaCaBeSi_2O_6F$] 和蜜黄长石 [Meliphanite，$Na(Na,Ca)$-$BeSi_2O_6F$]

白铍石和蜜黄长石都是与黄长石相关、含 Be 的矿物，它们通常呈黄色或黄绿色板状晶体，产自加拿大魁北克省圣伊莱尔山的霞石正长伟晶岩中。

图 413 羟硅铍石，产自哈萨克斯坦卡拉奥巴（Kara-Oba）。视场：50 mm×73 mm。

羟硅铍石 [Bertrandite，$Be_4Si_2O_7(OH)_2$]

斜方晶系；晶体呈细小的板状，具有显著的半面象对称。具 {001} 完全解理，{110} 和 {101} 中等解理。硬度 6.5，密度 2.6 g/cm³。无色或淡黄色；玻璃光泽，解理面呈珍珠光泽；透明至半透明。羟硅铍石通常作为绿柱石的水热蚀变产物赋存于花岗伟晶岩中。羟硅铍石不易被识别，但常与绿柱石共生是其特征。偶见独特的心形羟硅铍石双晶。

异极矿 [Hemimorphite，$Zn_4Si_2O_7(OH)_2·H_2O$]

结晶学： 斜方晶系，$mm2$；晶体常见，通常呈平行于 {010} 的板状，并且晶体终端在 c 轴方向呈异极象。见 {001} 双晶；晶体通常呈扇形群，近似与 {010} 平行；集合体呈钟乳状、葡萄状或皮壳状。

物理性质： 具 {110} 完全解理。硬度 5，密度 3.4 g/cm³。颜色为白色，也呈浅蓝色、浅绿色、浅黄色或浅棕色；玻璃光泽；透明至半透明。具强热电性和压电性。

化学性质： 在异极矿的晶体结构中，成对的 [SiO_4] 四面体与其他带 Zn 的四面体相连。所有 [SiO_4] 四面体的基线都平行于 {001}，它们的顶端指向同一个方向。这种极性结构决定了它的异极象结晶习性和电性质。

名称与品种： "calamine" 是异极矿的旧称。

产状： 异极矿见于锌矿床的氧化带中，常与菱锌矿和闪锌矿等锌矿物共生。精美的异极矿晶体见于墨西哥奇瓦瓦州圣欧拉利娅和其他地方。

用途： 异极矿是劣质锌矿石。

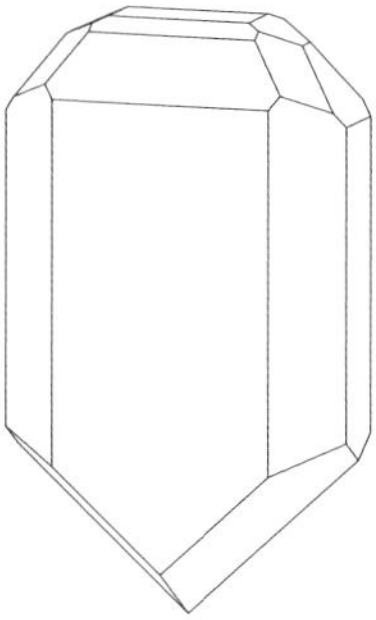

图 414　异极矿：|100|、|010|、|001|、|110|、|011|、|101|、|301|、|031|、|121| 和 |12$\overline{1}$|。

斧石 [Axinite, $Ca_2(Mn,Fe,Mg)Al_2BSi_4O_{15}(OH)$]

结晶学：三斜晶系，$\overline{1}$；晶体常见，通常呈斧头形；集合体呈块状或粒状。

物理性质：一组中等解理。硬度 6.5～7，密度 3.3 g/cm³。颜色通常为棕色至紫色，也呈浅黄色、浅绿色或浅灰色；玻璃光泽；透明或半透明。

鉴定特征：异极习性（矿物命名依据）、扇形晶体群和电性质。

图 416　斧石：|100|、|110|、|1$\overline{1}$0|、|$\overline{2}$01|、|401| 和 |53$\overline{1}$|。

图 415　异极矿，产自墨西哥杜兰戈州马皮米。对象：54 mm×75 mm。

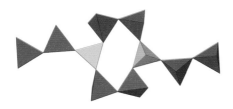

图 417 斧石的晶体结构，孤立的〔BO₄〕四面体（黄色）与成对的〔SiO₄〕四面体（红色）相联结，一起形成小簇。

化学性质：Ca、Mn、Mg 和 Fe 含量多变，而斧石族实际上是一小类矿物，包括铁斧石（ferroaxinite）和锰斧石（manganaxinite）。在斧石中，成对的〔SiO₄〕四面体被孤立的〔BO₄〕四面体联结起来并形成小簇。这些小簇排列成层状，与带 Ca 或其他阳离子的八面体层交替排列。

产状：斧石出现在花岗岩的岩脉或孔洞中，尤其见于与围岩（通常为石灰岩）的接触带中。已知优质晶体产于法国瓦桑堡和美国加利福尼亚州科斯戈尔德（Coarsegold）等地。

鉴定特征：结晶习性和颜色。

硬柱石〔Lawsonite，CaAl₂Si₂O₇(OH)₂·H₂O〕

斜方晶系；晶体呈柱状或板状，集合体主要呈粒状。具〔001〕和〔100〕完全解理，〔110〕不清楚解理。硬度 6，密度 3.1 g/cm³。颜色为白色、淡蓝色或灰蓝色，玻璃光泽。硬柱石的化学组成与钙长石的几乎相同，但晶体结构更紧密，使其具有更高的密度。它是蓝闪石片岩及类似低级变质岩中的典型矿物。可根据解理、密度，尤其是产状来鉴定。

图 418 斧石，产自俄罗斯乌拉尔山脉普伊瓦。视场：25 mm × 37 mm。

黑柱石［Ilvaite, CaFe^{3+}(Fe^{2+})$_2$O(Si$_2$O$_7$)(OH)］

单斜晶系；晶体呈长柱状，柱面通常有纵条纹；呈块状或放射状集合体。具｛010｝和｛001｝清楚解理。硬度 5.5～6，密度约 4.0 g/cm^3。颜色为黑色或棕黑色；条痕近于黑色；玻璃光泽，有时呈半金属光泽。黑柱石是产于接触变质岩中的典型矿物，例如意大利厄尔巴岛的白云岩。优质黑柱石晶体也产自俄罗斯达利涅戈尔斯克。放射状黑柱石集合体与电气石或黑色角闪石相似。

钠钙锆石［Låvenite, Na$_2$CaZr(Si$_2$O$_7$)(O,F)$_2$］

单斜晶系；晶体多呈长柱状，主要为｛110｝；常见｛100｝双晶。具｛100｝中等解理。硬度 6，密度 3.5 g/cm^3。颜色为黄色至褐色，玻璃光泽。钠钙锆石属于钠钙锆石-硅铌锆钙钠石族（låvenite-wöhlerite group），这是一类结构相关且性质相当一致的矿物。化学成分多种多样，例如 Na 可部分或全部被 Ca、Mn 或 Fe 替代，Zr 可被 Nb 或 Ti 替代。硅铌锆钙钠石通常为蜜黄色，晶体呈板状；层硅铈钛矿（mosandrite）具有与钠钙锆石相似的颜色，主要呈粒状集合体或者晶体发育不良；锆针钠钙石（rosenbuschite）的颜色更偏灰色，是一种与钠钙锆石相关的矿物，以其呈小扇形

图 419 黑柱石，产自俄罗斯达利涅戈尔斯克。对象：41 mm×50 mm。

图 420　普通角闪石中的层硅铈铁矿，产自挪威朗厄松峡湾。视场：66 mm×126 mm。

图 421　钠沸石中的闪叶石（黄色）和角闪石（黑色），产自格陵兰加德纳杂岩体。对象：58 mm×84 mm。

集合体的针状晶体而为人所知。这些矿物见于霞石正长伟晶岩中，例如挪威朗厄松峡湾和加拿大魁北克省圣伊莱尔山。

闪叶石〔Lamprophyllite, Sr₂Na₃Ti₃(Si₂O₇)₂(OH)₄〕

单斜晶系；晶体通常呈板状或尺形，偶见针状。具〔100〕完全解理。硬度 2.5，密度 3.3 g/cm³。颜色为金黄色至褐色；强玻璃光泽，有时呈半金属光泽。化学成分多样，例如 Sr 部分被 Ba 替代。闪叶石产于霞石正长岩及其相关伟晶岩中，例如俄罗斯科拉半岛的基比纳和洛沃泽罗地块。闪叶石通常以其云母状外观

和产状而容易被识别，但仍会与星叶石混淆。

水硅钛钠石〔Murmanite, Na₃(Ti,Nb)₄O₄(Si₂O₇)₂·4H₂O〕

三斜晶系；晶体主要呈平行于〔100〕的板状。具〔100〕完全解理，解理片具脆性。硬度 2.5，密度 2.8 g/cm³。颜色为紫色至青铜色，玻璃光泽至半金属光泽。水硅钠铌石（epistolite，呈白色）和磷硅钛铌钠石（vuonne-mite，呈浅黄色）是与之密切相关的矿物。这三种矿物都见于霞石正长岩中，例如格陵兰伊利马萨克杂岩体和俄罗斯科拉半岛相应的杂岩体。

图 422 异霞正长岩（一种长石正长岩）中的水硅钛钠石，产自格陵兰伊利马萨克杂岩体。视场：60 mm × 69 mm。

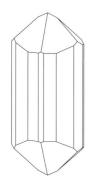

图 423　赛黄晶：
｛100｝、｛010｝、
｛110｝、｛011｝、
｛210｝、｛410｝和
｛412｝。

赛黄晶（Danburite，CaB₂Si₂O₈）

斜方晶系；晶体呈柱状，与黄玉相似。贝壳状或参差状断口。硬度 7～7.5，密度约 3 g/cm³。无色或淡黄色，油脂玻璃光泽。赛黄晶见于接触变质岩和在相对较高温度下形成的矿床中。它与黄玉相似，偶尔也被看作宝石。优质晶体见于墨西哥圣路易斯波托西州查尔卡斯（Charcas）。

图 424　沿 b 轴观察到的部分绿帘石晶体结构。成对或孤立的 ［SiO₄］ 四面体（红色）通过 ［AlO₆］ 八面体（蓝色）联结在一起，形成沿 b 轴的无限链。结构中的其余位置没有显示。

绿帘石族

绿帘石族包括绿帘石、斜黝帘石、红帘石、褐帘石和黝帘石（zoisite）。这些矿物主要存在于变质岩中，但褐帘石多见于花岗岩和花岗伟晶岩中。它们的基本结构相同，除黝帘石属于斜方晶系外，其他都属于单斜晶系。绿帘石的晶体结构中，成对的和孤立的 ［SiO₄］ 四面体兼而有之。它们由 ［AlO₆］ 八面体联结，并沿 b 轴形成无限的链。这种结构为半径较大的 Ca²⁺（被 8 个 O 原子包围）和处于八面体位置的半径较小的阳离子（被 6 个 O 原子包围）提供了空间；后者位置在绿帘石中被 Fe³⁺ 占据，在黝帘石和斜黝帘石中被 Al³⁺ 占据，在红帘石中被 Mn³⁺ 占据。

绿帘石 ［Epidote，Ca₂FeAl₂(Si₂O₇)(SiO₄)(O,OH)₂］

结晶学： 单斜晶系，2/m；晶体一般呈平行于 b 轴的细柱状，主要为 ｛100｝ 和 ｛001｝，以及其他平行于该轴的晶形。晶面常具平行于 b 轴的条纹；常见 ｛100｝ 双晶；集合体主要呈粒状，偶见纤维状。

物理性质： 具 ｛001｝ 中等解理，｛100｝ 不完全解理。硬度 6～7，密度约 3.4 g/cm³。颜色为黄绿色、深绿色、棕绿色或近于黑色；玻璃光泽；通常为半透明，很少透明。

化学性质： 绿帘石（Fe³⁺ 端员）和斜黝帘石（Al³⁺ 端员）之间存在一个完全固溶体系列。

图 425 绿帘石：|100|、|010|、|001|、|110|、|011|、|012|、|210|、|10$\bar{1}$|、|$\bar{2}$01|、|$\bar{3}$01|、|$\bar{3}$04|、|$\bar{1}$11|、|$\bar{2}$11| 和 |$\bar{2}$33|。

名称与品种："pistacite"是绿帘石的旧称，指其淡绿色的特征。

产状：绿帘石是一种丰富的矿物，尤其广泛分布于中低变质程度的区域变质岩中。在这些岩石中，它通常与富 Ca 角闪石、钠长石、石英和绿泥石共生。它也见于接触变质灰岩中，特别是与铁矿石一起产出。这种共生组合的典型矿物是石榴子石、符山石、透辉石和方解石。绿帘石也常见于花岗岩的细脉和裂隙中，与沸石一起作为后期充填矿物出现在熔岩孔洞中。精美的绿帘石晶体见于奥地利下苏尔茨巴赫谷的克纳彭旺、美国阿拉斯加州威尔士亲王岛（Prince of Wales Island），以及位于巴基斯坦的几处产地。

用途：绿帘石有时可被视为宝石。

鉴定特征：颜色、晶体习性、解理，以及常见的矿物共生组合和产状。

图 426 绿帘石，产自美国阿拉斯加州威尔士亲王岛。视场：50 mm×52 mm。

图 427 斜黝帘石，产自巴基斯坦吉尔吉特阿尔丘里（Alchuri）。对象：52 mm × 67 mm。

斜黝帘石 [Clinozoisite, $Ca_2Al_3(Si_2O_7)(SiO_4)(O,OH)_2$]

斜黝帘石属于绿帘石族，与绿帘石形成完全固溶体系列。它的性质和产状都与绿帘石的相似，但它的颜色通常较浅。黝帘石的化学式与斜黝帘石的相同，但它属于斜方晶系。它常呈浅灰色，但也可见粉红色变种锰黝帘石（thulite）和蓝色宝石变种坦桑黝帘石（tanzanite），产自坦桑尼亚。

红帘石 [Piemontite, $Ca_2MnAl_2(Si_2O_7)(SiO_4)(O,OH)_2$]

晶体结构和绿帘石的一样，但是 Mn^{3+} 替代了 Fe^{3+}。红帘石通常呈红褐色或红黑色的放射状或粒状集合体，条痕浅红色。红帘石见于富锰矿床中。

褐帘石 [Allanite, $Ca(Ce,La)(Al,Fe)_3(Si_2O_7)(SiO_4)(O,OH)_2$]

结晶学： 单斜晶系，$2/m$；结晶习性与绿帘石的相同，但常呈粒状或块状集合体；通常呈蜕晶态。

物理性质： 解理很少像绿帘石那样明显，贝壳状或参差状断口。硬度 5.5～6；密度 3.5～4.2 g/cm³，根据蜕晶作用的程度而不同。颜色为黑色或深褐色；条痕深褐色；玻璃光泽、沥青光泽，有时为油脂或半金属光泽；部分半透明。弱放射性。

化学性质：褐帘石的成分比绿帘石的更复杂。一些 Ca 被 Ce、La、Na 或 Th 替代，Fe^{3+} 部分被 Fe^{2+}、Mn^{3+} 和 Mg^{2+} 替代。Fe^{3+} 和 Fe^{2+} 的同时存在导致矿物呈黑色。Th 的放射性衰变是发生蜕晶作用的原因。

名称与品种："orthite" 是褐帘石的旧称。

产状：褐帘石常呈副矿物产于花岗质或正长质岩石中，有时在相关伟晶岩中呈较大块体或作为晶体出现，常与绿帘石共生。瑞典于特比、挪威阿伦达尔，以及美国弗吉尼亚州阿米利亚和加利福尼亚州帕科玛（Pacoima）等都是著名的产地。

鉴定特征："沥青状"外观、颜色和产状都是其特征。

绿纤石 ［ Pumpellyite，$Ca_2MgAl_2(SiO_4)(Si_2O_7)(OH)_2 \cdot H_2O$ ］

单斜晶系；主要呈叶片状或纤维状集合体，常呈玫瑰花状。具 ｛001｝清楚解理，｛100｝不完全解理。硬度 5.5，密度 $3.2\ g/cm^3$。绿色、蓝绿色、棕色，偶呈无色；玻璃光泽。绿纤石是由七种矿物组成的一类矿物。上面给出的化学式是镁绿纤石。在其他成员中，Mg 分别被 Al、Fe 或 Mn 替代。绿纤石通常出现在玄武岩和安山岩（andesite）的岩脉或孔洞中，与沸石尤其是绿帘石族矿物共生，它们具有共同的特征。

图 428 褐帘石，产自格陵兰帕缪特（Paamiut）阿维盖特（Avigait）。对象：81 mm×95 mm。

符山石［Vesuvianite，(Ca,Na)$_{19}$-(Al,Mg,Fe)$_{13}$(SiO$_4$)$_{10}$(Si$_2$O$_7$)$_4$(OH,F,O)$_{10}$］

结晶学：四方晶系，$4/m2/m2/m$；晶体常见，通常呈柱状，以｛100｝、｛101｝或｛110｝的聚形出现；晶面通常有与 c 轴平行的条纹；呈块状、粒状或放射状集合体。

物理性质：无明显解理。硬度 6.5，密度约 3.4 g/cm^3。颜色通常为绿色或棕色，偶见黄色或蓝色；玻璃光泽，稍带树脂光泽；透明至半透明。

化学性质：成分多变，例如 Ca 可部分被 Na 替代，Al、Mg 和 Fe 以不同的比例出现。符山石和石榴子石在化学式和晶体结构方面有一些相似之处。

名称与品种："idocrase" 是符山石的旧称。硼符山石（wiluite）是符山石的相关矿物，产

图 430 图 429 中的符山石：｜100｜、｜001｜、｜110｜和｜111｜。

自俄罗斯雅库特威鲁伊（Wilui）河，此前人们认为它与符山石相同。

产状：符山石是接触变质的不纯灰岩中的一种典型矿物，与方解石、富钙石榴子石、透辉石、硅灰石等共生。它产于美国佛蒙特州洛厄尔（Lowell）和缅因州桑福德（Sanford），以及意大利维苏威火山（由此地得名）。

图 429 符山石，产自俄罗斯西伯利亚地区威鲁伊。视场：39 mm×63 mm。

用途：符山石很少被视为宝石；有时呈玉石状出现，适用于雕刻。

鉴定特征：发育良好的符山石晶体很容易通过结晶习性来识别，否则可能被误认为是石榴子石。

环状硅酸盐

在环硅酸盐中，[SiO_4]四面体连接在一起形成环。化学式中硅酸盐部分的 Si/O 比为 1∶3，例如 Si_3O_9 或 Si_6O_{18}。环的对称性在晶体的对称性中得到了恰当的反映，例如绿柱石的 [Si_6O_8] 环和它的六方形轮廓。

图 431　海蓝宝石（绿柱石变种），产自巴基斯坦罕萨山谷讷格尔。对象：60 mm×72 mm。

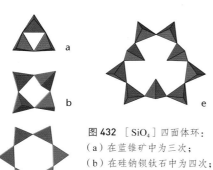

a

b

c

d

e

图 432 ［SiO₄］四面体环：
（a）在蓝锥矿中为三次；
（b）在硅钠钡钛石中为四次；
（c）在绿柱石中为六次；
（d）在电气石中为六次；
（e）在异性石中为九次。
（c）和（d）中的环是不同
的：（c）在纸平面上有一个
对称面，而（d）没有。还存
在其他类型的环。

图 433 钠沸石上的蓝锥矿，产自美国加利福
尼亚州圣贝尼托县达拉斯宝石矿（Dallas Gem
Mine）。视场：28 mm×42 mm。

蓝锥矿（Benitoite，BaTiSi₃O₉）

六方晶系；晶体多发育良好，呈三方双
锥状。无明显解理。硬度 6.5，密度 3.7 g/cm³。
颜色为浅蓝色至深蓝色，玻璃光泽，晶体通常
暗淡。蓝锥矿是一种稀有矿物，主要产自美国
加利福尼亚州圣贝尼托县，在那里产于蓝闪石
片岩岩脉中，与钠沸石和柱星叶石共生。

钠锆石（Catapleiite，Na₂ZrSi₃O₉·2H₂O）

假六方晶系；多呈板状，以 ｛001｝ 为主，
常呈玫瑰花瓣形。硬度 5～6，密度 2.8 g/cm³。
无色至蜜黄色或棕色，罕见浅蓝色或浅绿色；
玻璃光泽。钠锆石见于霞石正长伟晶岩中，产
地有挪威朗厄松峡湾、格陵兰纳尔萨尔苏克
（Narssârssuk），以及加拿大魁北克省圣伊莱尔
山等。

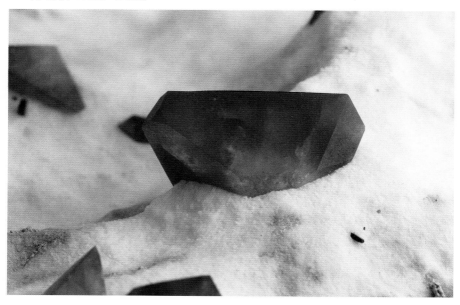

图 434 钠锆石（浅棕色）与霓石（黑色）、星叶石（深棕色）一起产出，产自挪威朗厄松峡湾莱文（Låven）。对象：123 mm×152 mm。

硅钠钡钛石［Joaquinite，$NaBa_2FeTi_2Ce_2(SiO_3)_8O_2(OH)\cdot H_2O$］

单斜晶系；晶体呈微小的立方体状。硬度约 5，密度 4.0 g/cm^3。蜜色。它与蓝锥矿共生，产于美国加利福尼亚州圣贝尼托县和格陵兰伊利马萨克杂岩体中。

绿柱石（Beryl，$Be_3Al_2Si_6O_{18}$）

结晶学： 六方晶系，$6/m2/m2/m$；晶体常见，通常呈简单柱状，常见单形有｛$10\bar{1}0$｝和｛0001｝，其次有｛$11\bar{2}0$｝、｛$10\bar{1}1$｝、｛$11\bar{2}1$｝，相对少见；柱面通常有垂直的条纹或沟槽；晶体可以很大，超过 200 吨；呈柱状集合体。

物理性质： 具｛0001｝不清楚解理，贝壳状或参差状断口。硬度 7.5～8，密度约 2.7 g/cm^3。颜色大多为淡绿色或蓝色，少见无色、黄色、深绿色、粉红色或红色；玻璃光

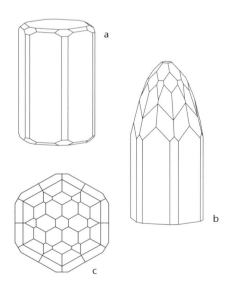

图 435 绿柱石：（a）｛$10\bar{1}0$｝、｛$11\bar{2}0$｝、｛0001｝、｛$10\bar{1}2$｝和｛$11\bar{2}2$｝；（b）｛$10\bar{1}0$｝、｛$11\bar{2}0$｝、｛0001｝、｛$31\bar{4}1$｝、｛$21\bar{2}1$｝、｛$20\bar{2}1$｝、｛$11\bar{2}1$｝和｛$10\bar{1}1$｝；（c）沿 c 轴方向观察（b）的视角。

图 436 绿柱石的晶体结构中的［SiO_4］四面体（红色）六方环。这些［Si_6O_{18}］环沿 c 轴方向（垂直于纸平面）堆积，形成无限的通道。这些环通过［BeO_4］四面体（黄色）和［AlO_6］八面体（蓝色）联结。

图 437 祖母绿（绿柱石变种），产自秘鲁。视场：50 mm×75 mm。

泽；透明至半透明，大晶体的透明程度会变化多样。

化学性质： 绿柱石的晶体结构以 $[SiO_4]$ 四面体组成六方环为特征。这些 $[Si_6O_{18}]$ 环相互叠置，形成沿晶体 c 轴延伸的无限通道。环由 $[BeO_4]$ 四面体和 $[AlO_6]$ 八面体相联结。除绿柱石所含的主要元素外，通道中还可容纳少量的 Li、Na 或其他碱金属元素，以及 H_2O 和 CO_2。少量的 Cr^{3+}、Mn^{2+} 或其他过渡元素会使绿柱石呈现不同的颜色，例如 Cr^{3+} 是使祖母绿产生特有的深绿色的原因。

名称与品种： 绿宝石是一种重要的宝石，有各种颜色的变种。海蓝宝石呈浅绿色或蓝色，祖母绿呈深绿色，铯绿柱石（morganite）或红绿柱石（rose beryl）呈粉红色至深玫瑰色，红色绿柱石为更深的红色，金色绿柱石（golden beryl）或金绿柱石（heliodor）呈金黄色。

产状： 绿柱石是一种常见矿物，主要产于花岗岩和花岗伟晶岩中。它也存在于云母片

图 438 海蓝宝石（绿柱石变种），产自巴西圣埃斯皮里图州南米莫苏（Mimoso do Sul）。对象：50 mm×85 mm。

岩中，以及沥青灰岩的岩脉和孔洞中，例如哥伦比亚穆索著名的祖母绿矿。最大的宝石级绿柱石矿床位于巴西米纳斯吉拉斯州。

用途：绿柱石是一种重要的宝石，祖母绿级别的宝石是最珍贵的宝石中的一类。绿柱石是铍的主要来源。铍是一种密度很低的金属，广泛用于各种合金中，尤其是与铜一起制造合金。铍也用于核能工业，例如用作中子反射体。

鉴定特征：结晶习性、硬度、颜色（部分程度上）、（通常的）矿物组合和产状。磷灰石有时类似于绿柱石，但硬度较低。

图 440 透视石：$\{11\bar{2}0\}$、$\{02\bar{2}1\}$ 和 $\{13\bar{4}1\}$。

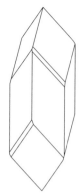

图 439 红色绿柱石，产自美国犹他州托马斯山脉。视场：19 mm×25 mm。

透视石（Dioptase，$CuSiO_3 \cdot H_2O$）

三方晶系；晶体呈柱状，终端为菱面体面。具 $\{10\bar{1}1\}$ 中等解理。硬度 5，密度 3.3 g/cm³。颜色呈翠绿色，玻璃光泽，透明至半透明。透视石见于铜矿床氧化带中，常与孔雀石共生。它有时被视为宝石。

堇青石（Cordierite，$Mg_2Al_4Si_5O_{18}$）

结晶学：斜方晶系，$2/m2/m2/m$；晶体通常短柱状，由于具 $\{110\}$ 双晶多呈假六方形；集合体主要呈不规则粒状或块状。

物理性质：具 $\{010\}$ 不清楚解理，贝壳状或参差状断口。硬度 7～7.5，密度约 2.6 g/cm³。颜色为浅蓝色至深蓝色或紫色，也呈无色或灰色，具明显多色性；玻璃光泽；透明或半透明。

化学性质：Mg 可被 Fe 或 Mn 替代。堇青石也如绿柱石一样有六方环，但堇青石的环由 4 个 $[SiO_4]$ 四面体和 2 个 $[AlO_4]$ 四面体组成。因此，对称性由六方晶系降为斜方晶系。和绿柱石一样，这些环也形成通道，H_2O、Na

图441 透视石，产自纳米比亚楚梅布。视场：15 mm×21 mm。

及其他碱金属元素可被容纳其中。

名称与品种："iolite"和"dichroite"均是堇青石的旧称。"dichroite"（亦称二向色石）指的是其颜色随结晶方向的变化。

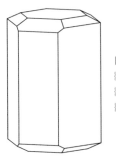

图442 堇青石：
|100|、|001|、
|110|、|101|和
|112|。

产状：堇青石是角岩（hornfels）、云母片岩和片麻岩等富含Al的接触变质岩或区域变质岩中的特征矿物。堇青石产于芬兰奥里耶尔维（Orijärvi）、挪威克拉格勒、美国康涅狄格州哈达姆，以及马达加斯加比提山（Mt. Bity，宝石级）。堇青石很容易蚀变成呈板状或致密块状的云母或类似绿泥石的矿物。

用途：产自斯里兰卡等地的透明堇青石变种可被视为宝石。

鉴定特征：呈典型蓝色且多色性明显的堇青石很容易被识别，其他则与石英相似。

电气石 [Tourmaline, $AB_3C_6(BO_3)_3Si_6O_{18}(OH)_4$]

在通式中, A 为 Na、Ca 或 K; B 为 Al、Fe、Li、Mg、Mn 或 Ti; C 为 Al、Cr、Fe 或 V。

电气石是一种含硼的硅酸盐, 通常产于花岗伟晶岩中。它实际上是一类矿物, 因为化学成分变化很大。发育良好的电气石晶体可通过晶体的习性特征和单晶体中颜色的变化来鉴别。

结晶学: 三方晶系, $3m$; 晶体常见, 通常以 $[10\bar{1}0]$ 或 $[01\bar{1}0]$ 为主, 并且具六方棱柱窄晶面; 柱面常有纵纹; 晶体具异极性, 即它们缺乏对称中心; c 轴两端的终端晶面属于不同的晶形; 异极性或极性也反映在其物理性质上; 呈块状、柱状或放射状集合体。

物理性质: 无明显解理, 贝壳状或参差状断口。硬度 7~7.5, 密度 3.0~3.2 g/cm³。颜色随化学成分而变化: 通常为黑色, 少见褐色、绿色、粉红色、蓝色、黄色或无色; 单晶体具色带现象, 沿 c 轴和垂直于 c 轴均具有颜色变化; 玻璃光泽; 透明至半透明。电气石具强热电性和压电性。

化学性质: 电气石族具有 14 种不同的端员矿物, 化学性质差异显著。其中最著名的是呈黑色的黑电气石 [schorl, $NaFe_3Al_6(BO_3)_3Si_6O_{18}(OH)_4$], 通常呈棕色的镁电气石 [dravite, $NaMg_3Al_6(BO_3)_3Si_6O_{18}(OH)_4$], 以及大部分呈绿色但可以有许多不同颜色的锂电气石

图 443 石英中的董青石, 产自挪威特韦德斯特兰 (Tvedestrand)。对象: 49 mm×71 mm。

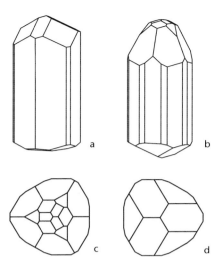

图 444　电气石：(a) $\{01\bar{1}0\}$、$\{11\bar{2}0\}$、$\{02\bar{2}1\}$、$\{01\bar{1}\bar{1}\}$、$\{10\bar{1}1\}$、$\{10\bar{1}2\}$ 和 $\{000\bar{1}\}$；(b) $\{10\bar{1}0\}$、$\{01\bar{1}0\}$、$\{11\bar{2}0\}$、$\{41\bar{5}0\}$、$\{10\bar{1}1\}$、$\{02\bar{2}1\}$、$\{01\bar{1}2\}$、$\{32\bar{5}1\}$、$\{\bar{1}01\bar{1}\}$ 和 $\{02\bar{2}1\}$；(c) 为从上方观察 (b)，(d) 为从下方观察 (b)。

图 445　电气石晶体结构中存在三角形 $[BO_3]$ 基团（黄色）和 $[SiO_4]$ 四面体六方环（红色）。六方环具极性，即它们的四面体都指向 c 轴的同一端。这些环是沿着 c 轴方向观察到的；它们并没有位于一个平面上，而是在三个不同的层面上。

图 446　黑电气石（电气石族），产自挪威斯纳鲁姆拉姆福斯（Ramfoss）。视场：66 mm×93 mm.

$[Na(Li,Al)_3Al_6(BO_3)_3Si_6O_{18}(OH)_4]$。图 445 所示的结构框架在化学上是稳定的。它由呈三角形的 $[BO_3]$ 基团和 $[SiO_4]$ 四面体六方环组成。所有四面体的顶端都指向同一个方向，即它们是极性的。

名称与品种： 除以端员矿物命名之外，许多宝石品种也与电气石有关：例如呈粉红色至红色的红锂电气石（rubellite）、具各种绿色调的绿电气石（verdelite），以及呈蓝色、较罕见的蓝电气石（indigolite）。

产状： 电气石产于花岗伟晶岩中，也经常产于受到形成电气石的气成作用影响的围岩

图 447 电气石切片，产自巴西米纳斯吉拉斯州特奥菲卢奥托尼。直径：28 mm。

中。电气石还作为副矿物出现在火成岩和许多变质岩中，例如片麻岩和结晶灰岩。黑电气石是最常见的电气石，它通常与常见的伟晶岩矿物长石、石英和白云母共生。浅色的电气石通常与绿柱石、锂云母、萤石和磷灰石共生。电气石产地众多。大多数宝石级电气石产自巴西米纳斯吉拉斯州，其他则产自纳米比亚、马达加斯加和斯里兰卡。著名产地有意大利厄尔巴岛、俄罗斯乌拉尔山脉的姆尔辛卡等地。美国加利福尼亚州帕拉（Pala）和梅萨格兰德（Mesa Grande）地区的喜马拉雅矿等矿山出产美丽的晶体。

图 448 电气石，产自美国加利福尼亚州喜马拉雅矿。对象：22 mm × 46 mm。

图 449 斯坦硅石，产自格陵兰伊利马萨克杂岩体。视场：13 mm×21 mm。

用途：电气石是最受欢迎的宝石之一。

鉴定特征：结晶习性，包括不同的晶体终端、横断面呈三角形、颜色分带特征，以及与黑色的角闪石相比缺乏解理。

其他环状硅酸盐

斯坦硅石［Steenstrupine，$Na_{14}Ce_6Mn_2Fe_2Zr(PO_4)_7Si_{12}O_{36}$-$(OH)_2 \cdot 3H_2O$］

三方晶系；晶体通常呈板状，由于含微量 Th，或多或少呈蜕晶态。无明显解理，参差状断口。硬度 4～5，密度约 3.4 g/cm³。颜色为深棕色至黑色，半金属光泽，几乎不透明。斯坦硅石是霞石正长岩和方钠石正长岩中的一些岩脉和伟晶岩的特征矿物，例如格陵兰伊利马萨克杂岩体。

整柱石［Milarite，$(K,Na)Ca_2(Be,Al)_3Si_{12}O_{30} \cdot H_2O$］

六方晶系，晶体多呈柱状。贝壳状断口。硬度 6，密度 2.5 g/cm³。无色至浅绿色或黄色。整柱石见于花岗岩及类似岩石的岩脉和孔洞中。大隅石［osumilite，$K(Fe,Mg)_2(Al,Fe)_3(Si,Al)_{12}O_{30}$］是一种相关矿物，在火山岩中呈晶簇出现。

图 450 整柱石，产自瑞士格劳宾登州（Graubünden）。视场：22 mm×29 mm。

异性石［Eudialyte，Na₁₅Ca₆Fe₃Zr₃Si-(Si₂₅O₇₃)(O,OH,H₂O)₃(Cl,OH)₂］

三方晶系；晶体呈板状或菱面体状，但多呈粒状集合体。无明显解理。硬度约 5.5，密度 2.9 g/cm³。颜色为粉色、红色至褐色，偶见淡黄色；玻璃光泽。次要组分有 Mn、稀土元素，以及其他元素。异性石是一些霞石正长岩中的造岩矿物，可在局部大量出现。已知产地有格陵兰伊利马萨克杂岩体和纳尔萨尔苏克、俄罗斯科拉半岛基比纳和洛沃泽罗地块，以及加拿大魁北克省圣伊莱尔山。

图 451 异性石，产自格陵兰伊利马萨克杂岩体康格卢阿尔苏克。视场：18 mm×30 mm。

链状硅酸盐

在链状硅酸盐中，[SiO₄]四面体形成无限的链。链可以是简单的单链，例如辉石；也可以是不那么简单的单链，例如硅灰石；还可以是双链，例如角闪石。在单链中，[SiO₄]四面体与其他[SiO₄]四面体共用两个角顶，使得Si/O比为1∶3，这与环状硅酸盐完全相同。在角闪石的双链中，一半的[SiO₄]四面体共用两个角顶，并与另一半[SiO₄]四面体交替共用3个角顶，这使得Si/O比为4∶11。通常，链状硅酸盐沿着链的方向具有柱状、放射状或纤维状习性。链的方向和宽度能反映解理特性，因此是链状硅酸盐最显著的特征之一。

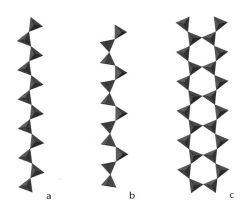

图453 [SiO₄]四面体链：（a）单链，例如辉石；（b）单链，例如硅灰石；（c）双链，例如角闪石。

辉石族

辉石广泛存在于火成岩和变质岩中。与角闪石相比，它们的形成温度更高，并且不含OH基团。辉石和角闪石在结构、化学性质和物理性质方面有许多共同的特征。可通过两组解理的夹角来区分它们，在辉石中为93°和87°，在角闪石中为124°和56°。

大多数辉石属单斜晶系，但也有一小类矿物属于斜方晶系，辉石的结构特征是[SiO₄]四面体单链，化学式中的Si/O比为1∶3。下文以透辉石为例来介绍辉石的晶体结构，通式为$XYSi_2O_6$，其中X为Ca^{2+}、Na^+、Mg^{2+}、Fe^{2+}、Mn^{2+}或Li^+，Y为Mg^{2+}、Fe^{2+}、Mn^{2+}、Fe^{3+}、Al^{3+}、Cr^{3+}或Ti^{4+}。

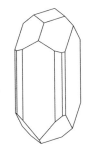

图454 透辉石：{100}、{010}、{001}、{110}、{$\overline{1}$01}、{310}、{111}和{$\overline{2}$21}。

图452 透辉石，产自巴基斯坦斯卡都（Skardu）。视场：23 mm×40 mm。

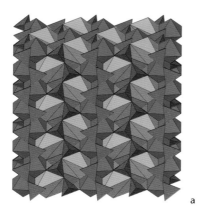

a

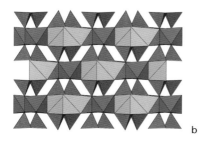

b

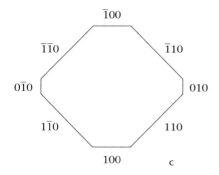

$\overline{1}00$

$\overline{1}\overline{1}0$ $\overline{1}10$

$0\overline{1}0$ 010

$1\overline{1}0$ 110

100 c

图 455 在透辉石晶体结构中，[SiO₄] 四面体（红色）为沿 *c* 轴方向的无限单链。它们与 [(Mg,Fe)O₆] 八面体（蓝色）和不规则多面体（棕黄色）中的 Ca 相联结。（a）中，*c* 轴的方向为 N—S，（b）和（c）则垂直于该方向；在所有示例中，*b* 轴的方向均为 E—W。通过比较（b）和（c）可以明显看出，辉石中典型的棱柱 {110} 解理是晶体结构中固有的。（与图 468 进行比较）

图 456 透辉石，产自美国纽约州里奇维尔。对象：15 mm×26 mm。

透辉石（Diopside，CaMgSi₂O₆）－钙铁辉石（Hedenbergite，CaFeSi₂O₆）

结晶学： 单斜晶系，2/*m*；透辉石晶体主要呈柱状，通常以 {100}、{010} 和 {110} 的聚形出现，偶见次要锥状单形；{110} 棱柱晶面夹角为 87° 和 93°，即近乎成直角；常见 {100} 双晶，常反复成双晶；{001} 双晶不常见；主要呈粒状、块状或柱状集合体。

物理性质： 具 {110} 清楚解理，即在两个方向上几乎成直角；具 {100} 或 {001} 裂理；参差状断口。硬度 6，密度约 3.3 g/cm³。透辉石颜色为白色至浅绿色，随着 Fe 含量增加颜色变深至近黑色；玻璃光泽；透明或半透明。

化学性质：透辉石和钙铁辉石形成一个完全固溶体系列，即 Mg^{2+} 和 Fe^{2+} 可以以任何比例相互替代。透辉石的晶体结构（对所有辉石来说结构基本相同）如图 455 所示。平行于 c 轴的 $[SiO_4]$ 四面体无限单链与 $[(Mg,Fe)O_6]$ 八面体和具 8 个角顶的不规则多面体中的 Ca 相联结。沿 c 轴观察的晶体结构视图显示了 $\{110\}$ 解理如何能在不破坏任何 $[SiO_4]$ 四面体链的情况下发生。

名称与品种：是一种与普通辉石密切相关的矿物（见第 302 页）。铬透辉石（chrome diopside）是一种含 Cr 的透辉石变种，呈祖母绿色，产地有芬兰欧托昆普等。锰钙辉石（johannsenite，$CaMnSi_2O_6$）与钙铁辉石形成一个完全固溶体系列。

产状：透辉石和钙铁辉石多见于中高级富钙变质岩中。透辉石也是接触变质灰岩的一种特征矿物；相应地，钙铁辉石是富铁岩石的

图 457　钙铁辉石，产自瑞典韦姆兰省努德马克（Nordmark）。视场：26 mm×37 mm。

图 458　透辉石，具 $\{001\}$ 裂理，产自芬兰欧托昆普。对象：60 mm×66 mm。

特征矿物。透辉石和钙铁辉石还都见于基性火成岩中。优质透辉石晶体产地有美国纽约州迪卡尔布（De Kalb）及其他地方，优质钙铁辉石晶体则产于瑞典努德马克等地。

用途：透辉石有时会被视为宝石。

鉴定特征：结晶习性，特别是解理。

普通辉石［Augite, (Ca,Na)(Mg,Fe,Al)(Si,Al)$_2$O$_6$］

普通辉石与透辉石－钙铁辉石系列关系密切，但不同之处在于（Mg,Fe）和 Si 部分被 Al 替代。少量的 Ca 常被 Na 替代，另外 Ti 也能

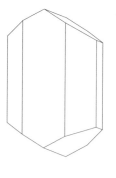

图 459 普通辉石：｜100｜、｜110｜、｜010｜和｜$\bar{1}$11｜。

图 461 普通辉石，具｜100｜双晶，产自捷克波希米亚地区。对象：15 mm×33 mm。

在一定程度上替代（Mg,Fe）。普通辉石的结晶学和物理性质与透辉石－钙铁辉石系列的相同，但普通辉石一般为深绿色至黑色。普通辉石是火成岩中最常见的辉石，也是火成岩的主要矿物之一，特别是在正长岩、辉长岩、玄武岩和辉石岩（pyroxenite）等基性和超基性岩

图 460 普通辉石，产自挪威阿伦达尔。对象：43 mm×78 mm。

中。优质晶体产地有意大利维苏威火山熔岩等地。绿辉石〔omphacite，(Ca,Na)(Mg,Fe,Al)-Si$_2$O$_6$〕是一种相关的绿色矿物，与石榴子石一起组成榴辉岩。普通辉石可通过结晶习性、柱面解理和颜色来鉴别。

易变辉石〔Pigeonite，(Mg,Fe,Ca)$_2$Si$_2$O$_6$〕

易变辉石是在高温下形成的贫钙普通辉石，主要产于玄武岩和其他快速冷却的火成岩中。易变辉石因其光学性质而有别于其他辉石。

霓石（Aegirine，NaFe^{3+}Si$_2$O$_6$）

结晶学： 单斜晶系，2/m；晶体通常呈长柱状，具较陡直的终端；也呈针状或纤维状；常见｛100｝双晶；集合体呈粒状。

物理性质： 具｛110｝清楚解理。硬度6，密度3.5 g/cm^3。颜色为暗绿色至绿黑色或棕黑色；条痕黄绿色，其他相似的钠铁闪石与之相比条痕呈蓝灰色；玻璃光泽；半透明。

化学性质： 霓石和普通辉石〔(Ca,Na)-(Mg,Fe,Al)(Si,Al)$_2$O$_6$〕之间存在一个固溶体系列。在霓石中，NaFe^{3+}常在中等程度上被CaFe^{2+}替代。霓石具有透辉石型晶体结构。

名称与品种： 锥辉石（acmite）是霓石的同义词，但也可指褐色霓石。

产状： 霓石存在于富碱火成岩中，例如霞石正长岩、碱性花岗岩（alkali granite），以

图 462 霓石：｛100｝、｛110｝、｛310｝、｛221｝和｛661｝。

图 463 放射状霓石，产自格陵兰纳尔萨尔苏克。对象：86 mm×99 mm。

及与伟晶岩相关的碱性正长岩（alkali syenite）。优质晶体产地有格陵兰纳尔萨尔苏克、俄罗斯科拉半岛洛沃泽罗和基比纳地块、马拉维松巴-马洛萨杂岩体，以及加拿大魁北克省圣伊莱尔山等。

鉴定特征： 结晶习性、颜色、矿物共生组合、条痕和解理。当与其他相似闪石类的钠铁闪石相比较时，尤其要注意最后两项。

硬玉［Jadeite，Na(Al,Fe)Si$_2$O$_6$］

结晶学： 单斜晶系，2/m；晶体罕见，一般呈粒状、块状或纤维状集合体。

物理性质： 解理类似于其他辉石，但很少能肉眼可见；细粒块体韧性极强。硬度 6.5，密度 3.3 g/cm^3。颜色为淡绿色至深绿色，偶见白色或褐色；玻璃光泽，抛光面略呈油脂光泽；半透明。

化学性质： Fe^{3+} 可在有限范围内替代 Al。硬玉具有透辉石型晶体结构。其显著的韧性归因于它的微晶聚合结构。

名称与品种： 硬玉以玉石（jade）命名，玉石是物理性质几乎相同的硬玉和闪石类软玉（nephrite）的统称。

产状： 硬玉是在高压低温条件下的变质岩中形成的，尤其产于缅甸和其他东南亚国家的矿床中。

用途： 玉石，即硬玉和软玉，是用于雕刻的高价材料，早期也被用于制作工具。

鉴定特征： 颜色和韧性；难以与软玉区分开来，软玉的密度稍低。

锂辉石（Spodumene，LiAlSi$_2$O$_6$）

结晶学： 单斜晶系，2/m；晶体常见，通常呈长柱状，平行于｛100｝的扁平状，并有平行于 c 轴的显著条纹；晶体很大，可重达数吨；常见｛100｝双晶。

图 464 霓石，产自格陵兰纳尔萨尔苏克。对象：11 mm×86 mm。

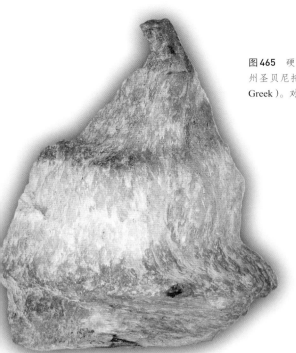

图465 硬玉，产自美国加利福尼亚州圣贝尼托县克利尔克里克（Clear Greek）。对象：37 mm×44 mm。

物理性质：具［110］完全解理，常见［100］清楚裂理。硬度 6.5～7，密度 3.2 g/cm³。颜色为白色或灰色，偶见粉红色、绿色或黄色；玻璃光泽；透明或半透明。

化学性质：锂辉石具有透辉石型晶体结构。

名称与品种：呈紫色、淡紫色或粉色的宝石级锂辉石被称为紫锂辉石（kunzite），呈绿色时被称为翠铬锂辉石（hiddenite）。

产状：锂辉石几乎只存在于富锂的花岗伟晶岩中。著名产地有美国加利福尼亚州帕拉地区的帕拉酋长（Pala Chief）矿及其他矿、

图466 锂辉石，产自巴西米纳斯吉拉斯州伊坦巴库里乌鲁普萨（Urupuca）矿。对象：55 mm×132 mm。

图 467 顽火辉石，产自挪威班布勒。对象：80 mm×128 mm。

南达科他州的埃塔矿（Etta Mine），以及巴西米纳斯吉拉斯州的乌鲁普萨矿等矿区。

用途： 锂辉石是一种受欢迎的宝石，是锂的重要来源。

鉴定特征： 结晶习性、解理、颜色和产状。

顽火辉石［Enstatite，(Mg,Fe)SiO₃］－铁辉石［Ferrosilite，(Fe,Mg)SiO₃］

结晶学： 斜方晶系，$2/m2/m2/m$；晶体罕见，多呈粒状或纤维状集合体。

物理性质： 具［210］清楚解理，即解理夹角与单斜辉石的相同。硬度 5～6；密度 3.2 g/cm³，随 Fe 含量的增加而增加。颜色为灰色、绿色或棕色，随着含铁量的增加颜色变深至黑色；玻璃光泽，解理面珍珠光泽；有些成分可呈古铜色的半金属光泽；半透明。

化学性质： 顽火辉石和铁辉石几乎形成一个完全固溶体系列。顽火辉石的晶体结构可以描述为［100］透辉石型结构的双晶，这导致 a 轴加倍。这解释了为什么同样的柱面解理，在单斜辉石中为［110］，而在斜方辉石中是［210］。

名称与品种： 古铜辉石（bronzite）和紫苏辉石（hypersthene）是这个固溶体系列区间成员的旧称。

产状： 顽火辉石和系列中的富镁矿物是玄武岩、苏长岩（norite）、橄榄岩和辉石岩等基性和超基性岩中的常见矿物。纯铁辉石在自然界中很罕见。

鉴定特征： 柱面解理和特殊光泽有时看上去有所帮助，否则这些矿物通常难以识别，尤其是富铁的成员。

角闪石族

广义的角闪石族（amphibole group）包括一系列产于火成岩和变质岩中的重要矿物。一般来说，它们的形成温度比辉石的稍低，并且需要有 OH 的存在。角闪石在许多方面与辉石类似，结构以及化学和物理性质也类似，但在化学成分上则复杂得多。角闪石和辉石的主要视觉区别是两组解理方向之间的夹角，角闪石为 124° 和 56°，辉石为 93° 和 87°。

角闪石族矿物属单斜晶系或斜方晶系。

角闪石的晶体结构以［SiO₄］四面体双链为特征，在通式中 Si/O 比为 4:11。该结构的具体细节将在透闪石下给出。角闪石通式为 $WX_2Y_5Si_8O_{22}(OH)_2$，其中 W 为 Na^+、K^+ 或没有（大部分没有）；X 为 Ca^{2+}、Na^+、Mg^{2+}、Fe^{2+}、Mn^{2+} 或 Li^+；Y 为 Mg^{2+}、Fe^{2+}、Mn^{2+}、Fe^{3+}、Al^{3+} 或 Ti^{4+}。与辉石相比，Si^{4+} 可以在更大程度上被 Al^{3+} 替代。

透闪石［Tremolite，$Ca_2(Mg,Fe)_5Si_8O_{22}(OH)_2$］－铁阳起石［Ferro-actinolite，$Ca_2(Fe,Mg)_5Si_8O_{22}(OH)_2$］

结晶学： 单斜晶系，$2/m$；晶体通常呈长柱状，形成放射状或柱状集合体；也呈纤维状或石棉状，并且呈微晶致密块状；常见｛100｝双晶。

物理性质： 具｛110｝完全解理，即两组解理夹角为 124° 和 56°；致密细粒块状者具韧性。硬度 5.5～6；密度 3.0～3.4 g/cm³，随 Fe 含量的增加而增加。颜色为白色、灰色、浅绿色至深绿色，或近于黑色，随着 Fe 含量的增加颜色变深；玻璃光泽；透明或半透明。

化学性质： 在透闪石和铁阳起石之间有一个完全固溶体系列，该系列中 Mg > Fe 的中间矿物被称为阳起石（actinolite）。图 468 为透闪石的晶体结构（所有角闪石的结构基本相同）。［SiO₄］四面体无限双链平行于 c 轴，与

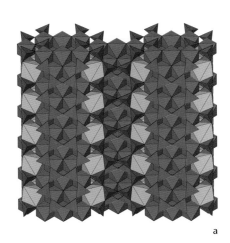

a

b

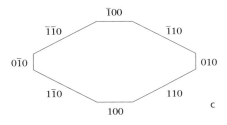

c

图 468 在透闪石晶体结构中，［SiO₄］四面体（红色）以沿 c 轴方向的无限双链存在。它们被［(Mg,Fe)O₆］八面体（蓝色）和在具 8 个角顶的不规则多面体（棕黄色）中的 Ca 联结在一起。在（a）中，c 轴的方向是纸面上的 N—S；在（b）和（c）中，c 轴垂直于它。在三种情况下，b 轴方向均为 E—W。通过比较（b）和（c）可以明显看出，棱柱｛110｝的两组典型解理是角闪石晶体结构中所固有的。（与图 455 相比较）

$[(Mg,Fe)O_6]$ 八面体和具 8 个角顶的不规则多面体中的 Ca 联结。

　　沿 c 轴观察的晶体结构视图表明，在不破坏 $[SiO_4]$ 四面体的双链的情况下，可以发生 $\{110\}$ 解理。

　　名称与品种： 软玉是一种微晶的、具韧性的变种，与硬玉一起俗称玉石。软玉与硬玉非常相似，但密度较低。

　　产状： 该系列成员是中低级变质岩中的常见矿物，特别是透闪石，它是变质白云石质灰岩中的一种特征矿物。瑞士圣哥达瓦尔特雷莫拉（Val Tremola）是无数以优质晶体而著名的产地之一。

　　用途： 石棉状透闪石作为石棉原矿石具有一定的价值。像硬玉一样，软玉也可用于雕刻，早期也被人们（例如新西兰的毛利人）用于制作斧头和其他工具。

　　鉴定特征： 柱状或纤维状集合体形态、解理，以及通常呈浅色。

图 470　透闪石，产自奥地利蒂罗尔。对象：51 mm×76 mm。

图 469　阳起石，产自奥地利蒂罗尔。对象：74 mm×170 mm。

图 471 软玉（阳起石变种），产自新西兰南岛韦斯特兰（Westland）。标本表面已抛光。对象：124 mm × 132 mm。

普通角闪石 [Hornblende，如 $Ca_2(Fe^{2+},Mg)_4(Al,Fe^{3+})(Si_7Al)O_{22}(OH,F)_2$]

普通角闪石是一类与透闪石-铁阳起石系列相关的矿物，如同普通辉石之于透辉石-钙铁辉石系列。它有两个端员矿物：铁角闪石（ferrohornblende）和镁角闪石（magnesiohornblende）。普通角闪石以化学成分差异巨大为特征，与透闪石-铁阳起石相比，主要表现为 Al、Fe^{3+} 和 Na 含量较高。颜色为深绿色至黑色。除不呈纤维状外，普通角闪石的大部分物理性质与透闪石-铁阳起石的相同。普通角闪石是重要的造岩矿物，尤其是角闪片岩和斜长角闪岩等中级变质岩的主要矿物。它也见于玄武岩、花岗岩、正长岩，以及相关伟晶岩等火成岩中。

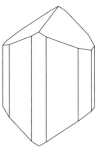

图 472 普通角闪石：|100|、|010|、|110|、|120| 和 |021|。

图 473 普通角闪石：|100| 双晶，以及单形 |010|、|110| 和 |011|。

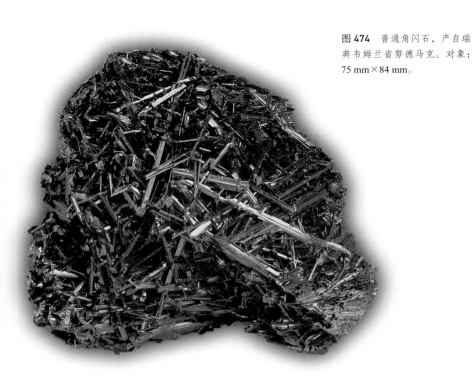

图 474 普通角闪石，产自瑞典韦姆兰省努德马克。对象：75 mm×84 mm。

浅闪石（edenite）、韭闪石（pargasite）、绿钙闪石（hastingsite）、镁钙闪石（tschermakite）和钛闪石（kaersutite）都是角闪石族中与普通角闪石密切相关的矿物。

可根据结晶习性、柱面解理和颜色近于黑色来辨别普通角闪石。

蓝闪石［Glaucophane，$Na_2(Mg,Fe)_3Al_2Si_8O_{22}(OH)_2$］

结晶学：单斜晶系，$2/m$；晶体呈长柱状或针状，常呈放射状或粒状集合体。

图 475 韭闪石，产自芬兰帕尔加斯埃尔斯比（Ersby）。视场：36 mm×50 mm。

图 476 钛闪石，产自格陵兰夸苏特（Qaarsut）。对象：131 mm×166 mm。

物理性质： 具〔110〕清楚解理。硬度约 6；密度约 $3.0\sim3.2$ g/cm³，随 Fe 含量的增加而增加。颜色为蓝灰色、蓝色至近于黑色，玻璃光泽，半透明。

化学性质： Fe^{3+} 可少量替代 Al。蓝闪石是蓝闪石-铁蓝闪石系列的端员矿物。

产状： 蓝闪石产于变质岩中，尤其产于低温高压变质岩中。它是蓝闪石片岩的主要成分。

鉴定特征： 颜色和产状。

图 477 蓝闪石，产自意大利都灵苏萨山谷（Val di Susa）。对象：61 mm×149 mm。

图 478　纤铁钠闪石（钠闪石变种），产自南非东格里夸兰地区。视场：40 mm×60 mm。

钠闪石［Riebeckite，$Na_2(Fe^{2+},Mg)_3(Fe^{3+})_2Si_8O_{22}(OH,F)_2$］

结晶学：单斜晶系，$2/m$；多呈放射状、毡状或石棉状集合体。

物理性质：具｛110｝完全解理。硬度6，密度3.4 g/cm^3。颜色为蓝色或蓝黑色；玻璃光泽，呈纤维状时具丝绢光泽；半透明。

化学性质：Mg^{2+}相比于Fe^{2+}更占据主导地位。钠闪石是钠闪石－镁钠闪石系列的端员矿物。

名称与品种：纤铁钠闪石（crocidolite）或"青石棉"（blue asbestos）是一种石棉状的钠闪石变种。虎眼石（tiger's eye）是一种宝

石，石英替代了纤铁钠闪石且保留了纤维状结构，使得石头闪现一种带有仿丝质光纹的褐色，具猫眼效应（像猫眼一样的光泽）。

产状：钠闪石主要赋存在碱性花岗岩、正长岩和霞石正长岩，以及相关的伟晶岩中。最大的钠闪石矿床位于南非开普省，那里出产重要的石棉矿石。

鉴定特征：颜色和产状。

钠铁闪石［Arfvedsonite，$Na_3(Fe^{2+},Mg)_4Fe^{3+}Si_8O_{22}(OH)_2$］

结晶学：单斜晶系，$2/m$；晶体呈长柱状，常呈平行于｛100｝的扁平状，主要呈柱状或粒状集合体；见｛100｝双晶。

物理性质：具｛110｝完全解理。硬度5.5～6，密度3.4 g/cm^3。颜色为蓝黑色至黑

图 479　钠铁闪石，产自格陵兰伊利马萨克杂岩体康格卢阿尔苏克。对象：97 mm×147 mm。

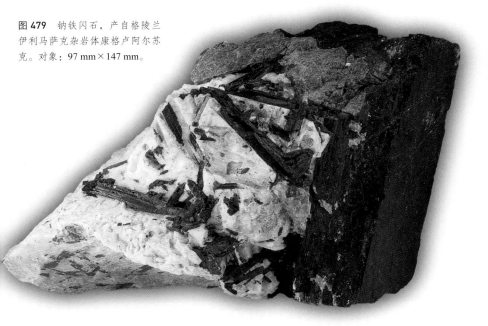

图 480 钠透闪石，产自瑞典韦姆兰省隆班。视场：32 mm × 45 mm。

色；条痕蓝灰色，这与在其他各方面都很相似的霓石不同，霓石条痕为黄绿色；玻璃光泽；半透明。

化学性质：Al^{3+} 可部分替代 Fe^{3+}，而 Mg^{2+} 有时比 Fe^{2+} 更占优势。钠铁闪石与镁钠铁闪石（magnesio-arfvedsonite）形成系列。

名称与品种：红钠闪石（katophorite）和镁铝钠闪石（eckermannite）是与钠铁闪石产状相似的相关角闪石族矿物；与之相反，钠透闪石（richterite）也与钠铁闪石有关，但产于接触变质灰岩或富锰矿床中，产地有瑞典隆班等。

产状：钠铁闪石作为造岩矿物产于碱性杂岩体中，在伟晶岩中以较大的晶体出现。著名产地有格陵兰伊利马萨克、挪威朗厄松峡湾和加拿大魁北克省圣伊莱尔山等地。

鉴定特征：结晶习性、解理、颜色、条痕和产状。

镁铁闪石 [Cummingtonite，(Mg,Fe,Mn)$_7$Si$_8$O$_{22}$(OH)$_2$]

结晶学：单斜晶系，$2/m$；晶体不常见，常呈针状或纤维状集合体，也呈放射状。

物理性质：具 {110} 完全解理。硬度 6；密度 $3.2 \sim 3.6 \ g/cm^3$，随 Fe 和 Mn 含量的增加而增加。颜色为由浅至深的褐色，有时为绿色或蓝色；玻璃光泽，呈纤维状时具丝绢光泽；半透明。

化学性质：镁铁闪石与铁闪石 [grunerite，(Fe,Mg)$_7$Si$_8$O$_{22}$(OH)$_2$] 形成固溶体系列。

图 481 铁石棉（镁铁闪石变种），产自南非北部省彭盖（Penge）。对象：90 mm × 108 mm。

名称与品种：铁石棉（amosite）是石棉状角闪石品种的商品名，主要为镁铁闪石-铁闪石系列矿物。

产状：镁铁闪石见于角闪岩（amphibolite）等区域变质岩中，常与其他角闪石共生。

鉴定特征：颜色和放射状集合体形态，难以与直闪石相区分。

直闪石 [Anthophyllite，(Mg,Fe)$_7$Si$_8$O$_{22}$(OH)$_2$]

结晶学：斜方晶系，$2/m2/m2/m$；晶体不常见，常呈叶片状或纤维状集合体。

物理性质：具 {210} 完全解理，即两个解理方向夹角与单斜角闪石的大致相同。硬度 6；密度 $2.8 \sim 3.3 \ g/cm^3$，随 Fe 含量的增加而增加。颜色为棕色、浅黄色或灰白色，偶为浅绿色；玻璃光泽至丝绢光泽；透明至半透明。

图 482　直闪石，产自挪威孔斯贝格。对象：81 mm×114 mm。

化学性质：直闪石与铝直闪石〔gedrite，一种含 Al 的斜方角闪石，$(Mg,Fe)_5Al_2(Si_6Al_2)$-$O_{22}(OH)_2$〕形成固溶体系列。

名称与品种：铝直闪石见于挪威斯纳鲁姆和格陵兰的费申纳什（菲斯克奈瑟）。锂闪石（holmquistite）是一种含 Li 的角闪石，最早见于瑞典于特（Utö）。

产状：直闪石产于中级变质的富镁变质岩中，通常与滑石或堇青石共生。产地有挪威孔斯贝格以及美国宾夕法尼亚州的一些地方。

用途：石棉状直闪石可用于石棉工业中。

鉴定特征：具特征性的棕色；否则很难与镁铁闪石等相区分。

图 483 锂闪石，产自瑞典南曼兰省于特。
对象：55 mm×70 mm。

其他链状硅酸盐

除了辉石和角闪石两大类链状硅酸盐外，还存在着许多结构稍复杂的硅酸盐。其中，硅灰石等相当丰富，而其他大部分矿物的重要性受限于区域。

硅灰石（Wollastonite，CaSiO₃）

结晶学： 三斜晶系，$\bar{1}$；良好晶体罕见，主要呈板状，以 ｛100｝和｛001｝为主并沿 *b* 轴延伸；见｛100｝双晶；主要呈纤维状、放射状或柱状集合体。

物理性质： 具｛100｝和｛001｝完全解理，｛$\bar{1}$01｝中等解理，裂片平行于 *b* 轴。硬度 5，密度 2.9 g/cm³。无色、白色或灰色；玻璃光泽，呈纤维状时具丝绢光泽；半透明。

化学性质： 部分 Ca 可被 Fe 或 Mn 替代。硅灰石的晶体结构由沿 *c* 轴的无限单链与不规则的 ［CaO₆］八面体联结而成。链与八面体的联结以不同方式排列，形成不同类型的硅灰石。

产状： 硅灰石是接触变质灰岩中的典型矿物，与富 Ca 的石榴子石、透辉石、透闪石和绿帘石共生。大晶体产自美国纽约州黛安娜（Diana）。

用途： 硅灰石广泛应用于陶瓷工业中。近年来用来替代传统的石棉矿物。

鉴定特征： 产状和矿物共生组合；与透闪石和针钠钙石等其他纤维状硅酸盐类似，但可以通过两组完全解理之间的夹角（约84°）鉴别。

钙蔷薇辉石（Bustamite，CaMnSi$_2$O$_6$）

三斜晶系；可见板状晶体，但大多呈致密状或纤维状。具\{100\}完全解理，\{110\}和\{1$\bar{1}$0\}不完全解理。硬度6，密度3.3 g/cm^3。颜色为浅红色或褐红色，玻璃光泽，半透明。部分Mn可以被Fe替代，少量被Zn替代。钙蔷薇辉石（亦称锰硅灰石）常与富含Mn的变质矿床一起产出，已知产地有美国新泽西州富兰克林和斯特林山等地。

针钠钙石［Pectolite，NaCa$_2$Si$_3$O$_8$(OH)］

结晶学： 三斜晶系，$\bar{1}$；单晶罕见，在集合体中主要呈沿b轴延伸的针状；集合体通常呈放射状或球状。

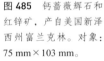

图484 硅灰石，产自芬兰塔梅拉。对象：61 mm×99 mm。

图485 钙蔷薇辉石和红锌矿，产自美国新泽西州富兰克林。对象：75 mm×103 mm。

物理性质： 具｛100｝和｛001｝完全解理。硬度 5，密度 2.9 g/cm³。无色、白色或灰色，玻璃光泽至丝绢光泽，半透明。

化学性质： 针钠钙石的成分通常接近于其理想化学式，但有时 Mn 可部分替换 Ca。从结构上看，针钠钙石与硅灰石有关。

名称与品种： 锰针钠钙石（schizolite）是一种呈浅红色至棕色、含 Mn 的针钠钙石，产自格陵兰伊利马萨克杂岩体中。桃针钠石〔sérandite，Na(Mn,Ca)₂Si₃O₈(OH)〕是一种淡粉色矿物，其中 Mn > Ca（含量）；它见于加拿大魁北克省圣伊莱尔山，在那里呈美丽的鲑鱼色晶体产出。

产状： 针钠钙石产于玄武岩的裂隙和孔洞中，常与沸石共生，产地有美国新泽西州佩特森（Paterson）和伯根山（Bergen Hill）等。

鉴定特征： 针钠钙石与磷灰石在物理性质和集合体形态方面相似，但共生组合通常不同。

图 487 桃针钠石和方沸石，产自加拿大魁北克省圣伊莱尔山。视场：34 mm×39 mm。

硅铍锡钠石［Sorensenite，$Na_4Be_2Sn(Si_3O_9)_2 \cdot 2H_2O$］

单斜晶系，晶体呈尺形。具两组解理，夹角为63°。硬度5.5，密度 2.9 g/cm³。无色、白色或粉色，玻璃光泽。硅铍锡钠石只见于格陵兰伊利马萨克杂岩体，普遍存在于那里的热液脉中，与方沸石、微斜长石、方钠石或霞石等共生。

蔷薇辉石［Rhodonite，$(Mn,Ca)_5Si_5O_{15}$］

结晶学：三斜晶系，$\overline{1}$；晶体通常呈平行于｛001｝的板状，通常具有圆形边缘；主要

图 488 硅铍锡钠石，产自格陵兰伊利马萨克杂岩体科瓦内湾（Kvanefjeld）。视场：64 mm×88 mm。

呈块状或粒状集合体。

物理性质：具｛110｝和｛1$\overline{1}$0｝完全解理，夹角近于90°。硬度约6，密度 3.5～3.7 g/cm³。颜色在粉红色和棕红色之间变化，玻璃光泽，半透明。

化学性质：蔷薇辉石从来都不是纯净的 $MnSiO_3$；Mn 总是被 Ca 部分替代，也可被微量 Fe 替代，有时还被 Mg 和 Zn 替代。蔷薇辉石的晶体结构与硅灰石有关，但单链的类型与之不同。

名称与品种：三斜锰辉石（pyroxmangite，$Mn_7Si_7O_{21}$）与蔷薇辉石的化学组成相似，但结构不同。蔷薇辉石是一种浅红色矿物，产自澳大利亚新南威尔士州布罗肯希尔，在那里以大晶体形式出现。

图 489 蔷薇辉石，产自瑞典韦姆兰省隆班。视场：56 mm×82 mm。

图 490 蔷薇辉石，产自澳大利亚新南威尔士州布罗肯希尔。对象：48 mm×51 mm。

图 491 硅铁灰石，产自挪威阿伦达尔。对象：37 mm×63 mm。

产状：蔷薇辉石见于含 Mn 的变质矿床以及受热液或交代过程影响的矿床中。大量出产于俄罗斯乌拉尔山脉叶卡捷琳堡、澳大利亚新南威尔士州布罗肯希尔，以及美国新泽西州的富兰克林和斯特林山等地。

用途：大块的蔷薇辉石偶尔会被抛光用作装饰。

鉴定特征：结晶习性、颜色、硬度和解理。

硅铁灰石［Babingtonite，Ca$_2$(Fe^{2+},Mn)Fe^{3+}Si$_5$O$_{14}$(OH)］

三斜晶系，晶体呈短柱状。具｛110｝和｛1$\bar{1}$0｝完全解理，解理夹角近于 90°。硬度约 6，密度 3.4 g/cm^3。颜色为深绿色至黑色，强玻璃光泽，半透明。硅铁灰石与蔷薇辉石有关。它见于花岗岩的裂隙和孔洞中，也产于矽卡岩矿床中。优质晶体见于美国马萨诸塞州韦斯特菲尔德附近的莱恩采石场（Lane's Quarry）。

红硅钙锰矿［Inesite，Ca$_2$Mn$_7$Si$_{10}$O$_{28}$(OH)$_2$·5H$_2$O］

三斜晶系，主要呈由针状或纤维状晶体组成的放射状集合体。具｛010｝完全解理，｛100｝清楚解理。硬度 6，密度 3.1 g/cm^3。颜色为浅红色，通常呈肉色；玻璃光泽；半透明。红硅钙锰矿在结构上与蔷薇辉石有关。它散布在含锰的矿物组合中，已知产地有美国加利福尼亚州的黑尔溪矿（Hale Creek Mine）等。

硅铍钠石（Chkalovite，Na$_2$BeSi$_2$O$_6$）

斜方晶系，良好晶体罕见。硬度 6，密度 2.7 g/cm^3。无色或微白；玻璃光泽，稍带油脂光泽。硅铍钠石可见于格陵兰伊利马萨克杂岩体中，在那里它出现在紫脆石脉中。识别它的最好方法是通过风化面上的一些沟蚀外观。

硅钠钛矿［Lorenzenite，Na$_2$Ti$_2$O$_3$(Si$_2$O$_6$)］

斜方晶系，多见棱柱状晶体。具｛100｝完全解理，｛110｝清楚解理。硬度 6，密度 3.5 g/cm^3。颜色通常呈黄褐色至深棕色，玻璃光泽，透明至近乎不透明。它存在于碱性正长岩及相关伟晶岩中。已知产地有格陵兰纳尔萨尔苏克、俄罗斯科拉半岛洛沃泽罗地块的弗洛尔山（Mt. Flora），以及加拿大魁北克省圣伊莱尔山等。

水硅钙石（Okenite，Ca$_{10}$Si$_{18}$O$_{46}$·18H$_2$O）

三斜晶系；单晶通常呈纤维状或针状出现在放射状集合体中，形态常呈球状。硬度5，密度 2.3 g/cm³。无色或白色，偶呈淡黄色或淡蓝色；珍珠光泽。水硅钙石产于玄武岩和类似岩石的晶洞中，已知产地有印度孟买、格陵兰凯凯塔苏瓦克岛和美国华盛顿州斯库卡姆查克大坝（Skookumchuck Dam）等。

硬硅钙石 [Xonotlite，Ca$_6$Si$_6$O$_{17}$(OH)$_2$]

单斜晶系；主要呈致密状、纤维状集合体，与玉髓相似。硬度约 6，密度 2.7 g/cm³。颜色为白色或灰色，玻璃光泽或珍珠光泽。硬硅钙石通常产于蛇纹岩及其接触带中的岩脉中。

双晶石 [Eudidymite，NaBeSi$_3$O$_7$(OH)]

单斜晶系，板晶石的同质多象变体；晶体常呈平行于 {010} 的板状；常见 {100} 双晶。具 {001} 完全解理，{100} 清楚解理。硬度约 6，密度 2.6 g/cm³。无色或白色，丝绢光泽。双晶石产于碱性正长岩及相关伟晶岩中，已知产地有格陵兰纳尔萨尔苏克以及挪威朗厄松峡湾等。

图 492　红硅钙锰矿（红色）和钠沸石（白色），产自南非北开普省韦瑟尔斯矿（Wessels Mine）。视场：50 mm×75 mm。

图 493 晶洞中长在方解石上的水硅钙石,产自印度浦那。视场:90 mm×135 mm。

图 494 板晶石,产自格陵兰纳尔萨尔苏克。对象:36 mm×43 mm。

板晶石〔Epididymite, NaBeSi$_3$O$_7$(OH)〕

斜方晶系，双晶石的同质多象变体；晶体呈针状、板状或棱柱状，集合体呈纤维状、粒状或瓷状；常见反复双晶。具〔001〕完全解理，〔100〕清楚解理。硬度约6，密度2.6 g/cm^3。无色或白色，丝绢光泽。板晶石产于碱性正长岩和相关伟晶岩中，已知产地有格陵兰纳尔萨尔苏克和挪威朗厄松峡湾等。

纤硅锆钠石（Elpidite, Na$_2$ZrSi$_6$O$_{15}$·3H$_2$O）

斜方晶系；晶体通常呈平行于〔001〕的长柱状，主要呈块状、纤维状或柱状集合体；常具平行于 c 轴的条纹。具〔110〕中等解理。硬度约7，密度2.6 g/cm^3。颜色为无色、白色、灰色、淡黄色、褐色、浅绿色或浅红色，多呈玻璃光泽。纤硅锆钠石见于碱性花岗岩、霞石正长岩及相关伟晶岩中，产地众多，例如格陵兰纳尔萨尔苏克。哈萨克斯坦塔尔巴哈台（Tarbagatai）出产长达30 cm的晶体。

星叶石〔Astrophyllite, (K,Na)$_3$(Fe,Mn)$_7$Ti$_2$Si$_8$(O,OH)$_{31}$〕

三斜晶系，晶体多呈似云母的板状或针状。具〔001〕完全解理，解理片具脆性。硬度3.5，密度3.4 g/cm^3。黄铜色至深褐色，半金属玻璃光泽。星叶石见于霞石正长岩及与之相关的伟晶岩中。已知产地有挪威朗厄松峡

湾、俄罗斯基比纳，以及加拿大魁北克省圣伊莱尔山等地。

三斜闪石〔Aenigmatite, Na$_2$(Fe^{2+})$_5$TiSi$_6$O$_{20}$〕

三斜晶系，晶体主要呈发育不良的长柱状。具〔100〕和〔010〕完全解理。硬度5.5，密度3.8 g/cm^3。颜色为深黑色或褐黑色；条痕红褐色；玻璃光泽，略呈油脂光泽。三斜闪石是一种造岩矿物，存在于霞石正长岩及与之相

图 495 纤硅锆钠石，产自格陵兰纳尔萨尔苏克。对象：38 mm×73 mm。

图 496 星叶石，产自格陵兰纳尔萨尔苏克。视场：31 mm×60 mm。

图 497 异性石（粉色）中的三斜闪石，产自格陵兰伊利马萨克杂岩体康格卢阿尔苏克。视场：40 mm×58 mm。

关的伟晶岩中，已知产地有格陵兰伊利马萨克杂岩体等。

假蓝宝石（Sapphirine，$Mg_7Al_{18}Si_3O_{40}$）

单斜晶系或三斜晶系；晶体呈平行于｛010｝的板状，多呈粒状集合体。具｛010｝中等解理，｛001｝和｛100｝不完全解理。硬度 7.5，密度 3.5 g/cm³。颜色通常为蓝宝石蓝色（因此得名），但带不同程度的绿色调；玻璃光泽。假蓝宝石是富 Mg 和 Al 的高级变质岩中的一种特征矿物。已知产地有格陵兰费申纳什（菲斯克奈瑟）等，在那里它与普通角闪石、黑云母、铝直闪石和柱晶石共生。

短柱石［Narsarsukite，$Na_2(Ti,Fe,Zr)Si_4(O,F)_{11}$］

四方晶系；晶体多呈平行于｛001｝的板状，罕见棱柱状。具｛100｝和｛110｝完全解

图 498 假蓝宝石，产自格陵兰的费申纳什（菲斯克奈瑟）。对象：147 mm×163 mm。

图 499 石英中的短柱石，产自格陵兰纳尔萨尔苏克。视场：44 mm×64 mm。

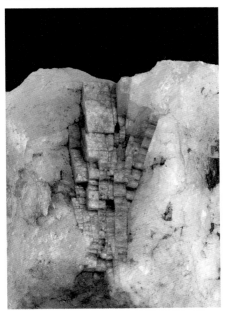

理。硬度 6.5，密度 2.8 g/cm³。颜色通常为蜜黄色，也呈深绿色；玻璃光泽。短柱石见于碱性伟晶岩中，已知产地有格陵兰纳尔萨尔苏克和加拿大魁北克省圣伊莱尔山等。

紫硅碱钙石［Charoite，$(K,Na)_5(Ca,Ba,Sr)_8(Si_6O_{15})_2(Si_6O_{16})$-$(OH,F)\cdot nH_2O$］

单斜晶系，主要呈致密纤维状集合体。具［001］中等解理。硬度约 6，密度 2.5 g/cm³。颜色从淡紫色至紫罗兰色，玻璃光泽至丝绢光泽。紫硅碱钙石见于西伯利亚穆伦地块（Murun massif）的交代蚀变碱性岩中，主要用于装饰雕刻、花瓶，以及制作凸面宝石等。

图 500 钠沸石上的柱星叶石（黑色）和蓝锥矿（蓝色），产自美国加利福尼亚州圣贝尼托县达拉斯宝石矿。视场：17 mm × 27 mm。

柱星叶石 [Neptunite, $KNa_2Li(Fe,Mg,Mn)_2Ti_2Si_8O_{24}$]

单斜晶系；晶体呈柱状，通常细长并以 {110} 为主。具 {110} 完全解理。硬度 5.5，密度 3.2 g/cm³。颜色为黑色，薄片呈血红色；玻璃光泽。柱星叶石主要见于正长岩中。已知产地有美国加利福尼亚州圣贝尼托县和格陵兰纳尔萨尔苏克等。

水硅锰钙铍石 [Chiavennite, $CaMn(BeOH)_2(Si,Al)_5O_{13}·2H_2O$]

斜方晶系；晶体主要呈扁矛头形，集合体呈球状。具 {100}、{010} 和 {001} 中等解理。硬度 3，密度 2.6 g/cm³。颜色为橙黄色，也呈淡红色；玻璃光泽。水硅锰钙铍石见于正长伟晶岩中的矿脉和孔洞中，以及以花岗伟晶岩中绿柱石的被膜形式出现。已知产地有挪威拉尔维克特维达伦（Tvedalen）和意大利基亚文纳（Chiavenna）等。

硅铍钙石 [Bavenite, $Ca_4(Al,Be)_4Si_9O_{26}(OH)_2$]

斜方晶系；晶体呈纤维状、板状或柱状，集合体呈致密细粒块状。具 {001} 完全解理，{010} 中等解理。硬度 5.2，密度 2.7 g/cm³。颜色为白色、无色，带浅绿色或红色色调；玻璃光泽至丝绢光泽。硅铍钙石常以副矿物形式产出，产于花岗伟晶岩或气成蚀变岩的晶洞中。已知产地有意大利皮埃蒙特大区巴韦诺（Baveno）和美国北卡罗来纳州富特矿（Foote Mine）等。

硅钛铌铈矿 [Tundrite, $Na_2Ce_2TiO_2SiO_4(CO_3)_2$]

三斜晶系；晶体呈细小针形，集合体呈放射状。具 {010} 中等解理。硬度约 3，密度 3.7 g/cm³。颜色为黄褐色至黄绿色，丝绢光泽。主要有两种类型：碳硅钛铈钠石（tundrite-Ce）和碳硅钛钕钠石（tundrite-Nd）。化学式也较复杂。碳硅钛铈钠石见于霞石正长伟晶岩中，已知产地有俄罗斯科拉半岛的洛沃泽罗和基比纳地块；碳硅钛钕钠石见于格陵兰伊利马萨克杂岩体中。

图 501 黑柱石（黑色）上的硅铍钙石（浅黄色）与钠长石（粉红色），产自格陵兰伊利马萨克杂岩体康格卢阿尔苏克。视场：40 mm×60 mm。

图 502 硅钛铌铈矿，产自格陵兰伊利马萨克杂岩体科瓦内湾。视场：23 mm×36 mm。

图 503 金云母，产自巴
西米纳斯吉拉斯州阿尔
德亚泽平托矿点。对象：
99 mm×119 mm。

层状硅酸盐

在层状硅酸盐中，[SiO$_4$]四面体连接成无限延伸的层。在无限层中，每个[SiO$_4$]四面体都与其他四面体共用其4个角顶中的3个角顶；第4个角顶（即1个O原子）不与其他四面体共用。所有非共用的角顶都指向同一个方向，如图504所示。在非共用角顶所形成的六边形的中心，可容纳1个OH基团。硅酸盐层的Si/O比为2：5，结合OH基团，使得化学式以Si$_2$O$_5$(OH)为结尾。层状硅酸盐的多样性由硅酸盐层的不同组合造成，它们或单独存在，或与其他类型的层结合，如图505所述。

层状硅酸盐的层状结构可体现在它们的物理性质上。它们通常以片状或板状晶体的形式产出，具有一组与层平行的明显解理；而且，由于层间的黏结能力普遍较弱，它们的硬度相对较低。

a

b

c

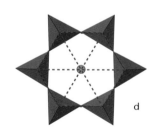

d

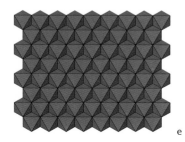

e

图504 在层状硅酸盐中，[SiO$_4$]四面体排列成无限层，每个四面体都与其他四面体共用3个角顶，第4个角顶或O原子则不共用。（a）为从一侧观察的样子；（b）为从对侧观察的样子；（c）为从层边缘观察。每一层均由近似六方形的环组成；（d）显示的是一个理想化的环，中心为一个OH基团。蓝色虚线表示通过连接O原子和中心OH基团而形成的三角形，它们大多与八面体层（e）中的八面体面相吻合，这些八面体被Mg或Al等充填。

图 505 在蛇纹石的晶体结构中，硅酸盐层（红色）与 $[MgO_2(OH)_4]$ 八面体层（蓝色）联结，这些复合层与相应的层通过弱键连接。这些层在图中显示为平面，但在矿物中，为了使硅酸盐层和八面体层之间相互达到最佳匹配，它们或多或少会发生弯曲。这些层在纤蛇纹石中像壁纸一样卷起，可解释它的纤维状性质。

图 506 纤蛇纹石，产自意大利伦巴第大区瓦尔马伦科（Val Malenco）。对象：94 mm×148 mm。

图 507 纤蛇纹石和利蛇纹石互层，产自南非普马兰加省巴伯顿（Barberton）。对象：78 mm×95 mm。

蛇纹石族

蛇纹石族包含三种密切相关的矿物：叶蛇纹石、利蛇纹石和纤蛇纹石。它们的晶体结构和化学成分基本相同，但是它们的层的曲度彼此不同，导致叶蛇纹石和利蛇纹石呈致密状或细粒状，纤蛇纹石则呈纤维状。

叶蛇纹石（Antigorite）、利蛇纹石（Lizardite）和纤蛇纹石（Chrysotile）[$Mg_3Si_2O_5(OH)_4$]

结晶学： 单斜晶系、六方晶系或斜方晶系，但不会出现粗大晶体；仅呈致密块状（叶蛇纹石和利蛇纹石）或纤维状（纤蛇纹石）。

物理性质： 解理不可见。硬度3～5，密度约2.6 g/cm³。颜色往往呈绿色，常有杂色，偶见黄色、褐色、微红色或浅灰色；油脂光泽，纤维状者具丝绢光泽；半透明。

图508 叶蛇纹石，呈橄榄石假象，产自格陵兰加德纳杂岩体。对象：71 mm×76 mm。

图509 石棉（纤蛇纹石变种），产自西班牙马德里附近的瓦列卡斯（Vallecas）。对象：103 mm×116 mm。

图 510 硅镁镍矿，产自新喀里多尼亚努美阿（Noumea）。对象：48 mm×80 mm。

化学性质：少量 Fe 和 Ni 可替代 Mg，微量 Al 可替代 Si 或 Mg。晶体结构的基础是与 $[MgO_2(OH)_4]$ 八面体层相连的硅酸盐层。该复合层与相应的层通过弱键连接。由于硅酸盐层和 $[MgO_2(OH)_4]$ 八面体的连接点不匹配，复合层可能会产生波状弯曲或卷成纤维状。

名称与品种：硅镁镍矿（garnierite）是一种含 Ni 的蛇纹石，具有特征性的绿色。

产状：蛇纹石矿物分布广泛，尤其是作为橄榄石和其他富镁硅酸盐的蚀变产物产出。

用途：大块的蛇纹石可作为建筑石材用于装饰工程。长久以来，纤蛇纹石一直是主要的石棉矿物，因为它挠性强、不易燃且耐热。大型纤蛇纹石矿床产地有加拿大魁北克省的塞特福德（Thetford）、阿斯贝斯托斯和其他地方。

鉴定特征：产状、斑驳杂色和油脂光泽。纤蛇纹石纤维通常比角闪石石棉纤维更具挠性。

黏土矿物

黏土矿物是一大类层状硅酸盐矿物的俗称。它们是重要的造岩矿物，粒度极小，吸水性强并且吸水后会膨胀，这可以使宿主岩体具有可塑性。它们以广泛的化学多样性为特征，并且能在不同程度上进行离子交换。它们一般难以结晶，通常见于混合物中。基于这些原因，除非运用特殊方法，否则很难鉴别黏土矿物。这里仅描述四种黏土矿物：高岭石、蒙脱石、伊利石和蛭石（后三种简单介绍一下）。

图 511　不纯的高岭石，产自英国康沃尔郡圣斯蒂芬斯（St. Stephens）。对象：105 mm×175 mm。

高岭石 ［Kaolinite，Al₂Si₂O₅(OH)₄］

结晶学：三斜晶系，$\overline{1}$；粗大晶体不可见，主要呈或松散或致密的黏土状。

物理性质：具〔001〕完全解理。硬度约2，密度 2.6 g/cm³。颜色为白色，也因杂质而呈淡红色或褐色；暗淡土状光泽，但较粗的结晶集合体呈珍珠光泽；半透明。有滑腻感，在水中具塑性。

化学性质：高岭石的成分通常接近于其理想化学式。其结构是叶蛇纹石晶体结构的变

图 512　高岭石，呈正长石假象，产自英国康沃尔郡圣斯蒂芬斯。对象：49 mm×64 mm。

图 513 蛭石，产自美国宾夕法尼亚州伦尼（Lenni）。对象：72 mm×105 mm。

形：在叶蛇纹石八面体层中，Mg^{2+} 占据了所有 3 个位置；但在高岭石中，其中两个位置上的 Mg^{2+} 被 Al^{3+} 替代，第三个位置则为空位。

名称与品种：珍珠石（nacrite）、地开石（dickite）和埃洛石（halloysite）是与高岭石密切相关的矿物，在不进行专门研究的情况下无法与之相区分。

产状：高岭石是一种广泛分布的矿物。它是高岭土的主要成分，也是其他黏土矿物的重要成分。它由长石等富 Al 硅酸盐经风化或热液蚀变而形成，特别是与风化的片麻岩和花岗岩有关。

用途：高岭石是一种重要的原材料，例如用作造纸填料，用于砖和瓦，以及（纯质情况下）用于制造瓷器。

鉴定特征：产状，包括石英或部分风化的长石杂质；有滑腻感，具塑性。

蒙脱石 [Montmorillonite，$(Na,Ca)_{0.3}(Al,Mg)_2Si_4O_{10}(OH)_2 \cdot nH_2O$]

膨润土（bentonite）中主要的黏土矿物，是由火山灰蚀变而形成的黏土岩。蒙脱石具有重要的经济价值。

伊利石 [Illite，$(K,H_3O)Al_2(Si_3Al)O_{10}(H_2O,OH)_2$]一种云母类矿物，主要是一种水合的、贫 K 的白云母。它是大多数黏土沉积物和页岩的主要成分。

蛭石 [Vermiculite，$(Mg,Fe,Al)_3(Al,Si)_4O_{10}(OH)_2 \cdot 4H_2O$]

具有一种特殊的能力，加热到近 300 ℃时，能快速并剧烈膨胀。它主要作为金云母和黑云母的蚀变产物产出。蛭石具有重要的经济价值。

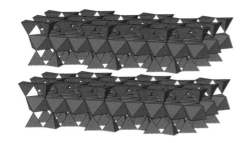

图 514 在滑石中，含 Mg 的八面体层（蓝色）夹在两层硅酸盐（红色）之间。该复合层与相应的层通过弱键联结。

滑石族

滑石 [Talc，$Mg_3Si_4O_{10}(OH)_2$]

结晶学： 三斜晶系或单斜晶系；晶体罕见，多呈片状或致密、细粒块状集合体。

物理性质： 具 {001} 完全解理，解理片具挠性，但无弹性。硬度 1，密度 2.8 g/cm³。颜色通常为淡绿色，有时为白色或灰色；油脂光泽或珍珠光泽，有滑腻感；半透明。

化学性质： Fe 可以替代 Mg，但滑石通常还是相当纯净的。滑石的晶体结构是由含 Mg 八面体层及其两侧联结的硅酸盐层组成的复合层。这些复合层间以弱键相连，这解释了滑石的解理和硬度特性。

名称与品种： 块滑石（soapstone）一般指大块的滑石或几乎完全由滑石组成的岩石。在铁滑石（minnesotaite）中，Fe 比 Mg 更占主导地位。

产状： 滑石是富 Mg 低级变质岩中的一种特征矿物，在局部几乎整个岩石都可由滑石构成。它作为次生矿物由橄榄岩、纯橄榄岩和辉石岩等超基性岩蚀变而形成。

用途： 滑石可作为油漆、橡胶和造纸填料。低导热性和导电性、不易燃性和耐酸性使滑石可用于许多其他工业应用。其中一个用途是作为润滑剂，俗称滑石粉。质软、滑腻、光泽柔和的块滑石是雕刻中常用的材料。

鉴定特征： 硬度小、有滑腻感——但叶蜡石也具有这些性质。

叶蜡石 [Pyrophyllite，$Al_2Si_4O_{10}(OH)_2$]

结晶学： 三斜晶系或单斜晶系；晶体罕见，偶见于典型的放射性集合体中，呈拉长的扁平状；集合体主要呈致密滑石状块体。

图 515 滑石，产自美国新罕布什尔州。对象：92 mm×133 mm。

图 516 叶蜡石，产自美国加利福尼亚州。视场：52 mm × 86 mm。

物理性质：具〔001〕完全解理，解理片稍具挠性，但无弹性；致密块状者具可切性。硬度 1～1.5，密度 2.8 g/cm³。颜色为白色、淡黄色或淡绿色，有时因杂质而使颜色变深；油脂光泽或珍珠光泽，有滑腻感；透明至半透明。

化学性质：叶蜡石的组成通常只略偏离其理想化学式。它具有滑石型晶体结构，其中滑石八面体层中的 3 个 Mg^{2+} 中的两个被 Al^{3+} 替代，第三个位置是空位。

名称与品种：寿山石（agalmatolite）是一种可用于雕刻的致密变种，尤其在中国。术语 agalmatolite 也可以指云母。

产状：叶蜡石不似滑石那么常见；它见于富 Al 的低级变质岩中，也见于热液石英脉中。

用途：叶蜡石和滑石用途相似，但叶蜡石不似滑石那么重要。它作为杀虫剂载体特别有用。

鉴定特征：叶蜡石与滑石有许多共同的性质，放射状集合体是鉴别它的最好方式。

云母族

云母是火成岩和变质岩中重要的造岩矿物，在许多沉积物中也分布广泛。云母的晶体结构可以用滑石或叶蜡石的复合层作为起点来描述。通过将硅酸盐层中四分之一的 Si^{4+} 替换成 Al^{3+}，就会产生电荷平衡缺陷，这可通过在复合层之间引入 K^+ 来补偿。复合层通过这种方式更紧密地联系在一起。因此，云母的硬度比滑石或叶蜡石大得多。关于云母结构的更多细节参见白云母和金云母。

大多数云母属单斜晶系，但其优势晶面之间的角度使得云母晶体通常呈明显的六方形轮廓。

通常很容易通过〔001〕完全解理来识别云母，此解理所产生的解理片非常薄，具挠性，通常也具有弹性。

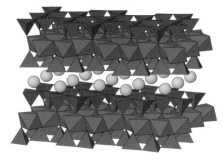

白云母〔Muscovite，KAl₂(Si₃Al)O₁₀(OH,F)₂〕

结晶学： 单斜晶系，$2/m$；晶体通常呈平行于〔001〕的板状，带有不平整的棱柱面；有时呈锥形；集合体主要呈叶片状、板状或鳞片状。

物理性质： 具〔001〕完全解理，所形成的解理片非常薄，兼具挠性和弹性。硬度 2.5，密度 2.8 g/cm³。无色，偶具浅黄色、绿色或褐色色调；玻璃光泽至珍珠光泽；透明。

图 517　白云母的晶体结构由类似于叶蜡石结构中的复合层组成，即一层八面体（蓝色）夹在两层硅酸盐（红色）之间。在八面体层中，Al 充填 2/3 的位置，剩下的 1/3 则空着。在白云母的硅酸盐层中，1/4 的 Si^{4+} 被 Al^{3+} 替代，这使得复合层之间有了可容纳 K^+（黄色）的空间，并使它们紧密地连接在一起。由于复合层面向 K^+ 的一面多少呈六方对称，两层中任一侧的 K^+ 可以 0°、±60°、±120° 或 ±180° 相对于彼此来定向，这导致了不同的多型。

化学性质： 云母中类质同象替代通常较普遍：主要是 Na、Rb 或 Cs 替代 K，Mg、Fe、Li、Cr、V 等替代 Al。晶体结构由叶蜡石型的复合层组成，复合层由两个硅酸盐层及两者之间的八面体层组成。在八面体层中，Al 进入 3 个位置中的两个，第三个位置为空位。在白云母的硅酸盐层中，1/4 的 Si^{4+} 被 Al^{3+} 替代，这使得在复合层之间引入 K^+ 成为可能，并将它们紧密地连接在一起。

名称与品种： 铬云母（fuchsite）是一种含 Cr 的绿色白云母变种。

图 518　与石英共生的白云母，产自挪威莫迪姆。对象：64 mm × 87 mm。

图 519 金云母，产自美国新泽西州富兰克林。视场：30 mm×45 mm。

产状： 白云母是一种常见的造岩矿物。它常见于花岗岩和相关伟晶岩中，可以达到相当大的规模。它在云母片岩和片麻岩等变质岩中也很常见。绢云母（sericite）是一种粒度极其细微的白云母，是长石和其他富 Al 硅酸盐的蚀变产物。正如在黏土矿物中所描述的那样，作为各种黏土沉积物主要成分的伊利石可被视为一种含水、贫 K 的白云母。

用途： 白云母的低热容量、不可燃性和良好的介电性能使它被应用于许多领域，尤其是电气工业。粉末状的白云母是一种优良的功能性填料，如用于橡胶和沥青制品中。

鉴定特征： 完全解理，解理片具有挠性

和弹性，颜色较浅。暗色白云母很难与金云母区分开。

钠云母 [Paragonite，$NaAl_2(Si_3Al)O_{10}(OH)_2$]

在钠云母的复合层之间，Na^+ 替代了白云母中的 K^+。主要呈白色，有时呈浅黄色或绿色；细粒鳞片状集合体呈珍珠光泽。它是钠云母片岩中的主要矿物。钠云母片岩也产出十字石和蓝晶石。

海绿石 [Glauconite，$(K,Na)(Fe,Al,Mg)_2(Si,Al)_4O_{10}(OH)_2$]

海绿石是一种白云母型结构的云母，但在化学成分上具有更多变化。它主要以绿色或墨绿色小颗粒的形式出现在绿砂等呈固结状态的松散海洋沉积物中。绿鳞石（celadonite）是一种与之密切相关的矿物，主要呈绿色的土状充填物出现在玄武岩中，产地有法罗群岛等。

金云母 [Phlogopite，$K(Mg,Fe)_3(Si_3Al)O_{10}(F,OH)_2$]

结晶学： 单斜晶系，$2/m$；晶体通常呈平行于 {001} 的板状，或呈假六方柱，常为圆锥状；集合体主要呈叶片状或板状。

物理性质： 具 {001} 完全解理，可以被劈成非常薄的叶片，解理片兼具挠性和弹性。硬度 2.5～3；密度 2.9 g/cm^3，随 Fe 含量增加而增加。颜色呈淡黄色至棕色，偶呈绿色或红色；玻璃光泽至珍珠光泽；薄片透明。

化学性质：金云母和铁云母［annite，$KFe_3(Si_3Al)O_{10}(OH,F)_2$］之间存在一个完全固溶体系列，其中，黑云母指代该系列中富 Fe 的部分。少量的 Na、Ca、Rb 或 Cs 可以替代 K，Fe^{2+} 则主要替代 Mg。除八面体的所有位置都被占据外，金云母的晶体结构与白云母的晶体结构相对应。与之相比，白云母中只有 2/3 的位置被占据。

产状：金云母产于橄榄岩及其他超基性岩等富 Mg 的岩石中，还产于变质白云岩中。

用途：金云母与白云母的性质几乎相同，因此用途也大致相同。

鉴定特征：金云母作为一种云母，可很容易地通过完全解理及解理片具挠性和弹性来识别。颜色和产状是区分白云母、金云母和黑云母的最佳线索。

黑云母［Biotite，$K(Mg,Fe)_3(Si_3Al)O_{10}(OH,F)_2$］

结晶学：单斜晶系，$2/m$；良好晶体不常见，通常呈平行于｛001｝的板状或短柱状；集合体主要呈不规则的板状或鳞片状。

物理性质：具｛001｝完全解理，解理片具挠性和弹性。硬度 2.5～3；密度大于 2.8 g/cm³，

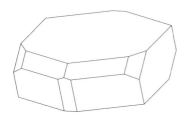

图 520 黑云母：｛010｝、｛001｝、｛10$\overline{1}$｝、｛11$\overline{1}$｝、｛112｝和｛132｝。

图 521 黑云母，产自挪威阿伦达尔。视场：59 mm×85 mm。

随 Fe 含量增加而变大。颜色为深棕色、绿色或黑色，玻璃光泽至半金属光泽，透明至半透明。

化学性质：金云母和铁云母构成完全固溶体系列。其中，黑云母实际上指代该系列中富 Fe 的部分。少量的 Na、Ca、Ba、Rb 或 Cs可以替代 K，而 Fe^{2+} 以及少量 Fe^{3+}、Al、Mn、Ti 可替代 Mg。黑云母的晶体结构和金云母的类似。

名称与品种：铁黑云母（lepidomelane）是一种深黑色的黑云母，尤其富 Fe。

产状：黑云母广泛存在于许多岩石类型中，从花岗岩等富 Si 岩石到辉长岩等更趋于基性的岩石等火成岩中都有产出。它也是云

图 522　锂云母，产自挪威泰勒马克郡。对象：83 mm×105 mm。

母片岩、片麻岩和角岩等许多变质岩的重要成分。

鉴定特征： 完全解理、解理片具挠性和弹性，以及（通常）呈深色。

锂云母 ［Lepidolite, K(Li,Al)₃(Si,Al)₄O₁₀(F,OH)₂ ］

结晶学： 单斜晶系，2/m；晶体不常见，通常呈具六边形轮廓的小板块；集合体主要呈由或多或少的细粒聚合成的鳞片状。

物理性质： 具〔001〕完全解理，解理片

具挠性和弹性。硬度约 3，密度 2.8 g/cm³。颜色呈淡紫色或粉红色，偶为无色、灰色或淡黄色；珍珠光泽；透明至半透明。

化学性质： Na、Rb 或 Cs 可以替代 K，八面体层中的 Al/Li 比值多变。锂云母具白云母型晶体结构。

名称与品种： 多硅锂云母［polylithionite，KLi₂AlSi₄O₁₀(F,OH)₂ ］和锂云母密切相关，但 Li 和 Si 的含量更高。除具有云母的一般性质外，多硅锂云母还以淡绿色为特征。在某些情况下，多硅锂云母可发育成六方的板状晶体，晶体可分成六个扇区，有时与水硅钠铌石

互生。

产状：锂云母是花岗伟晶岩中的一种特征矿物，常与电气石或锂辉石等其他含 Li 矿物共生。产地有美国缅因州奥本（Auburn）、加利福尼亚州圣迭戈县等。多硅锂云母是一些霞石正长伟晶岩中的典型矿物，产自格陵兰伊利马萨克杂岩体。

用途：锂云母作为锂的来源而被开采。

鉴定特征：产状和颜色，以及云母的共同性质。

铁锂云母 [Zinnwaldite，K(Al,Fe,Li)₃(Si,Al)₄O₁₀(OH)F]

和多硅锂云母一样，铁锂云母也与锂云母有关，但其 Fe 含量更高，而 Li 含量降低。与锂云母相比，铁锂云母更常见发育良好的晶体，最常见的是板状晶体。物理性质与锂云母的相同，但颜色多为银灰色、淡黄色、棕色或深绿色至近黑色。铁锂云母主要产自花岗岩中的气成矿脉中，通常与锡石共生。

图 523 多硅锂云母，产自格陵兰伊利马萨克杂岩体康格卢阿尔苏克。对象：83 mm×113 mm。

珍珠云母 [**Margarite，CaAl₂(Si₂Al₂)O₁₀(OH)₂**]

结晶学：单斜晶系，*m*；晶体罕见，多为板状或鳞片状集合体。

物理性质：具〔001〕完全解理，与普通云母相比其解理片易碎。硬度约4，密度3.0 g/cm³。颜色为白色、淡红色或珍珠灰色，珍珠光泽，半透明。

化学性质：珍珠云母的主要特征是复合层之间含有 Ca，这与其他大多数含有 K^+ 的云母不同。二价的 Ca^{2+} 联结层比一价的 K^+ 联结层的能力更强，这可反映在珍珠云母的硬度更高上。电荷平衡是通过用 Al^{3+} 代替两个而不是一个 Si^{4+} 来维持的。

名称与品种：珍珠云母属于脆云母（brittle mica），这类矿物包括具有脆性解理片的云母。

产状：珍珠云母是一种相对罕见的矿物，主要见于金刚砂矿床中，与刚玉和硬水铝石共生，产地有美国马萨诸塞州切斯特等。

鉴定特征：产状；与其他云母相比，解理片易碎，硬度更高。

绿脆云母 [**Clintonite，Ca(Mg,Al)₃(Al,Si)₄O₁₀(OH,F)₂**]

绿脆云母属于脆云母。正如珍珠云母可被视为含 Ca 的白云母类似物一样，绿脆云母

图 524 珍珠云母，产自美国马萨诸塞州切斯特。视场：58 mm×87 mm。

图 525 *绿脆云母，产自俄罗斯乌拉尔山脉。对象：67 mm × 73 mm。*

接近于含 Ca 的金云母类似物。绿脆云母的性质与珍珠云母的非常相似，可以呈浅红色、浅黄色或深绿色。它零星见于一些石灰岩、滑石和绿泥石片岩中。

绿泥石族

与层状硅酸盐密切相关的绿泥石族矿物分布广泛。它们主要产于低级变质岩中，是火成岩中的辉石、角闪石和云母的蚀变产物，也是许多沉积物的重要成分。尽管该族矿物的化学成分差异很大，但其物理性质基本一致。这意味着这些矿物很难相互区分。因此，这里只详细描述一种绿泥石矿物。

斜绿泥石 [Clinochlore, $(Mg,Fe)_5Al(Si_3Al)O_{10}(OH)_8$]

结晶学： 三斜晶系或单斜晶系；完好晶体罕见，多呈以 {001} 为主的假六方板状；大部分呈叶片状、细鳞片状集合体或以粒状的形式分散存在。

物理性质： 具 {001} 完全解理，解理片具挠性，但无弹性。硬度约 2.5；密度一般为 $2.7\sim2.9\ g/cm^3$，随 Fe 含量增加而增加。颜色通常为绿色（因此得名绿泥石），偶见黄色、棕色或紫色；玻璃光泽，通常暗淡；半透明。

化学性质： 斜绿泥石的晶体结构由类似于水镁石层状结构的层组成，即 [$Mg_2Al(OH)_6$] 八面体层夹在两个滑石型层之间。为了阐释这

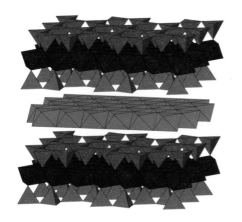

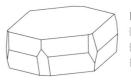

图 527　绿泥石：
｛001｝、｛110｝、
｛10$\bar{1}$｝、｛130｝、
｛041｝和｛11$\bar{1}$｝。

图 526　斜绿泥石的晶体结构由滑石层构成，即复合层由两层硅酸盐（红色）及其之间的八面体层（深蓝色）组成，复合层之间穿插着［$Mg_2Al(OH)_6$］八面体层（浅蓝色）。插入层的成分和结构与水镁石的完全相同。为了强调这种层排列方式，斜绿泥石的化学式可以写成 $(Mg,Al)_3(OH)_6 \cdot (Mg,Al)_3$-$(Si,Al)_4O_{10}(OH)_2$，间隔号之前的部分为插入层，之后的部分为滑石层。

种排列方式，上面给出的化学式可以改写为 $(Mg,Al)_3(OH)_6 \cdot (Mg,Al)_3(Si,Al)_4O_{10}(OH)_2$，以间隔号为界，间隔号前面的部分是中心类似于水镁石的层，其后是滑石层。总共有 6 个 (Mg,Al) 位置，其中 Mg/Al 比可以发生变化，Fe^{2+}、Fe^{3+} 以及其他几种不太重要的元素可以替代 (Mg,Al)。由于 Al 也可以在不同程度上替代 Si，显然，绿泥石矿物之间的化学组成可能存在较大变化。

名称与品种： 鲕绿泥石（chamosite）是一种含 Fe 的斜绿泥石类似物，鳞绿泥石（thuringite）是一种富 Fe 的绿泥石，两者都是某些具有一定经济价值的沉积型铁矿石的重要成分。铝绿泥石（sudoite）是一种 Al 含量特别高的绿泥石。锂绿泥石（cookeite）是一种罕见

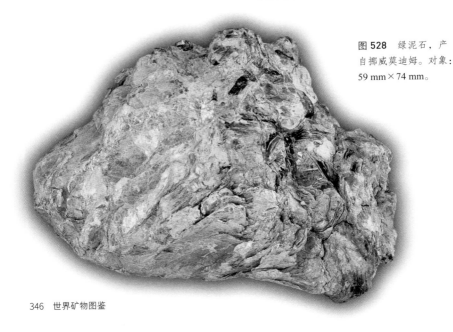

图 528　绿泥石，产自挪威莫迪姆。对象：59 mm×74 mm。

图 529 斜绿泥石，产自意大利维兹山谷（Val di Vizze）。对象：63 mm×97 mm。

图 531 锂绿泥石，产自美国阿肯色州萨林县。对象：62 mm×91 mm。

的含 Li 的绿泥石。铬斜绿泥石（kämmererite）是一种富 Cr 的斜绿泥石，具有特征性的紫色。

产状：绿泥石族矿物是低级变质岩的重要成分，是绿片岩相（greenschist facies）的标志矿物；它们在绿泥石片岩中占主导地位。它们也常作为黑云母和其他含 Fe 和 Mg 的硅酸盐的蚀变产物。许多岩石普遍呈现的绿色通常是由原生矿物分解而形成的绿泥石造成的。绿泥石在许多沉积岩中也很常见。

鉴定特征：颜色、解理和解理片无弹性。

图 530 铬斜绿泥石，产自土耳其安纳托利亚地区。视场：32 mm×48 mm。

图 532　鱼眼石，产自印度纳西克。对象：35 mm×62 mm。

鱼眼石［Apophyllite，KCa₄Si₈O₂₀(F,OH)·8H₂O］

结晶学： 四方晶系，$4/m2/m2/m$；晶体通常发育良好，主要是｛110｝和｛011｝的聚形，有时也呈｛001｝；一些晶体主要为｛110｝和｛001｝，具有假立方体习性；棱柱上通常有平行于 c 轴的条纹。

物理性质： 具｛001｝完全解理。硬度 5，密度 2.4 g/cm³。无色、白色或灰色，偶带绿或黄色色调；玻璃光泽，｛001｝呈珍珠光泽；透明至半透明。

化学性质： F 含量可以超过 OH，反之亦然，这使得原则上可以产生两种不同的矿物：氟鱼眼石（fluorapophyllite）和羟鱼眼石（hydroxyapophyllite）。鱼眼石是一种层状硅酸盐，其硅酸盐层是由［SiO₄］四面体四方环和八方环组成。

产状： 鱼眼石是一种产于玄武岩和类似岩石的裂隙和孔洞中的次生矿物，与沸石、方解石等共生。优质晶体见于冰岛，尤其见于印度浦那、纳西克及其他地区。

鉴定特征： 晶体习性、产状，以及｛001｝和其他晶面的光泽差异，有时也可通过颜色鉴别。

葡萄石［Prehnite，Ca₂Al(Si,Al)₄O₁₀(OH)₂］

结晶学： 斜方晶系，$2mm$；单晶罕见，大多呈平行于｛001｝的板状；通常呈钟乳状或葡萄状集合体，小晶体带脊状突起；有时也呈块状集合体。

物理性质： 具｛001｝清楚解理，硬度

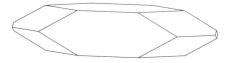

图 533　鱼眼石：｛110｝、｛011｝和｛001｝，c 轴呈近水平方向。

6～6.5，密度 2.9 g/cm³。颜色为浅绿色到深绿色，也呈白色或灰色；玻璃光泽；半透明。

化学性质： 少量 Fe^{3+} 可以替代 Al。

产状： 葡萄石是一种次生矿物，大多产于玄武岩和类似岩石的孔洞和裂隙中。它通常与沸石、方解石或针钠钙石共生。优质晶体见于加拿大魁北克省阿斯贝斯托斯杰弗里矿区。

鉴定特征： 习性、颜色和产状。

热臭石［**Pyrosmalite,**
(Fe,Mn)$_8$Si$_6$O$_{15}$(OH,Cl)$_{10}$］

三方晶系；晶体呈板状或柱状，集合体呈致密或细粒块状。具［0001］完全解理。硬度 4～4.5，密度约 3.1 g/cm³。颜色为褐绿色至橄榄绿色，油脂光泽至半金属光泽，半透明。

图 535 热臭石，产自瑞典韦姆兰省努德马克。对象：49 mm×78 mm。

图 534 葡萄石，产自纳米比亚布兰德山。视场：90 mm×135 mm。

热臭石与富 Fe、富 Mn 的矿床有关。已知产地有瑞典努德马克和澳大利亚新南威尔士州布罗肯希尔等。

透锂长石（Petalite，$LiAlSi_4O_{10}$）

单斜晶系；晶体罕见，主要呈大的长石状集合体。具〔001〕完全解理。硬度 6.5，密度 2.4 g/cm^3。无色、白色或灰色，偶见淡红色或浅绿色；玻璃光泽；半透明至透明。透锂长石见于花岗伟晶岩中，产地有瑞典的于特和瓦卢特萨斯克（Varuträsk）等。

白钙沸石〔Gyrolite，$NaCa_{16}AlSi_{24}O_{60}(OH)_8·14H_2O$〕

三斜晶系；晶体呈小的假六方板状，集合体呈小的薄片状或球状。具〔001〕完全解理，解理片具脆性。硬度 3～4，密度 2.4 g/cm^3。

无色、白色，或带绿色或褐色调的灰色；珍珠光泽；半透明至透明。铝白钙硅石（reyerite）与白钙沸石密切相关。这两种矿物都产于玄武岩孔洞中，已知产地有格陵兰亚克纳特（Niaqornat），以及出产优质晶体的印度浦那等。

黑硬绿泥石〔Stilpnomelane，$K(Fe,Al)_8(Si,Al)_{12}(O,OH)_{36}·nH_2O$〕

三斜晶系；完好晶体罕见，主要呈类似云母的板状，成束聚集。具〔001〕完全解理，解理片具脆性。硬度 3～4，密度约 2.9 g/cm^3。颜色为深绿色至黑色，有时为金褐色或红褐色；强玻璃光泽，近乎半金属光泽；大多呈半透明。化学成分多变：例如 Mn 可以替代 Fe。黑硬绿泥石产于富 Fe 的区域变质岩中，与绿泥石和绿帘石共生；也与其他富 Fe 的硅酸盐矿物一起产于变质铁矿床中。已知产地有美国纽约州安特卫普斯特林矿等。

图 536　白钙沸石，产自格陵兰卡鲁西特（Qaarusuit）。对象：37 mm×62 mm。

图 537 黑硬绿泥石，产自瑞士。视场：37 mm×72 mm。

硅孔雀石 [Chrysocolla, (Cu,Al)₂H₂Si₂O₅(OH)₄·nH₂O]

据推测可能是斜方晶系；主要呈致密的隐晶质结壳，也呈葡萄状、钟乳状、纤维状或土状集合体。无解理。硬度 2～4，密度 1.9～2.4 g/cm³。颜色呈各种色调的绿色或蓝色，也由于含杂质呈褐色或黑色；条痕蓝白色；主要呈蜡状光泽；几乎不透明。硅孔雀石见于铜矿床氧化带中，通常与孔雀石和蓝铜矿

图 538 硅孔雀石，产自美国犹他州延蒂克区（Tintic District）。对象：64 mm×113 mm。

图 539　坡缕石，产自美国阿拉斯加州勒梅热勒岛（Lemesurier Island）。对象：67 mm×133 mm。

共生。它的习性和颜色有时与孔雀石的类似，但遇盐酸不产生起泡反应。

坡缕石［Palygorskite，$(Mg,Al)_2Si_4O_{10}(OH)\cdot4H_2O$］

单斜晶系或斜方晶系；晶体呈微小鳞片状，长度小于 0.3 mm；集合体通常呈纤维状、毛毯状或土状。硬度 2～2.5，密度 2.3 g/cm³。颜色为白色、灰色、黄棕色或微绿，光泽暗淡。坡缕石见于玄武岩、花岗岩和正长岩的热液脉中。它有时与纤蛇纹石等其他"石棉"状的矿物混淆。

瑙云母［Naujakasite，$Na_6(Fe,Mn)Al_4Si_8O_{26}$］

单斜晶系；晶体呈云母状，具菱形轮廓。它具有一组完全解理。硬度 2～3，密度 2.6 g/cm³。颜色是浅绿白色或银白色，珍珠光泽。瑙云母产于格陵兰伊利马萨克杂岩体中。

水硅钒钙石［Cavansite，$Ca(VO)Si_4O_{10}\cdot4H_2O$］

斜方晶系；晶体呈蓝色至蓝绿色柱状或板状，集合体呈玫瑰花状。硬度 3～4，密度 2.3 g/cm³。它产于玄武岩和凝灰岩的孔洞中，通常与沸石共生，产地有印度浦那等。

海泡石［Sepiolite，$Mg_4Si_6O_{15}(OH)_2\cdot6H_2O$］

斜方晶系；晶体像坡缕石一样呈微小鳞片状，或呈纤维状；集合体呈多孔的结核状。矿物本身硬度 2～2.5，但是多孔的集合体硬

图 540 瑙云母，产自格陵兰伊利马萨克杂岩体。视场：38 mm×38 mm。

图 541 水硅钒钙石，产自印度浦那。视场：33 mm×58 mm。

度较低。与此类似，矿物本身的密度约为 2.1 g/cm³，这比能在水上漂浮的多孔集合体的密度大得多。海泡石结核能紧紧地吸附在岩舌上。颜色为白色、灰色或浅黄色，光泽暗淡，几乎不透明。"meerschaum"是海泡石的旧称，因为它可用于装饰性雕刻、制作烟斗等。海泡石作为蛇纹石的蚀变产物产出，位于土耳其安纳托利亚地区埃斯基谢希尔（Eskişehir）的蛇纹石角砾岩（serpentine breccia）是著名的海泡石产地。

图 542　海泡石，产自捷克摩拉维亚地区博斯科维采（Boskovice）。对象：88 mm×98 mm。

架状硅酸盐

在架状硅酸盐中，[SiO₄] 四面体的 4 个 O 原子均与其他 [SiO₄] 四面体在三维晶格中共享。每个 O 原子都连接两个 Si 原子，Si/O 比变成 1：2，例如在石英中。其他架状硅酸盐的多样性是由 Si^{4+} 被 Al^{3+} 部分替代而造成的，且这类替代程度高达 50%。由此产生的正电荷缺陷，可以通过引入 K^+、Na^+ 或 Ca^{2+} 等阳离子来使电荷平衡。这些离子占据相对开放的三维晶格的空隙，例如在钠长石（$NaAlSi_3O_8$）和钙长石（$CaAl_2Si_2O_8$）中。

架状硅酸盐，包括几种主要的造岩矿物，构成一个性质相对均一的矿物类别。由于结构开放，它们通常为无色或仅呈浅色，具玻璃光泽，并且密度相对较低；它们的硬度一般为 5～7，但一些沸石族矿物的硬度较低。

SiO₂ 族

该族矿物包括石英、鳞石英、方石英、斯石英（stishovite）和柯石英（coesite），它们的化学式都是 SiO_2。石英广泛分布在各类岩石中，而鳞石英和方石英只普遍存在于富 Si 的火山岩中。斯石英和柯石英是稀有矿物，见于陨石撞击点。该族矿物还包括非晶质、含水的矿物蛋白石。

图 543　中沸石，产自新西兰南岛北奥塔戈（North Otago）。视场：24 mm×36 mm。

石英（Quartz，SiO₂）

结晶学： 三方晶系，32；晶体常见，常呈柱状，由一个六方柱 $\{10\bar{1}0\}$ 构成，晶体终端为两个菱面体 $\{10\bar{1}1\}$ 和 $\{01\bar{1}1\}$；当均匀发育时，类似于一个六方双锥；还可以再增加一个三方双锥 $\{2\bar{1}\bar{1}1\}$；偶为一般形，三方偏方面体 $\{hkil\}$。偏方面体揭示了石英真正的对称性，显示晶体是右形还是左形：从晶体前方看去，当偏方面体面位于柱面右上方时，晶体为右形；反之，则为左形。柱面通常有横纹。双晶非常普遍，但并不总是可见；普通双晶定律道芬双晶律（Dauphiné law）以 c 轴为双晶轴，而巴西双晶律（Brazil law）以 $\{11\bar{2}0\}$ 为双晶面。石英集合体非常普遍，从细粒状到粗粒状，以及下面所描述的微晶质。

物理性质： 无解理，贝壳状断口。硬度7；密度 2.65 g/cm³，微晶质品种的密度稍低。通常呈无色或白色，但因含有不同杂质而呈各种颜色；玻璃光泽，微晶质变种略带油脂光泽；透明至半透明。具强压电性。

化学性质： 石英通常相当纯净，产生颜色的杂质含量极少。在石英的晶体结构中，

图 544　石 英：（a）左 形，$\{10\bar{1}0\}$、$\{10\bar{1}1\}$、$\{01\bar{1}1\}$、$\{2\bar{1}\bar{1}1\}$ 和 $\{6\bar{1}51\}$；（b）右 形，$\{10\bar{1}0\}$、$\{10\bar{1}1\}$、$\{01\bar{1}1\}$、$\{11\bar{2}1\}$ 和 $\{51\bar{6}1\}$。

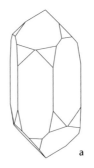

图 545　石 英：（a）巴西双晶，以 $\{11\bar{2}0\}$ 为双晶面；（b）道芬双晶，以 c 轴为双晶轴。

$[SiO_4]$ 四面体沿 c 轴螺旋形排列。螺旋呈右旋或左旋，并且横向连接，这样每个 $[SiO_4]$ 四面体都与其他四面体共用 4 个角顶。

名称与品种： 石英有许多变种。它们分为普通的显晶质品种（以颜色为基本标准）和微晶质品种（由细小纤维状或粒状的微晶组成）。显晶质品种包括以下几种：水晶，无色，完全透明；乳石英（milky quartz），常见的白色或灰色石英，产于伟晶岩中；紫水晶，由于含少量 Fe^{3+} 而显示出各种色调的紫色，是一种流行的宝石；黄水晶（citrine），一种类似于黄玉的黄色石英；烟晶，呈烟熏黄色或褐色，也与黄玉相似；蔷薇石英（rose quartz），呈玫瑰红或粉红色，良好晶体很少见；猫眼石，含石棉或其他纤维状包裹体的石英（但也用于表示其他矿物）；砂金石（aventurine），含云母或赤铁矿包裹体的石英。"aventurine"一词有时也用于表示含类似包裹体的长石。玉髓一般是微晶质品种的统称，指那些常见的呈普通灰色或褐色、具蜡状光泽、半透明的钟乳状或葡萄状的品种。其中，颜色特别的品种有光玉髓（carnelian，呈红色）和肉红玉髓（sard，颜色偏褐色）。绿玉髓（chrysoprase）呈各种

色调的绿色，深绿玉髓（plasma）呈深绿色，红斑绿石髓（heliotrope）的绿色中带红色斑点。玛瑙是呈带状的玉髓，其中不同颜色层通常以同心圆的形式交替排列。苔玛瑙（moss agate）通常呈棕色或深绿色，颜色由于树枝状杂质（通常是锰氧化物）的存在而发生变化。缟玛瑙（onyx）是条带状玛瑙，但具有平面平行层；在缠丝玛瑙（sardonyx）中，白色层与棕色层或黑色层交替出现。玛瑙和缟玛瑙中可出现蛋白石层。硅化木（silicified wood 或 petrified wood）通常由玉髓组成。粒状微晶质品种包括黑燧石（flint），这是一种见于石灰岩（尤其是白垩）中的灰色或黑色结核；燧石呈浅色；碧玉（jasper）主要呈红色、棕色或绿色，有时呈带状。虎眼石是一种石英变种，其中的石棉矿物被石英替代，同时保留了纤维状结构，形成了一种特殊的丝绢光泽。

产状： 石英在许多地质环境中广泛存在。它是片麻岩、云母片岩、石英岩（quartzite）和榴辉岩等许多变质岩、花岗岩和花岗闪长岩（granodiorite）等富 Si 火成岩及其相关伟晶岩和岩脉中的主要矿物。由于耐化学性以及硬度高，石英也是砂岩、砾岩等许多疏松沉积物或固结沉积物的主要矿物。

用途： 石英有很多用途。在建筑行业中，它可用在混凝土、水泥、灰浆中，并以砂岩的形式作为建筑石材。它也可用作生产玻璃、瓷器和类似产品的原料，用作磨料、填料等。石英具有特殊性质，可用于光学工业中；它的压电性使其可用于控制频率，例如用在手表中。天然石英通常为双晶，不适合用作这些用途，因此这类材料是合成的。最后，石英及其许多变种是受欢迎的宝石和饰品。

鉴定特征： 结晶习性、贝壳状断口和硬度。

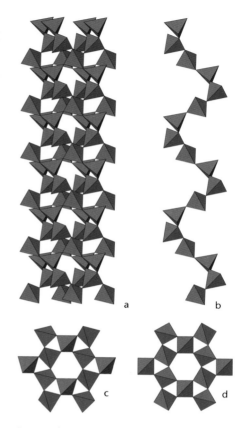

图 546 在石英晶体结构中，[SiO₄]四面体沿 c 轴方向呈螺旋状排列。螺旋轴有左右之分，并且相互联结，这样每一个[SiO₄]四面体都与其他四面体共用 4 个角顶；(a) 展示了部分结构，该部分与 c 轴垂直；(b) 为 (a) 中的一个螺旋，以展示更好的视角；(c) 为沿 c 轴方向看 (a)，证实了三方对称性；(d) 沿 c 轴方向观察高温石英的相应部分。高温石英是石英在 573 ℃ 以上稳定的同质多象变体。它属六方晶系，其螺旋与低温石英的相比略有不同，后者在 573 ℃ 以下稳定。通过轻微且没有任何化学键断裂的调整，一种同质多象变体可变成另一种同质多象变体，这种转变是可逆的，而且几乎是在瞬间发生的。

图 547 水晶（石英变种），产自巴西。视场：60 mm×85 mm。

图 548 紫水晶（石英变种），产自挪威西福尔郡霍尔默斯特兰市哈内克列夫隧道。对象：42 mm×50 mm。

图 549 水晶（石英变种），产自挪威孔斯贝格。视场：32 mm×48 mm。

图 550　烟晶（石英变种），产自法国阿朗松（Alençon）。对象：53 mm×53 mm。

图 551　蔷薇石英（石英变种），产自德国巴伐利亚州拉本施泰因（Rabenstein）。对象：74 mm×105 mm。

图 552　黄水晶（石英变种），产自奥地利蒂罗尔州施瓦岑施泰因山（Schwarzenstein）。视场：18 mm×30 mm。

图 553 玉髓（石英变种），产自法罗群岛。
对象：92 mm×122 mm。

图 555 黑燧石（黑色玉髓变种，玉髓是石英的一种变种），产自丹麦斯泰温斯崖（Stevns Klint）。
视场：50 mm×67 mm。

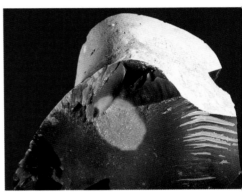

图 554 绿玉髓（玉髓变种，玉髓是石英的一种变种），产自波兰什克拉里（Szklary）。
视场：70 mm×120 mm。

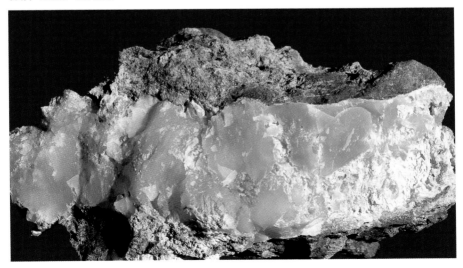

图556　碧玉（玉髓变种，玉髓是石英的一种变种），
产自俄罗斯乌拉尔山脉。对象：77 mm×156 mm。

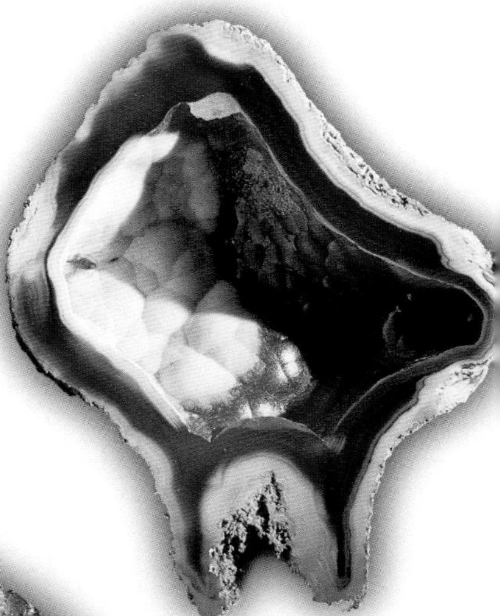

图557　光玉髓（玉髓变种，
玉髓是石英的一种变种），
产自美国佛罗里达州坦帕市
巴拉斯特角（Ballast Point）。
对象：34 mm×41 mm。

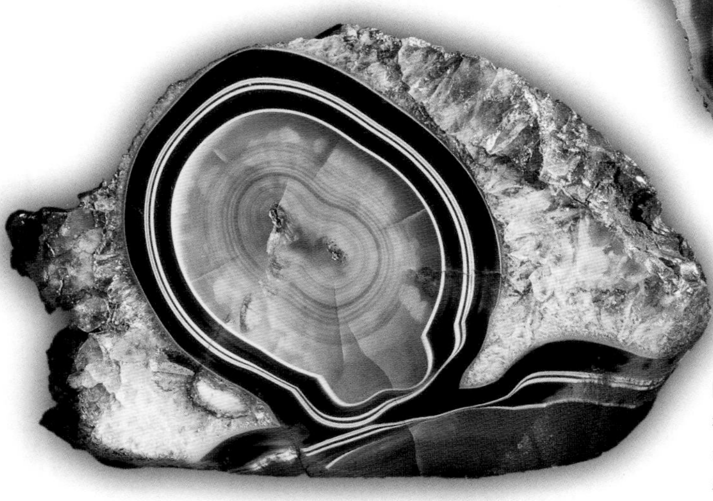

图558　玛瑙（玉髓变
种，玉髓是石英的一种
变种），产地未知。对
象：72 mm×108 mm。

图 559　黑曜岩中的方石英，产自美国加利福尼亚州因约县科索温泉（Coso Hot Springs）。对象：66 mm×115 mm。

鳞石英（Tridymite，SiO$_2$）

斜方晶系；晶体呈细小（≤1 mm）假六方板状，双晶常见。硬度 7；密度 2.3 g/cm^3，也就是说比石英的低。外观像石英。鳞石英在流纹岩和黑曜岩（obsidian）等一些富 Si 的火山岩中普遍存在，常与透长石和方石英共生。鳞石英的产状和结晶习性具特征性，但如果没有经过专门研究，还是很难鉴别。

方石英（Cristobalite，SiO$_2$）

四方晶系；晶体呈细小假八面体，这是从等轴晶系的高温方石英保存而来；晶体通常聚集成球状集合体。物理性质几乎与鳞石英的相同。方石英通常产于黑曜岩等富 Si 的火山岩中，以细粒基质的形式出现，也可以在孔洞中形成小晶簇。

蛋白石（Opal，SiO$_2$·nH$_2$O）

结晶学：非晶质；呈葡萄状、钟乳状或皮壳状集合体。

图 560　蛋白石与玉髓互层，产自法罗群岛。视场：72 mm×88 mm。

物理性质：贝壳状断口。硬度5～6；密度2.0～2.2 g/cm³，取决于其含水量。颜色为无色、白色或灰色，偶呈淡黄色、淡褐色、淡红色、淡绿色或蓝色色调。蛋白石通常带淡淡的牛奶色（乳光），贵蛋白石有变彩（彩虹色）。玻璃光泽，有时暗淡，呈蜡状光泽；半透明至透明。

化学性质：蛋白石的含水量各不相同；以重量计，通常为3%～9%，但最高可达20%左右。尽管通常认为蛋白石是非晶质的，但按某种顺序来说，蛋白石由一种球体紧密堆积而成，球体直径一般为1 500～3 000 Å。在普通蛋白石中，球体的大小变化很大；在贵蛋白石中则大小均匀，形成规则的晶格，使光在其中发生折射。在一些蛋白石中，球体本身是非晶质的，而在其他蛋白石中球体是部分结晶的，并由鳞石英和方石英的无序层组成。

名称与品种：普通蛋白石不像贵蛋白石那样具有变彩。贵蛋白石包括黑蛋白石（black opal，呈黑色）和火蛋白石（fire opal，具强烈的红色或橙色变彩）。玻璃蛋白石（hyalite）是一种完全透明的、无色的蛋白石。硅化木可由蛋白石组成，但更多是由玉髓组成的。

产状：蛋白石见于各类岩石的裂隙和溶洞中，由含水溶液在较低的温度下沉淀而成。它在温泉和间歇泉处以硅华（siliceous sinter或geyserite）的形式存在，还是硅藻岩的主要成分。硅藻岩（diatomite）是一种由硅藻壳积而成的细粒白垩状沉积物。

用途：贵蛋白石是一种稀有的宝石，大部分蛋白石宝石产自澳大利亚的砂岩矿床中。硅藻岩可用作绝缘材料、磨料和过滤材料。

鉴定特征：蛋白石的硬度和密度略低于玉髓，在其他方面与之相似。

图561 蛋白石硅化木，产自美国爱达荷州克洛弗溪（Clover Creek）。对象：147 mm×202 mm。

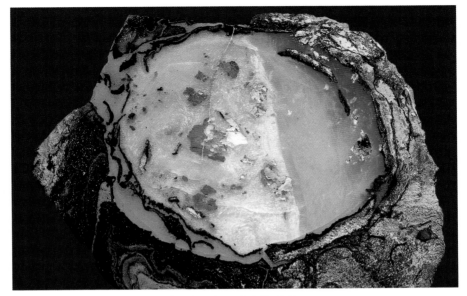

图 562　贵蛋白石（蛋白石变种），产自澳大利亚昆士兰州。视场：40 mm×60 mm。

长石族

长石是分布最广的一类矿物，仅它们就构成了一半以上的地球地壳。它们是大多数火成岩和变质岩的主要矿物，在沉积岩中也很丰富。

长石分为两个亚族：

（1）钾长石（potassium feldspar 或 K-feldspar），包括透长石、正长石和微斜长石，化学式都为 $KAlSi_3O_8$。

（2）斜长石，由钠长石（$NaAlSi_3O_8$）和钙长石（$CaAl_2Si_2O_8$）两个端员矿物形成的固溶体系列。作为存在于钾长石和钠长石之间的固溶体系列，它们经常被等同看作碱性长石（alkali feldspar）。此外，还有相当罕见的钡长石（celsian）。

所有长石基本上都有相同的晶体结构：三维结构的 $[(Si,Al)O_4]$ 四面体，其中有足够大的空间容纳 K、Na、Ca 或 Ba。在钾长石中，该结构是单对称或近乎单斜对称的，在斜长石中则是三斜对称的。结构的更多细节将在透长石和钠长石中描述。

长石的物理性质相当一致。它们都有两组完全解理，相互垂直或近乎垂直，硬度约 6，密度约 $2.6\ g/cm^3$。

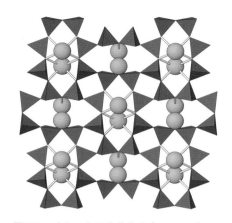

图563 透长石的晶体结构由［(Si,Al)O₄］四面体（红色）的三维框架和框架中含较大 K⁺（橙色）的空隙构成。Si 和 Al 随机分布。图中显示的是沿 a 轴方向的结构切片，b 轴为 E—W。因为这里只显示了一个切片，所以看不到 K 和 O（四面体角顶）之间的 9 个键，也不能明显看出四面体的所有角顶都与其他四面体共享。（与图575 比较）

透长石（Sanidine，KAlSi₃O₈）

结晶学： 单斜晶系，2/m；晶体通常呈平行于 {010} 的板状，结晶习性和双晶如正长石（见下页）。

物理性质： 具 {001} 完全解理，{010} 中等解理。硬度 6，密度 2.6 g/cm³。无色、白色或灰色，在某些方向上具淡蓝色的乳晕；玻璃光泽，解理面呈珍珠光泽；通常透明。

化学性质： 在高温下，透长石和钠长石（NaAlSi₃O₈）之间有一个完全固溶体系列。这个系列中 Na > K 的部分属于三斜晶系，称为歪长石（anorthoclase）。透长石的晶体结构由［(Si,Al)O₄］四面体的三维结构及其中可容纳 K⁺ 的空隙组成。它的结构为单斜晶系，与三斜晶系长石的结构不同，部分原因是它的扭曲程度和"塌陷"程度像钠长石的那样较低，部分原因是 Si⁴⁺ 和 Al³⁺ 处于完全无序的状态。它们在四面体中是随机分布的。这个结构在 700 ℃ 以上是稳定的同质多象变体。透长石形成于火山熔岩中，之所以能存在是由于这些岩石在形成过程中的快速冷却。

名称与品种： 月长石（moonstone）是一类具有晕色的长石（如透长石），它可用作宝石。

产状： 主要产于流纹岩等富含 K 和 Si 的喷出岩中，这些岩石在形成时迅速冷却。在岩石中，它通常表现为细粒基质中单独的晶体；典型产地有德国德拉亨费尔斯（Drachen-fels）等。

鉴定特征： 结晶习性、解理和产状；透长石和正长石不符合三斜长石的双晶律。

图564 粗面岩中的透长石，产自德国德拉亨费尔斯。对象：71 mm×87 mm。

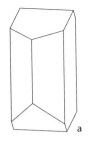
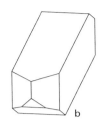
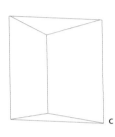

2.6 g/cm³。颜色通常呈浅肉红色，有时呈无色、白色、灰色、浅黄色或浅绿色，有时带强烈的淡蓝色和淡黄色的特殊变彩（闪光变彩）；玻璃光泽，解理面呈珍珠光泽；大多半透明。

化学性质： 正长石通常含一些 Na。在高温下，两端员矿物正长石（$KAlSi_3O_8$）和钠长石（$NaAlSi_3O_8$）可混溶；在低温下，则发生出溶，这使纯端员矿物或多或少产生平行交替的页片。根据出溶页片能否通过肉眼、显微

图 565　正 长 石：（a）
$\{010\}$、$\{001\}$、$\{110\}$
和 $\{20\overline{1}\}$；（b）$\{010\}$、
$\{001\}$、$\{110\}$、$\{10\overline{1}\}$
和 $\{20\overline{1}\}$；（c）冰长石
（变种）：$\{001\}$、$\{110\}$
和 $\{10\overline{1}\}$。

正长石（Orthoclase，KAlSi₃O₈）

结晶学： 单斜晶系，$2/m$；晶体常见，通常具有柱状习性，主要为 $\{010\}$、$\{110\}$ 和 $\{001\}$；也可平行于 $[001]$ 延伸；还可呈平行于 $\{010\}$ 的板状；或沿 $[100]$ 方向延伸，具方形横断面；冰长石还具有假斜方习性。双晶常见：卡式双晶，以 c 轴为双晶轴的贯穿双晶；曼尼巴双晶（Manebach twin），以 $\{001\}$ 为双晶面和双晶接合面；巴韦诺双晶（Baveno twin，曾称"巴温诺双晶"），以 $\{021\}$ 为双晶面和双晶接合面。正长石多以岩石中的颗粒和或多或少的粗粒块体出现。

物理性质： 具 $\{001\}$ 完全解理，$\{010\}$ 中等解理，$\{110\}$ 不清楚解理。硬度 6，密度

图 566　正长石，产自挪威莫斯。对象：47 mm×116 mm。

图 567　带闪光变彩的正长石，产自挪威西福尔郡斯塔韦恩（Stavern）。视场：90 mm×135 mm。

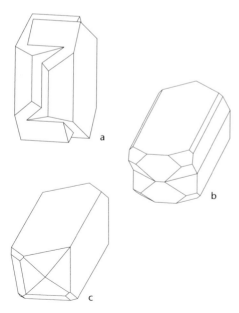

镜观察，或者更精细的仪器来区分，这类长石分别被称作条纹长石（perthite）、微纹长石（microperthite）或隐纹长石（cryptoperthite）。当以钠长石页片为主时，长石被称为反条纹长石（antiperthite）。除 Al 和 Si 在四面体位置上部分有序排列外，正长石的晶体结构类似于透长石。这与正长石的形成温度比透长石低这一事实有关。

名称与品种： 冰长石是一种无色且通常透明的变种，常见单晶。它见于低温热液脉中。钡长石（$BaAl_2Si_2O_8$）是一种在结构和物理性质上与正长石相似的长石。正长石和钡长

图 568　正长石双晶：（a）卡式双晶，以 c 轴为双晶轴的贯穿双晶；（b）曼尼巴双晶，以 {001} 为双晶面和双晶接合面；（c）巴韦诺双晶，以 {021} 为双晶面和双晶接合面。

石组成一个固溶体系列，其中 K > Ba 时称为钡冰长石（hyalophane）。钡冰长石晶体与冰长石相似。

产状：正长石是花岗岩和正长岩等火成岩中的特征钾长石矿物，其形成温度低于含透长石的岩石，高于含微斜长石的岩石和岩脉。正长石也见于某些变质岩和砂岩中。

鉴定特征：结晶习性，包括双晶、解理和产状；正长石和透长石不符合三斜长石的双晶律。

微斜长石（Microcline，KAlSi$_3$O$_8$）

结晶学：三斜晶系，$\overline{1}$；晶体常见，结晶习性和正长石的相似；正长石的双晶律也适用于微斜长石，但只有卡式双晶常见；三斜长石的双晶律也见于微斜长石，即钠长石律和肖钠长石律（描述见钠长石）；两种双晶律所呈现的聚片双晶常一起出现，使得在显微镜下可见

图 569　正长石，卡式双晶，产自格陵兰的纳尔萨尔苏克。对象：42 mm×70 mm。

图 570　钡冰长石，产自波黑波斯尼亚（Bosna）。对象：55 mm×62 mm。

图 571 条纹长石，产自加拿大安大略省珀斯（Perth）。对象：39 mm×45 mm。

典型的格子状构造；在正长石中所描述的出溶页片（条纹长石）也见于微斜长石中。文象结构是石英和微斜长石形成的一种特殊的规则连生形式。在岩石中，微斜长石主要以粒状或粗

粒块体出现。

物理性质： 具｛001｝完全解理，｛010｝中等解理。硬度 6，密度 2.6 g/cm³。颜色为白色、浅黄色，浅红色，有时呈浅绿色（天河石，

图 572 文象花岗岩，微斜长石与石英穿插生长，产自俄罗斯西伯利亚。对象：48 mm×87 mm。

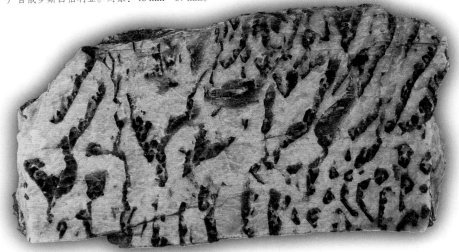

图 573 天河石（微斜长石变种），产自美国科罗拉多州特勒县弗洛里森特（Florissant）。对象：64 mm×56 mm。

amazonite）；玻璃光泽，解理面呈珍珠光泽；半透明。

化学性质：微斜长石通常以钠长石出溶页片的形式含一些 Na。与正长石（Al 和 Si 在四面体位置上主要为完全有序排列）不同，微斜长石的晶体结构属三斜晶系。这与微斜长石的形成温度低于正长石有关。

名称与品种：天河石是一种呈绿色的变种，是受欢迎的装饰品。

产状：微斜长石见于花岗岩和正长岩等深成火成岩（plutonic igneous rock）中，在深部缓慢形成；也见于片麻岩和某些砂岩中。它是热液脉和伟晶岩中常见的钾长石，可以以巨大晶体的形式出现，有些重达 2 000 t 以上。

用途：伟晶岩中的微斜长石可大量开采，用于生产瓷器、搪瓷和玻璃等。

鉴定特征：结晶习性、解理和（部分）产状；通常具文象结构；绿色的长石通常是微斜长石。

斜长石系列：钠长石（Albite，NaAlSi₃O₈）-钙长石（Anorthite，CaAl₂Si₂O₈）

结晶学：三斜晶系，$\overline{1}$；晶体大多呈平行于 {010} 的板状，很少沿 b 轴或 c 轴伸长；双晶常见：具卡式双晶、曼尼巴双晶和巴韦诺双晶，但最常见的是钠长石律（albite law）和肖钠长石律（pericline law）。钠长石双晶以 {010} 为双晶面，通常为聚片双晶，即像书页一样的反复平行页片；页片通常用手持放大镜即可见，并表现为沟槽或条纹，最好在 {001} 解理面上进行研究。在肖钠长石双晶中，b 轴是双晶轴；这些双晶通常也是聚片双晶。斜长石多以岩石中的颗粒和或多或少的粗粒块体出现。

物理性质：具 {001} 完全解理，{010} 中等解理。硬度 6，密度 2.6 g/cm³（钠长石）~2.8 g/cm³（钙长石）。无色、白色或灰色，偶

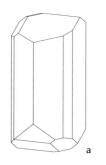 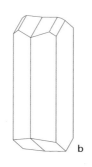

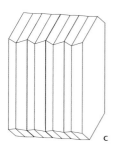

图 574 钠长石：（a）
｛010｝、｛001｝、｛110｝、
｛1$\bar{1}$0｝、｛130｝、｛1$\bar{3}$0｝、
｛10$\bar{1}$｝、｛20$\bar{1}$｝、｛0$\bar{2}$1｝、
｛11$\bar{1}$｝和｛$\bar{1}\bar{1}$12｝；（b）以
｛010｝为双晶面的钠长
石双晶；（c）钠长石律
反复双晶或聚片双晶

呈浅绿色或浅红色，拉长石和中长石具闪光变
彩；玻璃光泽，解理面呈珍珠光泽；大多半
透明。

化学性质： 在高温下，斜长石在钠长石
和钙长石之间形成一个近于完全的固溶体系

列。低温下不完全混溶，产生各种出溶结构。
它们通常不直接可见，但能引起变彩。斜长石
的混溶性以成对替换的形式发生，因为为了维
持电荷平衡，Na^+ 替代 Ca^{2+} 必须与 Al^{3+} 替代
Si^{4+} 结合。因此，斜长石的化学变化可以通过
化学方程式来表示：$Na^+ + Si^{4+} \rightleftharpoons Ca^{2+} + Al^{3+}$。

在斜长石系列中，根据钙长石含量的百
分数，人们划分了一系列区间并赋予它们名
称：钠长石（$An_0 \sim An_{10}$）、奥长石（oligoclase，
$An_{10} \sim An_{30}$）、中长石（andesine，$An_{30} \sim An_{50}$）、
拉长石（$An_{50} \sim An_{70}$）、培长石（bytownite，
$An_{70} \sim An_{90}$）和钙长石（$An_{90} \sim An_{100}$）。斜长
石和碱性长石之间的混溶性仅限于斜长石系列
的钠长石端。如上所述，富 K、Na 的长石经
常被等同看作碱性长石。

斜长石的晶体结构由［SiO_4］四面体三
维框架及其中可容纳的 Na 或 Ca 的空隙组成，
Si^{4+} 和 Al^{3+} 在四面体位置上为完全有序排列。

名称与品种： 除了以化学组成定义的名
称之外，斜长石还有很多品种。晕长石（peri-
sterite）是一种由出溶页片而引起变彩的变种，
钙长石含量区间为 $An_2 \sim An_{20}$。类似特征的变
彩也见于拉长石。月长石是一种在一定方向上
带微蓝乳白色调（晕色）的斜长石。叶钠长石
（clevelandite）是具明显板状习性的钠长石，

图 575 钠长石的晶体结构由［SiO_4］四面体
（红色）和［AlO_4］四面体（紫色）所构成的三
维框架组成，框架空隙中含有半径相对较大的
Na^+（黄色）。Si 和 Al 在四面体位置上是完全有
序排列。图中显示了沿 a 轴方向观察的结构切片，
b 轴方向为 E—W。因为这里只显示了一个切片，
所以不能看到 Na 和 O（四面体角顶）之间的 9
个键，也不能明显看到四面体的所有角顶与其他
四面体共享。（与图 563 比较）

图 576　钠长石，产自格陵兰纳尔萨尔苏克。视场：17 mm×27 mm。

砂金石不仅是石英变种，也是斜长石变种，通常为奥长石，具赤铁矿或云母包裹体，有时也被称为日长石（sunstone）。

产状： 斜长石是最重要的造岩矿物，是所有火成岩中的主要成分，并在这些岩石中的系统产状产生了基于斜长石化学成分的火成岩分类体系。通常来说，岩石越富 Si，斜长石中的 Na 含量就越高；岩石越贫 Si，斜长石中的 Ca 含量就越高。

钠长石也见于伟晶岩中并结晶良好，而纯钙长石是接触变质灰岩的特征矿物。

用途： 伟晶岩中的斜长石与钾长石的用

图 577　拉长石，产地未知。视场：26 mm×39 mm。

图 578 砂金石（奥长石变种），条纹由钠长石律双晶片形成，产自挪威特韦德斯特兰。对象：66 mm×81 mm。

图 579 晕长石（钠长石变种），产自加拿大安大略省海布拉（Hybla）。对象：85 mm×88 mm。

途相似。拉长石和其他有变彩的斜长石可用于装饰用并用作宝石。

鉴定特征：结晶习性、解理和产状；具钠长石律双晶且｛001｝解理面上可见双晶条纹，利用这一特征可将斜长石与钾长石区分开来。若不借助化学或光学检验，无法确切地将斜长石族加以区分。

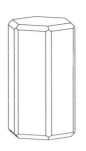

图 580　霞石：｜10$\bar{1}$0｜、｜0001｜、｜11$\bar{2}$0｜和｜10$\bar{1}$1｜。

似长石

似长石是一类含 Al 的架状硅酸盐，它们在产状和化学成分方面与长石性质相似，因此被称为似长石（feldspathoid），也就是说类似于长石。霞石、白榴石、方钠石和钙霞石是最重要的似长石矿物。它们与长石的区别主要在于 Si 的含量较低，并且常产于富 K 或 Na 而贫 Si 的岩石中。它们的晶体结构通常比长石更为开放，因此它们的密度较低。

方沸石，有时被看作似长石，将在沸石族下描述。

霞石［ **Nepheline，(Na,K)AlSiO$_4$** ］

结晶学：六方晶系，6；晶体罕见，通常呈简单小晶体，由棱柱和平行双面组成；在岩石中主要呈颗粒或不规则集合体。

物理性质：具｛10$\bar{1}$0｝不清楚解理。硬度 6，密度 2.6 g/cm^3。无色、白色或灰色，有时带褐色、浅绿色或微红色色调；油脂光泽；透明至半透明。

化学性质：Na/K 的比值变化较大，但通常接近 3∶1。

图 581　霞石，产自挪威拉尔维克。对象：75 mm×95 mm。

名称与品种：原钾霞石（kalsilite，KAlSiO₄）是一种密切相关的矿物，产于富碱玄武岩中。

产状：霞石是霞石正长岩和类似的贫 Si 火成岩中的造岩矿物，它在那些岩石中替代了长石。已知重要的产地有格陵兰的伊利马萨克杂岩体和伊加利科杂岩体（Igaliko complex），以及挪威朗厄松峡湾等。最大的霞石产地位于俄罗斯科拉半岛基纳地块，在这里它与磷灰石一起开采。加拿大安大略省戴维斯山（Davis Hill）出产大晶体，魁北克省圣伊莱尔山出产优质晶体。

用途：霞石在局部地区可用于玻璃工业中；霞石在科拉半岛被用于许多用途，例如用于陶瓷、皮革、纺织品和橡胶生产中。

鉴定特征：油脂光泽，以及与石英相比硬度较低。

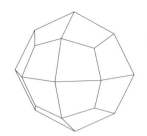

图 582　白榴石：｛211｝。

白榴石［Leucite，K(AlSi₂)O₆］

结晶学：在 605 ℃ 以上结晶成等轴晶系，$4/m\overline{3}2/m$；在 605 ℃ 以下转变为四方晶系，$4/m$。晶体大多为等轴晶系晶形｛211｝，在低温阶段则由四方双晶片组成。

物理性质：无解理。硬度 6，密度 2.5 g/cm³。颜色通常为暗白色或灰色，偶为无色；玻璃光泽；半透明。

化学性质：少量 K 可以被 Na 代替。

产状：白榴石是与地中海火成岩省有关的年轻贫 Si 喷出岩中的特征矿物，如意大利维苏威火山熔岩中的白榴石晶体。

鉴定特征：晶形和产状；白榴石在结晶习性上与方沸石相似，但通常嵌入细粒基质中，方沸石则在孔洞中结晶。

方钠石［Sodalite，Na₄(Si₃Al₃)O₁₂Cl］

结晶学：等轴晶系，$\overline{4}3m$；晶体罕见，常为｛110｝；在岩石中多呈颗粒或块状集合体。

物理性质：具｛110｝不清楚解理。硬度 6，密度 2.3 g/cm³。颜色通常为灰色、浅蓝色、浅绿色或微红色，有时为白色；玻璃光泽；半透明或透明。

化学性质：方钠石具有开放的晶体结构，内部具有很大的空间，可以容纳半径较大的复杂阴离子，如 Cl⁻、S²⁻ 或 SO₄²⁻。

名称与品种：蓝方石（haüyne）和黝方石（nosean）是密切相关的矿物，其中 Cl⁻ 被 SO₄²⁻ 替代；它们主要存在于年轻的喷出岩中。

产状：方钠石是方钠石正长岩、霞石正长岩、粗面岩和响岩（phonolite）等一些碱性岩中的造岩矿物，通常与霞石或钙霞石共生。可见于格陵兰伊利马萨克杂岩体，在那里，它刚开采出时呈浅红色，但几秒钟后就变为浅绿色。加拿大魁北克省圣伊莱尔山产出罕见的晶体。

鉴定特征：颜色及其变化是其特征，但在其他方面，方钠石很难与其他似长石区分。

图 583　白榴石，产自意大利维苏威火山。视场：58 mm × 83 mm。

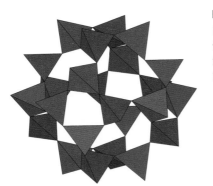

图 584 方钠石矿物的晶体结构由［SiO_4］四面体（红色）和［AlO_4］四面体（紫色）组成的三维框架及其中的空隙组成，空隙中可容纳 Cl^-、S^{2-} 或 SO_4^{2-} 等大的阴离子或复合阴离子（未显示）。

图 585 与异性石和钠铁闪石共生的方钠石，产自格陵兰伊利马萨克杂岩体。对象：64 mm×84 mm。

图 586 蓝色方钠石，产自纳米比亚。对象：68 mm×85 mm。

图 587 青金石，产自阿富汗巴达赫尚省。对象：41 mm×68 mm。

青金石［Lazurite，Na₃Ca(Si₃Al₃)O₁₂S］

结晶学： 等轴晶系，$\overline{4}3m$；晶体罕见，主要为 {110}；主要呈块状集合体。

物理性质： 具 {110} 不清楚解理。硬度 5～6，密度 2.4 g/cm³。颜色一般为天蓝色，偶见绿蓝色，颜色强度通常多变化；条痕淡蓝色；玻璃光泽；半透明。

化学性质： 青金石具方钠石型晶体结构。S^{2-} 在不同程度上可被 Cl^- 或 SO_4^{2-} 替代。

名称与品种： "lapis lazuli" 与 "lazurite" 意思基本相同，前者也被用于描述青金石与包括黄铁矿在内的少量其他矿物的混合物。

产状： 青金石相当罕见，它特别见于接触变质灰岩中。最著名的矿床位于阿富汗巴达赫尚省（Badakhshan Province）和俄罗斯贝加尔湖（Lake Baikal）。

用途： 自古以来，青金石就被用作宝石材料、艺术品、壁饰等。过去的群青颜料就是由粉末状青金石制作的。

鉴定特征： 颜色，黄铁矿是常见的共生矿物。

硅铍铝钠石（Tugtupite，Na₄BeAlSi₄O₁₂Cl）

四方晶系，与方钠石相关，除（BeSi）替代（AlAl）以外，晶体结构也与方钠石的相同。除硬度较低外，硅铍铝钠石的性质几乎与方钠石的完全相同。主要呈白色、粉色或洋红色的粒状块体。颜色强度往往多种多样；在日光下颜色更强烈，在黑暗中则褪色。硅铍铝钠石产于格陵兰的伊利马萨克杂岩体中，在那里它见于热液脉中，并与钠长石、方沸石和霓石共生。作为宝石，它大多被切割成凸面型宝石。

图 588　硅铍铝钠石，产自格陵兰伊利马萨克杂岩体科瓦内湾。对象：101 mm× 110 mm。

图 589　钙霞石，产自美国缅因州利奇菲尔德（Litchfield）。对象：81 mm×129 mm。

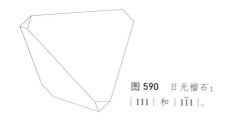

图 590　日光榴石：
{111} 和 {1Ī1}。

钙霞石 [Cancrinite，(Na,Ca)$_8$(Si$_6$Al$_6$)O$_{24}$(CO$_3$)$_2$·2H$_2$O]

六方晶系；晶体呈柱状，但集合体大多呈块状。具 {10Ī0} 解理，硬度 5～6，密度 2.5 g/cm^3。颜色多种多样，最常见的是淡黄色；玻璃光泽；半透明。钙霞石产于方钠石正长岩和霞石正长岩等碱性岩中。产地有美国缅因州利奇菲尔德等。

日光榴石 [Helvite，Be$_3$Mn$_4$(SiO$_4$)$_3$S]

等轴晶系，$\overline{4}3m$；晶体常为 {111} 和 {1Ī1}；集合体呈块状。具 {111} 清楚解理。硬度 6，密度 3.3 g/cm^3。颜色通常为淡黄色，玻璃光泽，半透明。日光榴石与铍榴石 [danalite，Be$_3$Fe$_4$(SiO$_4$)$_3$S]、锌日光榴石 [genthelvite，Be$_3$Zn$_4$(SiO$_4$)$_3$S] 形成固溶体系列。这些矿物见于花岗伟晶岩、霞石正长伟晶岩、矽卡岩矿床和热液脉中。已知的日光榴石产地有美国蒙大拿州比尤特和弗吉尼亚州阿米利亚等。

方柱石 (Scapolite)

钠柱石 [Marialite，(Na,Ca)$_4$(Si,Al)$_{12}$O$_{24}$(Cl,-CO$_3$,SO$_4$)] - 钙柱石 [Meionite，(Ca,Na)$_4$(Si,Al)$_{12}$O$_{24}$(CO$_3$,SO$_4$,Cl)] 固溶体系列

结晶学： 四方晶系，$4/m$；晶体常见，通常是 {100}、{110} 和 {111} 的聚形，没有次要晶形或只有 {001}；晶体通常粗糙且表面不平整；集合体呈粒状块体。

物理性质： 具 {100} 和 {110} 清楚解理。硬度 5～6，密度 2.5～2.7 g/cm^3。颜色为白色、灰色或浅绿色，偶呈淡黄色、浅蓝色或微红色；玻璃光泽；半透明至透明。

化学性质： 钠柱石和钙柱石之间存在一个完全固溶体系列。这一系列在化学上对应于斜长石系列，不同之处在于，方柱石具有更开放的晶体结构，可以容纳无论是简单还是复杂的半径较大的阴离子。

图 591　长石中的日光榴石，产自格陵兰伊利马萨克杂岩体中的康格卢阿尔苏克。对象：24 mm×30 mm。

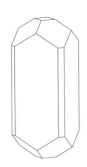

图 592　方柱石：
|100|、|001|、
|110| 和 |111|。

产状： 方柱石是片麻岩、角闪岩等区域变质岩中的常见矿物，通常因交代斜长石而形成。它也是接触变质灰岩中的特征矿物，在那里它可以在局部形成较大块体。宝石级的方柱石见于斯里兰卡和缅甸抹谷地区。

鉴定特征： 结晶习性和解理；块状方柱石类似于长石，但由于其解理通常更具碎片状外观。

紫脆石 ［ Ussingite，Na₂AlSi₃O₈(OH) ］

三斜晶系，主要呈粒状块体。具 |001| 清楚解理，|110| 不清楚解理。硬度 6.5，密度 2.5 g/cm³。颜色呈红紫色至白色，玻璃光泽，大多透明。紫脆石见于霞石正长伟晶岩中，例如格陵兰伊利马萨克杂岩体以及位于俄罗斯科拉半岛的类似产状中。优质晶体见于加拿大魁北克省圣伊莱尔山。

沸石族

沸石族是一大类含水硅酸盐，以特别开放的晶体结构为特征。它们具有 ［ SiO₄ ］四面体和 ［ AlO₄ ］四面体组成的三维结构，以通道和笼的形式包围着开放的空隙，为 H₂O 分子与 Na⁺、Ca²⁺ 和 K⁺ 等提供了空间。

图 593　方柱石，产自挪威阿伦达尔。
视场：47 mm×81 mm。

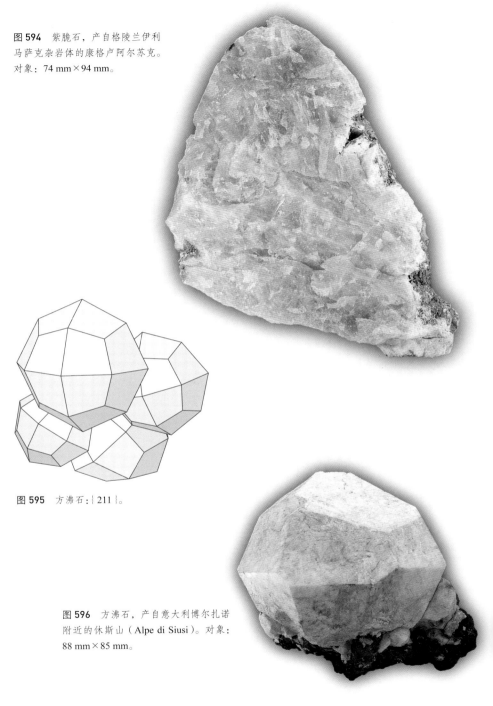

图 594　紫脆石，产自格陵兰伊利
马萨克杂岩体的康格卢阿尔苏克。
对象：74 mm×94 mm。

图 595　方沸石：|211|。

图 596　方沸石，产自意大利博尔扎诺
附近的休斯山（Alpe di Siusi）。对象：
88 mm×85 mm。

H_2O 分子松散地结合在这个结构上，加热时它会不断逸出，但不会引起结构坍塌。随后可将标本悬于水中，以吸收和替换 H_2O。Na^+ 等阳离子也可被释放，但将导致电荷不平衡，可以通过引入其他阳离子来补偿，例如 K^+ 和 $1/2Ca^{2+}$，换言之，沸石具有离子交换能力。这一性质具有实际用途，例如用于软化和净化水。交换离子的能力，虽然由结构中松散结合的离子促进，但更多取决于离子的运输途径，即通道要足够大，足以让离子通过。某些类型的阳离子可以被吸附，另一些则由于太大而不能被吸附，这使得沸石可用作分子筛，这种特性在工业中得到广泛的应用。现在几乎所有被用作分子筛的沸石都是人工合成的，并且可以通过设计特定筛孔尺寸来制造用于特定目的的沸石。天然沸石可用于土壤改良等那些需要大量使用的基础用途，而合成沸石仅限于更具体的应用。

与其他架状硅酸盐相比，沸石的硬度和密度都较低，这是开放结构的结果。它们呈无色、白色，或仅为浅色；晶体呈针状、纤维状、板状或管状。沸石产于玄武岩及其他喷出岩的孔洞中，结晶良好。它们也是沉积岩层的重要成分，例如在美国西部，沸石通过火山灰层蚀变而形成。

方沸石［Analcime，Na(AlSi₂)O₆·H₂O］

结晶学：等轴晶系，$4/m\overline{3}2/m$；晶体通常为｛211｝；集合体多呈粒状。

物理性质：无解理。硬度 5～5.5，密度 2.3 g/cm³。无色或白色，偶呈浅灰色、浅黄色或微红色；玻璃光泽；透明或半透明。

化学性质：少量的 Na 可以被 K 替代。和

沸石一样，方沸石的晶体结构有很宽阔的 H_2O 通道。它现在被归为沸石族的成员。

产状：方沸石是火成岩的主要造岩矿物，是岩石矿脉和孔洞中的水热产物；在后一种情况中，晶体通常发育良好。已知大晶体产地有加拿大魁北克省圣伊莱尔山。

鉴定特征：结晶习性和产状；与白榴石不同，方沸石晶体不嵌入细粒基质中。

铯沸石［Pollucite，(Cs,Na)(AlSi₂)O₆·nH₂O］，是一种稀有的等轴晶系矿物，多呈类似于长石或乳石英的集合体，产于伟晶岩中，例如瑞典的瓦卢特萨斯克伟晶岩。它现在被归为沸石族矿物。

钠沸石［Natrolite，Na₂(Si₃Al₂)O₁₀·2H₂O］

结晶学：斜方晶系，$mm2$；晶体常见，常呈长柱状至针状，集合体呈放射状；也呈纤维状、粒状集合体。

物理性质：具〔110〕完全解理。硬度 5～5.5，密度 2.3 g/cm³。无色或白色，偶尔呈淡黄色或淡红色；玻璃光泽；透明至半透明。

化学性质：少量 Na 可以被 Ca 或 K 替代。在三维框架中，〔SiO₄〕和〔AlO₄〕四面体链平行于 c 轴；链之间具容纳 Na 和 H_2O 的空隙。Na 连接 6 个 O 原子，4 个来自链，2 个来自 H_2O。

产状：钠沸石见于玄武岩的孔洞中，常与其他沸石共生。捷克波希米亚北部的几个地方出产特别美丽的钠沸石晶簇。钠沸石也见于霞石正长岩和其他火成岩中，它在这些岩石中要么作为晚期原生矿物，要么作为霞石的次生

蚀变产物出现。

鉴定特征：产状和晶体习性，纤维状沸石在外观上通常很相似。

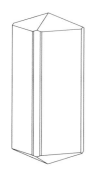

图 597　钠沸石：｛100｝、｛010｝、｛110｝、｛310｝和｛111｝。

图 599　钠沸石，产自捷克捷克利帕附近。视场：36 mm×54 mm。

图 598　沿 *c* 轴方向观察到的钠沸石的晶体结构，由沿 *c* 轴方向呈链状的［SiO_4］四面体（红色）和［AlO_4］四面体（紫色）组成三维架状；链间的空隙中可容纳 Na 和 H_2O（未显示）；Na 与 6 个 O 原子相结合，其中 4 个来自链，2 个来自 H_2O 分子。

钙沸石［Scolecite，$Ca(Si_3Al_2)O_{10} \cdot 3H_2O$］和中沸石［Mesolite，$Na_2Ca_2(Al_6Si_9)$-$O_{30} \cdot 8H_2O$］

这两种矿物都属单斜晶系，并与钠沸石密切相关。一般来说，它们的物理性质与钠沸石的相似，具有纤维状或针状结晶习性。不过，中沸石晶体通常呈毛发状，而钙沸石晶体常呈较厚的针状或鳞片状。它们与钠沸石一样产于玄武质熔岩的孔洞中，也见于花岗岩和正长岩的孔洞中。冰岛贝吕峡湾泰格霍恩（Teigarhorn）是著名的钙沸石产地，中沸石尤其产于法罗群岛。这两种矿物在印度浦那都以极优质的晶体产出。

图 600 钙沸石，产自冰岛泰格霍恩。对象：57 mm×58 mm。

纤沸石 [Gonnardite, $(Na,Ca)_2(Si,Al)_5O_{10}·3H_2O$]

斜方晶系；与钠沸石也有密切的关系，无论是在结构上还是在物理性质上都有相似之处。它主要产于贫 Si 的火成岩及相关伟晶岩中，产地有美国加利福尼亚州克雷斯特莫尔（Crestmore）等。

杆沸石 [Thomsonite, $NaCa_2(Al_5Si_5)O_{20}·6H_2O$]

斜方晶系；晶体少见，习性多样，多为扇形或球状集合体。具 [010] 完全解理。硬度 5～5.5，密度 2.3 g/cm^3。颜色为白色、灰色、黄色或红色；玻璃光泽，解理面呈珍珠光泽；大多半透明。杆沸石是响岩和玄武岩孔洞中常见的沸石，也见于霞石正长岩孔洞中。已知产自英国苏格兰、法罗群岛和冰岛等地的玄武岩中。

丝光沸石 [Mordenite, $K_{2.8}Na_{1.5}Ca_2(Al_9Si_{39})O_{96}·29H_2O$]

斜方晶系；部分晶体呈白色针状，集合体通常呈放射状；部分呈颜色多变的致密瓷状块体。它像其他沸石一样产于熔岩孔洞中，但也见于由火山灰层蚀变而形成的沉积物中。

图 601 中沸石，产自法罗群岛沃格区（Vågø）的米德瓦格（Midvaag）港。视场：70 mm×90 mm。

图 602　纤沸石，产自英国北爱尔兰安特里姆马吉半岛（Island Magee）。对象：61 mm×70 mm。

图 603　杆沸石，产自意大利西西里岛卡塔尼亚省帕拉戈尼亚（Palagonia）。视场：48 mm×72 mm。

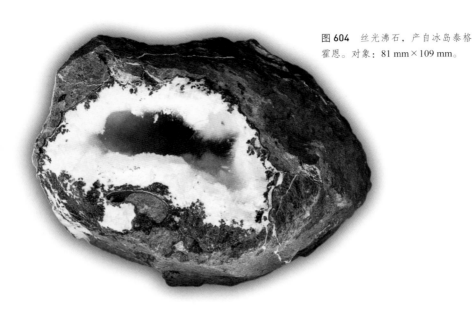

图 604 丝光沸石，产自冰岛泰格霍思。对象：81 mm×109 mm。

浊沸石［Laumontite, Ca(Al₂Si₄)O₁₂·4H₂O］

结晶学： 单斜晶系，$2/m$；晶体常呈长柱状，主要为｛110｝；见｛100｝双晶；集合体呈块状。

物理性质： 具｛010｝和｛110｝完全解理。硬度 3～4，密度 2.3 g/cm³。白色或无色，有时呈粉色；玻璃光泽，解理面呈珍珠光泽，脱水时常呈白垩状；半透明。

化学性质： 在正常储存时，浊沸石容易

图 605 浊沸石，产自新西兰北岛。对象：59 mm×79 mm。

图 606　片沸石：{100}、{010}、{001}、{$\overline{1}$01}、{021}、{22$\overline{1}$} 和 {22$\overline{3}$}。

失去部分水分，变为白垩状脆性物质，后者有时被称为黄浊沸石（leonhardite）。

产状： 浊沸石产于许多不同的地质环境中，例如在"沸石相"岩石中（即在低温低压条件下蚀变而成的变质岩）；在沉积物中，它由火山玻璃、斜长石等蚀变而成；它还作为火成岩岩脉和孔洞中的充填物产出。

鉴定特征： 简单的结晶习性和脱水倾向。

片沸石 [Heulandite, (Na,K)Ca₄(Al₉Si₂₇)O₇₂·24H₂O]

结晶学： 单斜晶系，2/*m*；晶体常见，通常呈平行于 {010} 的板状，其他晶面呈斜方状发育。

物理性质： 具 {010} 完全解理。硬度 3.5～4，密度 2.2 g/cm³。无色或白色，有时因含杂质也呈淡黄色或淡红色；玻璃光泽，解理面呈珍珠光泽；透明至半透明。

化学性质： 化学式也可以写成带有 Ca、Sr、Ba 和 Mg 的更复杂的形式。（片沸石 -Ca、片沸石 -K、片沸石 -Na 和片沸石 -Sr 都被认为是独立矿物种。）Na/Ca 和 Si/Al 的比值可以有很大的差别。

产状： 片沸石出现于玄武岩的孔洞中，常与辉沸石等沸石族矿物共生。特别漂亮的标本见于冰岛和法罗群岛。

鉴定特征： 结晶习性、解理和光泽。

图 607　片沸石，产自印度孟买地区纳西克的宾布里矿（Pimpri Mine）。视场：60 mm×87 mm。

斜发沸石 [Clinoptilolite, (Na,K,Ca)₂₋₃(Si₁₅Al₃)O₃₆·12H₂O]

单斜晶系，结构与片沸石密切相关，物理性质也基本相同。在化学组成上，其 Si 含量高于片沸石的，并且由于 Na 和 K 同 Ca 一样可能占主导地位，孔洞中的离子也有相当大的变化。斜发沸石是一种广泛分布的矿物，与钙十字沸石和其他沸石一起构成了深海红色沉积物的基本部分。它也作为富 Si 的火山灰的蚀变产物出现在其他沉积物中。这类沉积物在美国西部尤为常见，有好几个地方都大量出产斜发沸石。斜发沸石具有良好的离子交换特性并有多种用途，例如去除核反应废水中的放射性核素 Cs 和 Sr。

图 608　片沸石，产自冰岛。对象：
33 mm × 75 mm。

辉沸石 [Stilbite, NaCa₄(Al₉Si₂₇)O₇₂·30H₂O]

辉沸石 [Stilbite, $NaCa_4(Al_9Si_{27})O_{72}·30H_2O$]

结晶学： 单斜晶系，$2/m$；晶体常见，集合体通常呈特有的束状。

物理性质： 具 {010} 完全解理。硬度 3.5～4，密度 2.2 g/cm³。无色、白色、灰色、淡黄色或褐色；玻璃光泽，{010} 呈珍珠光泽；透明至半透明。

化学性质： 部分 Ca 可以被 Na 或 K 替代。

名称与品种： "desmine" 是辉沸石的旧称。

产状： 辉沸石是玄武岩孔洞中的常见矿物，常与片沸石和其他沸石共生。著名的产地包括冰岛、法罗群岛、苏格兰和印度浦那的玄武岩。

鉴定特征： 集合体呈束状。

图 609　辉沸石，产自冰岛。视场：
70 mm × 96 mm。

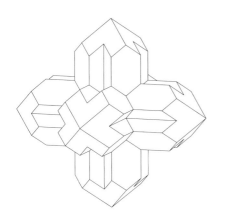

钙十字沸石 [Phillipsite, K(Ca₀.₅,Na)₂(Si₅Al₃)O₁₆·6H₂O]

单斜晶系；晶体或多或少出现复杂的贯穿双晶，呈假的斜方、四方或立方对称。具 {010} 清楚解理，{100} 不清楚解理。硬度 4.5，密度 2.2 g/cm³。无色、白色或淡黄色，玻璃光泽，透明至半透明。K、Ca 和 Na 含量多样，少量 Ba 和 Sr 可替代这些离子。钙十字沸石是深海沉积物中常见的矿物，它也存在于玄武岩孔洞中，与其他沸石共生。

图 610 钙十字沸石：一群呈假立方对称的双晶。3 个四连晶彼此互相垂直，就如同菱形十二面体中的四次轴那样；每个四连晶都由两组贯穿双晶组成。

图 611 钙十字沸石，产自意大利帕拉戈尼亚。视场：24 mm×36 mm。

图 612　交沸石，产自英国苏格兰斯特朗申。视场：36 mm×54 mm。

交沸石（Harmotome，$BaAl_2Si_6O_{16}·6H_2O$）

　　单斜晶系，晶体与钙十字沸石一样出现贯穿双晶。物理性质与钙十字沸石的也基本相同，但由于含 Ba，其密度略高，为 2.5 g/cm³。交沸石典型见于晚期热液脉中，产地有德国哈茨山圣安德烈亚斯贝格和英国苏格兰斯特朗申等。

菱沸石［Chabazite，$Ca(Al_2Si_4)O_{12}·6H_2O$］

　　结晶学：三方晶系，$\bar{3}2/m$；晶体常见，常呈立方体状的菱面体｛$10\bar{1}1$｝；多见｛0001｝贯穿双晶。

　　物理性质：具｛$10\bar{1}1$｝不清楚解理。硬度4～5，密度 2.1 g/cm³。无色或白色，也呈淡黄

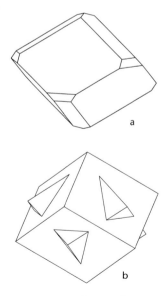

图 613　菱沸石：（a）｛$10\bar{1}1$｝、｛$01\bar{1}2$｝和｛$02\bar{2}1$｝；（b）｛0001｝贯穿双晶。

图 614 菱沸石，产自格陵兰凯凯塔苏瓦克岛。视场：42 mm×58 mm。

图 615　钠菱沸石，产自英国北爱尔兰拉恩（Larne）。视场：40 mm×60 mm。

色至粉红色；玻璃光泽；透明至半透明。

化学性质： K、Sr 和 Na 可部分替代 Ca。

产状： 菱沸石一般产于玄武岩和安山岩的孔洞中，与其他沸石族矿物共生。它也普遍存在于火山凝灰岩中，由富 Ca 的斜长石分解形成。已知优质菱沸石晶体产地有美国新泽西州佩特森等。

鉴定特征： 结晶习性；与方解石不同，它具有较高的硬度，并且在盐酸中不起泡。

钠菱沸石 [Gmelinite, Na₄(Al₄Si₈)O₂₄·11H₂O]

六方晶系；晶体简单，稍呈板状，见 {10$\overline{1}$0}、{10$\overline{1}$1} 和 {0001}。具 {10$\overline{1}$0} 中等解理。硬度 4.5，密度 2.1 g/cm³。无色或白色，也呈淡黄色或淡红色；玻璃光泽；大多半透明。钠菱沸石在玄武岩孔洞和碱性岩富 Na 的矿脉中均可出现。它通常与菱沸石定向互生。

有机矿物

在地质环境中的有机化合物中，有一些为具有明显边界的结晶矿物，也有沥青、煤等一些边界不清晰的碳氢化合物，它们的化学成分有很大变化，应该被视为岩石。根据这种区分，琥珀从严格意义上来说并不是矿物，但出于传统，这里还是把它包含在其中了。

水草酸钙石（Whewellite，$CaC_2O_4 \cdot H_2O$）

单斜晶系；晶体呈小的、发育良好的柱状，常见 $\{\bar{1}01\}$ 心形双晶。具 $\{\bar{1}01\}$ 中等解理，贝壳状断口。硬度为 2.5，密度 2.2 g/cm^3。无色、微黄色或褐色，珍珠光泽。水草酸钙石常与煤层一起产出，如在德国德累斯顿附近；也作为矿脉中的原生矿物出现，例如与黝铜矿和石英一起产于法国阿尔萨斯大区于尔贝斯（Urbes）。

图 616　产自北海的琥珀，产地位于丹麦哈博厄（Harboør）以西 250 km 处。这块琥珀重达 1 749 g。对象：101 mm×158 mm。

蜜蜡石 [Mellite，$Al_2C_6(COO)_6 \cdot 16H_2O$]

四方晶系；晶体罕见，多为结核状或被膜状集合体。无明显解理，贝壳状断口。硬度 2～2.5，密度 1.6 g/cm³。蜂蜜色，有时呈淡红色或褐色；油脂玻璃光泽；透明。蜜蜡石产于褐煤（lignite）的裂隙中。

琥珀（Amber）

由 C、H 和 O 以不同的比例结合组成，非晶质体，呈块状集合体。贝壳状断口，具脆性。硬度 2～2.5，密度 1.1 g/cm³。颜色呈淡黄色、淡褐色或浅白色，树脂光泽，透明至半透明。摩擦起电；易熔融，燃烧具有灰白色、煤烟状的火焰。

琥珀是现已灭绝的针叶树的树脂，常与煤层伴生。产地有波罗的海、缅甸等。琥珀可作为宝石饰品材料。

第三部分

附　表

附表　常见矿物及其性质

系统鉴定表以遗传关系为依据，其常被应用于植物学中，但已不适用于矿物学。我们必须尽可能多地观察标本的性质，然后将观察结果与已有矿物描述相比较，通过这种方式对矿物进行鉴别。下列两表列出了一些最常见的矿物，可作为鉴定矿物的辅助工具，该表格根据较容易确定的性质排列。

表 1 包括具有金属或半金属光泽的矿物，表 2 包括具有玻璃光泽或其他非金属光泽类型的矿物。少数矿物所具有的光泽使其难以被归属于哪个表格，因此，两个表格都包含它们。矿物按照硬度逐渐增大的顺序排列，硬度区间相同时，则按照密度逐渐增大的顺序排列。由于这种高度严谨的排列方式，建议不仅仅在完全或近乎完全符合观测数值的矿物中进行搜索，还可以在相邻条目中进行搜索。一旦挑出了那些可能的候选者，人们就可以返回更系统的第二部分去查阅更详细的描述。

表 1 和表 2 注释说明

矿物： 名称和化学式参照第二部分"矿物描述"。

cs： 晶系。A，三斜晶系；M，单斜晶系；O，斜方晶系；Q，四方晶系；T，三方晶系；H，六方晶系；C，等轴晶系。

结晶习性： 典型的结晶习性包含常见晶形和集合体类型；xl. 是晶体的缩写。

解理： 解理最发育的方向；有时也包括裂理和断口的信息。

脆性等： 特性诸如脆性、延展性、可切性、弹性、磁性、放射性等。

H： 莫氏硬度。

D： 密度，单位为 g/cm^3。

颜色： 最常见的颜色。

条痕（仅列于表 1）：条痕。

光泽（仅列于表 2）：光泽。

表 1 金属或半金属光泽矿物（按硬度和密度排列）

矿物	页码	晶系 (cs)	结晶习性	解理	脆性等	硬度 (H)	密度 (D)	颜色	条痕
石墨 C	92	H	晶体少见，集合体一般为片状、粒状	{0001} 完全解理	具挠性，弹性差，有滑腻感	1	2.2	黑色	黑色
软锰矿 MnO_2	170	Q	晶体少见，集合体多呈放射状、纤维状、土状	{110} 完全解理	1~2，有时大于2	4.4~5.1	钢灰色或铁黑色，带浅蓝锖色	黑色
铜蓝 CuS	110	H	晶体少见，块状集合体	{0001} 完全解理	稍具挠性	1.5~2	4.7	蓝色至黑色	亮黑色
针碲金银矿 $AgAuTe_4$	123	M	特征性的晶形	{010} 完全解理	性脆	1.5~2	8.2	银白色	灰色
辉锑矿 Sb_2S_3	113	O	晶体常见，柱状或针状；集合体常呈放射状	{010} 完全解理	无弹性，有条纹	2	4.6	铅灰色、黑色，带锖色	铅灰色、黑色
螺状硫银矿 Ag_2S	94	M	晶体少见，多呈树枝状、块状集合体	无明显解理	具挠性，可切	2~2.5	7.3	黑色，暗淡锖色	亮黑色
自然铋 Bi	87	T	晶体罕见，多呈叶片状、片状、块状集合体	{0001} 完全解理	性脆	2~2.5	9.7	银白色浅红锖色	银白色
方铅矿 PbS	97	C	晶体常见，呈{100}、{111}和{110}单形；集合体常呈块状	{100} 完全解理		2.5	7.6	铅灰色由亮至暗	铅灰色
辉铜矿 Cu_2S	95	M	晶体少见，多呈板状；集合体主要呈块状	{110} 不清楚解理	性脆	2.5~3	5.7	铅灰色，常带锖色	灰色、黑色
车轮矿 $CuPbSbS_3$	127	O	主要单形{001}，集合体呈块状、粒状	{010} 不清楚解理		2.5~3	5.8	钢灰色、黑色	黑色
硫锑铅矿 $Pb_5Sb_4S_{11}$	128	M	晶体少见，多呈纤维状集合体	{100} 中等解理	性脆，薄纤维状者具挠性	2.5~3	6	铅灰色、浅蓝锖色	棕灰色
自然铜 Cu	82	C	晶体少见，多呈块状、树枝状集合体	无解理	具延展性	2.5~3	8.9	铜红色带锖色	铜红色
自然银 Ag	80	C	晶体罕见，常常呈丝网状、块状集合体	无解理	具延展性	2.5~3	10.5	银白色带锖色	银白色
自然金 Au	77	C	晶体少见，多呈鳞片状、块状（块金）集合体	无解理	具延展性、可切性	2.5~3	19.3	黄色	金黄色

矿物	页码	晶系(cs)	结晶习性	解理	脆性等	硬度(H)	密度(D)	颜色	条痕
硫砷铜矿 Cu_3AsS_4	127	O	晶体常见，〔001〕单形，呈板状；集合体多呈粒状、柱状	〔110〕完全解理，〔100〕、〔010〕清楚解理	性脆	3	4.5	钢灰色、黑色，暗淡锖色	黑色
斑铜矿 Cu_5FeS_4	96	Q	晶体罕见，常呈粒状、块状集合体	无明显解理		3	5.1	暗铜红色，暗蓝紫锖色	灰黑色
针镍矿 NiS	109	T	晶体呈柱状、针状，集合体常呈放射状、纤维状	〔10$\bar{1}$1〕、〔01$\bar{1}$2〕完全解理	性脆，针状者具挠性、弹性	3～3.5	5.5	淡黄铜色	黑色，带绿色调
自然锑 Sb	86	T	晶体罕见，常呈粒状、片状集合体	〔0001〕完全解理	性脆	3～3.5	6.7	锡白色至灰色	亮铅灰色
黝铜矿 $(Cu,Fe)_{12}Sb_4S_{13}$	126	C	晶体见〔111〕单形，集合体呈块状、粒状	无解理		3～4	4.8	灰色、黑色	褐色、黑色
自然砷 As	86	T	晶体罕见，常呈鳞片状、葡萄状集合体	〔0001〕完全解理	性脆	3.5	5.7	锡白色，带锖色	灰色
黄铜矿 $CuFeS_2$	104	Q	常见单形如〔112〕；集合体主要呈块状	无明显解理	性脆	3.5～4	4.2	黄铜色，稍带锖色	绿黑色
镍黄铁矿 $(Ni,Fe)_9S_8$	109	C	晶体非常罕见，常呈粒状集合体	〔111〕裂理	性脆	3.5～4	4.8	浅古铜黄色	铜棕色
赤铜矿 Cu_2O	145	C	晶体常见，主要单形有〔111〕、〔100〕、〔110〕；集合体呈块状、土状	〔111〕清楚解理	性脆	3.5～4	6.1	红色、黑色	红褐色，半金刚光泽
水锰矿 MnO(OH)	179	M	晶体少见，呈棱柱状；集合体常呈柱状、纤维状	〔110〕、〔001〕中等解理，〔010〕完全解理		4	4.3	钢灰色、黑色	深棕色、黑色，半金属光泽
黄锡矿 Cu_2FeSnS_4	105	Q	多呈粒状集合体	无明显解理		4	4.4	钢灰色、黑色	黑色
磁黄铁矿 $Fe_{1-x}S$	105	H,M	晶体少见，单形常呈〔0001〕；集合体多呈块状、粒状	无明显解理	性脆，具磁性	4	4.6	暗铜黄色、棕色	灰黑色
自然铂 Pt	83	C	晶体罕见，呈粒状、块状集合体	无解理	具延展性	4～4.5	21.5	钢灰色、深灰色	亮灰白色
自然铁 Fe	84	C	晶体不发育，多呈粒状集合体	〔100〕不完全解理	具延展性、强磁性	4.5	7～8	灰色、黑色	亮灰色

矿物	页码	晶系 （cs）	结晶习性	解理	脆性等	硬度 （H）	密度 （D）	颜色	条痕
黑钨矿 (Fe,Mn)WO$_4$	223	M	单形有｛$hk0$｝、 ｛100｝，晶面有 条纹；集合体呈 粒状、片状	｛010｝ 完全解理		5	7.1～7.5	褐黑色、 黑色	红褐色、 黑色
针铁矿 FeO(OH)	180	O	晶体罕见，呈棱 柱状，｛010｝单 形；集合体多呈 块状、纤维状、 土状	｛010｝ 完全解理， ｛100｝ 中等解理		5～5.5	3.3～4.4	深褐色、 黄褐色、 红褐色	黄褐色、 光泽多 变、多 暗淡
易解石 (Ce,Ca,Fe) (Ti,Nb)$_2$ (O,OH)$_6$	174	O	晶体少见，呈柱 状；集合体呈 块状		蜕晶质	5～6	4.2～5.3	深褐色	褐色到 黑色
钡硬锰矿 (Ba,H$_2$O)$_2$ Mn$_5$O$_{10}$	171	O	主要呈皮壳状、 土状集合体			5～6	4.7	黑色、褐 黑色	黑色、褐 黑色
晶质铀矿 UO$_2$	175	C	主要单形 ｛100｝、｛111｝， 集合体多呈块 状、条带状	无解理	放射性	5～6	6.5～11	黑色、褐 黑色	褐黑色； 沥青光 泽、多 暗淡
褐钇铌矿 YNbO$_4$	174	Q	晶体呈柱状，集 合体呈粒状		蜕晶质	5～6.5	4.2～5.7	黑色、褐 黑色	半金属 光泽
钙钛矿 CaTiO$_3$	164	O	晶体常呈立方体 状，集合体呈 粒状	无明显解理		5.5	4.0	黑色、褐 色、黄色	灰色、白 色，半金 刚光泽
铬铁矿 FeCr$_2$O$_4$	155	C	晶体罕见，多呈 粒状、块状集 合体	无解理		5.5	4.6	黑色	褐色
辉砷钴矿 CoAsS	119	O	｛100｝、｛$hk0$｝ 单形，集合体呈 粒状	立方体状 解理，方 向可变	性脆	5.5	6.3	银白色、 淡红色	灰黑色
红砷镍矿 NiAs	107	H	晶体少见，多呈 板状；集合体呈 块状	无明显解理		5.5	7.8	浅铜红 色，带 锖色	褐黑色
褐帘石 Ca(Ce,La) (Al,Fe)$_3$ （Si$_2$O$_7$)(SiO$_4$) (O,OH)$_2$	284	M	晶体少见，常呈 粒状、块状集 合体	不清楚解理	蜕晶质， 具放射性	5.5～6	3.5～4.2	沥青黑 色、深 褐色	深褐色、 油脂玻璃 光泽
板钛矿 TiO$_2$	172	O	｛010｝单形板 状，｛120｝单形 柱状	｛120｝ 不清楚解理		5.5～6	4.1	黄褐色、 红褐色、 黑色	金属光泽 至金刚 光泽
黑锰矿 Mn$_3$O$_4$	155	Q	晶体少见，常呈 块状、粒状集 合体	｛001｝ 完全解理		5.5～6	4.8	棕色到 黑色	棕色

矿物	页码	晶系 （cs）	结晶习性	解理	脆性等	硬度 （H）	密度 （D）	颜色	条痕
毒砂 FeAsS	120	M	晶体常见，多呈柱状；集合体呈粒状	{101} 清楚解理		5.5～6	6.1	银白色到钢灰色	近黑色
方钴矿 (Co,Ni)As₃	123	C	晶体少见，常呈粒状、块状集合体	无明显解理	性脆	5.5～6	6.5	锡白色、钢灰色	黑色
软锰矿 MnO₂	170	Q	晶体少见，多呈放射状、纤维状、土状集合体	{110} 完全解理		6～6.5, 有时小 于6	4.4～5.1	钢灰色、铁黑色，浅蓝锈色	黑色
钛铁矿 FeTiO₃	163	T	晶体少见，常呈板状；集合体呈粒状、块状，见于砂矿中	无解理，具 {0001}、{10$\bar{1}$1}裂理		6	4.8	黑色	黑色
磁铁矿 Fe₃O₄	152	C	晶体常见，单形有 {111}、{100}、{110}；集合体呈块状、粒状	无解理，常具 {111}裂理	具磁性	6	5.2	黑色	黑色，光泽由暗至亮
赤铁矿 Fe₂O₃	161	T	晶体少见，多呈鳞片状、纤维状、粒状、土状等集合体	无解理，具 {0001}、{10$\bar{1}$1}裂理	无磁性	6	5.3	红色、棕色、黑色	红棕色
铌铁矿 (Fe,Mn)(Nb,Ta)₂O₆	172	O	晶体常见，依 {010} 呈板状或柱状	{010} 清楚解理		6～6.5	5.2～6.8	黑色、褐黑色	褐色到黑色
褐锰矿 Mn²⁺(Mn³⁺)₆SiO₁₂	165	Q	晶体罕见，多呈粒状、块状集合体	{112} 完全解理		6～6.5	4.8	褐黑色、钢灰色	灰色、黑色
白铁矿 FeS₂	118	O	晶体常见，呈 {010} 板状或柱状；集合体常呈放射状	{101} 清楚解理	性脆	6～6.5	4.9	淡黄铜色，新鲜面发白	灰黑色
黄铁矿 FeS₂	114	C	晶体常见，常为 {100}、{210}、{111}；集合体常呈粒状、块状	无解理	性脆	6～6.5	5.0	黄铜色	黑色，带绿色调
砷铂矿 PtAs₂	119	C	晶体呈 {100}、{111}	{100} 不清楚解理	性脆	6.5	10.6	锡白色	黑色

表2 非金属光泽矿物（按硬度和密度排列）

矿物	页码	晶系 （cs）	结晶习性	解理	脆性等	硬度 （H）	密度 （D）	颜色	光泽
滑石 $Mg_3Si_4O_{10}$ $(OH)_2$	337	A、 M	晶体罕见，多 呈片状、致密 块状集合体	{001} 完全解理	具挠性， 无弹性， 可切，有 滑腻感	1	2.8	淡绿色、 白色、灰色	油脂光泽、 珍珠光泽
泡碱 Na_2CO_3· $10H_2O$	205	M	主要呈皮壳 状、被膜状集 合体			1～1.5	1.5	白色、 灰色、 淡黄色	玻璃光泽
叶蜡石 $Al_2Si_4O_{10}$ $(OH)_2$	337	A、 M	晶体罕见，多 呈放射状、叶 片状、致密状 集合体	{001} 完全解理	具挠性， 无弹性， 可切	1～1.5	2.8	白色、淡黄 色、淡绿色	油脂光泽、 珍珠光泽
绿铜锌矿 $(Zn,Cu)_5(CO_3)_2$ $(OH)_6$	203	M	皮壳状			1～2	4.2	浅绿色、 深绿色、 天蓝色	丝绢光泽
卤砂 NH_4Cl	134	C	晶体常呈 {211}	无明显 解理		1.5	2.0	无色、淡黄 色、褐色	玻璃光泽
钠硝石 $NaNO_3$	206	T	粒状集合体			1.5～2	2.2	无色	玻璃光泽
蓝铁矿 $Fe_3(PO_4)_2$· $8H_2O$	242	M	晶体常见，多 呈柱状，单 形有{010}、 {100}；集合 体多呈土状	{010} 完全解理	具挠性	1.5～2	2.7	无色，氧化 后暗至蓝色、 绿色或黑色	玻璃光泽
雌黄 As_2S_3	112	M	晶体少见，多 呈叶片状块体	{010} 完全解理	具挠性， 无弹性， 可切	1.5～2	3.5	柠檬黄色、 棕黄色、条 痕淡黄色	树脂光泽
雄黄 AsS	111	M	晶体少见，多 呈块状、粒状 集合体	{010} 中等解理	可切	1.5～2	3.6	红色至橙 色，条痕橙 黄色	树脂光泽
自然硫 S	88	O	晶体常见，具 {hkl}单形； 集合体呈块 状、皮壳状	无明显 解理	性脆	1.5～2.5	2.1	硫黄色、淡 绿色、棕色， 条痕白色	油脂光泽 至金刚 光泽
钴华 $Co_3(AsO_4)_2$· $8H_2O$	243	M	晶体罕见，集 合体呈粉末状 被膜	{010} 完全解理		1.5～2.5	3.1	深红色，条 痕淡红色	玻璃光泽
光卤石 (K,NH_4) $MgCl_3·6H_2O$	142	O	晶体少见，常 呈粒状集合体	无解理		2	1.6	无色、乳白 色、淡黄色、 淡红色	暗淡油脂 光泽
水绿矾 $FeSO_4$· $7H_2O$	218	M	晶体罕见，多 呈钟乳状、皮 壳状、被膜状 集合体	{001}完 全解理 {110} 清楚解理		2	1.9	浅绿色、淡 蓝色	玻璃光泽

矿物	页码	晶系（cs）	结晶习性	解理	脆性等	硬度（H）	密度（D）	颜色	光泽
石膏 $CaSO_4 \cdot 2H_2O$	215	M	晶体常见，有 $\{010\}$、$\{120\}$、$\{11\bar{1}\}$ 单形；集合体常呈粒状、纤维状	$\{010\}$ 完全解理 $\{100\}$、$\{011\}$ 清楚解理	具挠性，无弹性	2	2.3	无色、白色、灰色等	玻璃光泽、珍珠光泽、丝绢光泽
高岭石 $Al_2Si_2O_5(OH)_4$	335	A	晶体不可见，常呈黏土状、土状集合体	$\{001\}$ 完全解理	有滑腻感，在水中具塑性	2	2.6	白色、淡红色、褐色	暗淡土状光泽
钒钾铀矿 $K_2(UO_2)_2(VO_4)_2 \cdot 3H_2O$	248	M	晶体罕见，常呈粉末状集合体	$\{001\}$ 完全解理	具放射性	2	4～5	淡黄色、绿黄色	暗淡土状光泽
角银矿 $AgCl$	133	C	晶体罕见，多呈蜡状、角状块体	无解理	可切	2	5.6	无色、灰色、淡黄色，光照下易变暗	树脂光泽、金刚光泽、暗淡光泽
硼砂 $Na_2B_4O_5(OH)_4 \cdot 8H_2O$	206	M	晶体呈柱状，单形有 $\{100\}$、$\{110\}$、$\{010\}$、$\{001\}$	$\{100\}$ 完全解理 $\{110\}$ 清楚解理	性脆	2～2.5	1.7	无色、白色、灰色、淡黄色	玻璃光泽、暗淡光泽
泻利盐 $MgSO_4 \cdot 7H_2O$	218	O	晶体罕见，集合体多呈纤维状、皮壳状、被膜状	$\{010\}$ 完全解理 $\{101\}$ 清楚解理	味苦	2～2.5	1.7	无色、白色	玻璃光泽、丝绢光泽
钙铀云母 $Ca(UO_2)_2(PO_4)_2 \cdot 10H_2O$	248	Q	单形有 $\{001\}$ 常呈扇状、鳞片状，皮壳状集合体	$\{001\}$ 完全解理	放射性	2～2.5	3.1～3.2	柠檬黄色、浅绿色	玻璃光泽、珍珠光泽
淡红银矿 Ag_3AsS_3	125	T	单形有 $\{10\bar{1}1\}$、$\{10\bar{1}0\}$、$\{hkil\}$，集合体呈块状	$\{10\bar{1}1\}$ 清楚解理	性脆	2～2.5	5.8	朱红色，光照下变暗，条痕朱红色	金刚光泽
硅孔雀石 $(Cu,Al)_2H_2Si_2O_5(OH)_4 \cdot nH_2O$	351	O(?)	隐晶质，常呈皮壳状、葡萄状、纤维状、土状集合体	无解理		2～4	1.9～2.4	浅绿色、浅蓝色、褐色、黑色	蜡状光泽
贫水硼砂 $Na_2B_4O_6(OH)_2 \cdot 3H_2O$	207	M	晶体大，呈粗粒状	$\{100\}$、$\{001\}$ 完全解理		2.5	1.9	无色、白色	玻璃光泽
钾盐 KCl	132	C	晶体常见，单形如 $\{100\}$，集合体多呈粒状、致密状	$\{100\}$ 完全解理	性脆	2.5	2.0	无色、白色	玻璃光泽
钠硼解石 $NaCaB_5O_6(OH)_6 \cdot 5H_2O$	207	A	集合体常呈针状、纤维状、毛发状			2.5	2.0	白色	丝绢光泽

矿物	页码	晶系（cs）	结晶习性	解理	脆性等	硬度（H）	密度（D）	颜色	光泽
石盐 NaCl	130	C	晶体常见，常呈〔100〕；集合体多呈粒状、致密状	〔100〕完全解理		2.5	2.2	无色、白色、浅黄色、浅红色、浅蓝色	玻璃光泽
胆矾 $CuSO_4 \cdot 5H_2O$	217	A	晶体罕见，常呈钟乳状、皮壳状、被膜状集合体	无明显解理		2.5	2.3	蓝色	玻璃光泽
水镁石 $Mg(OH)_2$	176	T	晶体罕见，常呈叶片状、块状、纤维状集合体	〔0001〕完全解理	具挠性，无弹性，可切	2.5	2.4	白色、淡绿色、灰色、褐色、蓝色	蜡状玻璃光泽、珍珠光泽
斜绿泥石 $(Mg,Fe)_5Al(Si_3Al)O_{10}(OH)_8$	345	A、M	晶体罕见，常呈叶片状、细鳞片状、粒状集合体	〔001〕完全解理	挠性，无弹性	2.5	2.7～2.9	绿色、浅黄色、棕色、紫色	玻璃光泽，通常暗淡
白云母 $KAl_2(Si_3Al)O_{10}(OH,F)_2$	339	M	晶体呈板状、锥形，集合体呈板状、叶片状、鳞片状	〔001〕完全解理	挠性、弹性	2.5	2.8	无色、浅黄色、浅绿色、褐色	玻璃光泽、珍珠光泽
冰晶石 Na_3AlF_6	138	M	晶体罕见，常呈立方体状；集合体多呈块状、粒状	〔110〕、〔001〕裂理		2.5	3.0	无色、白色、棕色、淡红色、近黑色	油脂光泽、玻璃光泽
闪叶石 $Sr_2Na_3Ti_3(Si_2O_7)_2(OH)_4$	281	M	晶体呈板状、片状	〔100〕完全解理		2.5	3.3	金黄色、褐色	强玻璃光泽、半金属光泽
硅钙铀矿 $Ca(UO_2)_2(SiO_3OH)_2 \cdot 5H_2O$	273	M	晶体呈针状，集合体呈放射状球体、毡状	〔100〕中等解理		2.5	3.9	黄色、橙黄色	玻璃光泽
浓红银矿 Ag_3SbS_3	124	T	晶体呈〔10$\bar{1}$0〕、〔$hk\bar{i}l$〕单形，晶形复杂；集合体呈块状、粒状	〔10$\bar{1}$1〕清楚解理	性脆	2.5	5.8	深红色，光照下变暗；条痕红色	金刚光泽
辰砂 HgS	111	T	晶体常见，呈菱面体、板状；集合体多呈粒状、块状	〔10$\bar{1}$0〕完全解理		2.5	8.1	朱红色、棕色；条痕红色	金刚光泽、暗淡光泽
黑云母 $K(Mg,Fe)_3(Si_3Al)O_{10}(OH,F)_2$	341	M	晶体呈板状，集合体呈叶片状、鳞片状	〔001〕完全解理	挠性、弹性	2.5～3	2.8	深棕色、绿色、黑色	玻璃光泽、半金属光泽

矿物	页码	晶系（cs）	结晶习性	解理	脆性等	硬度（H）	密度（D）	颜色	光泽
金云母 $K(M,Fe)_3$ $(Si_3Al)O_{10}$ $(F,OH)_2$	340	M	晶体呈板状、圆锥形；集合体呈片状、叶片状	$\{001\}$ 完全解理	挠性、弹性	2.5～3	2.9	淡黄色、棕色	玻璃光泽、珍珠光泽
铬铅矿 $PbCrO_4$	223	M	晶体呈柱状，有条纹；集合体多呈粒状	$\{110\}$ 清楚解理		2.5～3	6.0	红色、橙红色，条痕橙黄色	强玻璃光泽
角铅矿 $Pb_2CO_3Cl_2$	204	Q	晶体呈柱状，有$\{110\}$、$\{001\}$、$\{111\}$单形	$\{110\}$、$\{001\}$ 完全解理		2.5～3	6.1	黄白色、黄棕色、灰色	树脂光泽
铅矾 $PbSO_4$	213	O	晶体少见，集合体呈粒状、球状、致密状	$\{001\}$ $\{210\}$ 解理		2.5～3	6.3	无色、白色、灰色、浅黄色、浅绿色	树脂光泽
三水铝石 $Al(OH)_3$	177	M	晶体罕见，多呈放射状、皮壳状、土状集合体	$\{001\}$ 完全解理		2.5～3.5	2.4	白色、灰色	玻璃光泽、珍珠光泽
方解石 $CaCO_3$	185	T	晶体常见，单形有$\{10\bar{1}0\}$、$\{10\bar{1}1\}$、$\{hk\bar{i}l\}$；集合体呈粒状、钟乳状等	$\{10\bar{1}1\}$ 完全解理	双折射率高	3	2.7	无色、白色等	玻璃光泽
锂云母 $K(Li,Al)_3$ $(Si,Al)_4O_{10}$ $(F,OH)_2$	342	M	晶体少见，多呈鳞片状集合体	$\{001\}$ 完全解理	挠性、弹性	3	2.8	淡紫色、粉色、无色、灰色、浅黄色	珍珠光泽
硫砷铜矿 Cu_3AsS_4	127	O	晶体常见，单形有$\{001\}$，呈板状；集合体多呈粒状、柱状	$\{110\}$ 完全解理，$\{100\}$、$\{010\}$ 清楚解理	性脆	3	4.5	钢灰色、黑色，条痕黑色	金属光泽、暗淡光泽
钼铅矿 $PbMoO_4$	226	Q	晶体常见，常呈板状，单形有$\{001\}$；集合体呈粒状	$\{101\}$ 清楚解理		3	6.8	黄色、橙黄色、橙红色、白色、灰色	金刚光泽、树脂光泽
钒铅矿 $Pb_5(VO_4)_3Cl$	241	H	晶体常见，多呈柱状，单形有$\{10\bar{1}0\}$、$\{0001\}$，集合体呈球状、皮壳状	无解理		3	6.9	红色、橙红色、红褐色	半金属光泽
杂卤石 K_2Ca_2Mg $(SO_4)_4·2H_2O$	220	A	晶体罕见，多呈块状、纤维状集合体	$\{10\bar{1}\}$ 完全解理		3～3.5	2.8	无色、白色	玻璃光泽

矿物	页码	晶系（CS）	结晶习性	解理	脆性等	硬度（H）	密度（D）	颜色	光泽
氯铜矿 $Cu_2Cl(OH)_3$	143	O	晶体呈柱状，单形有{ $hk0$ }；集合体呈粒状、纤维状	{010}完全解理		3~3.5	3.8	鲜绿色至深绿色，条痕苹果绿色	玻璃光泽
天青石 $SrSO_4$	212	O	晶体沿{001}成板状，亦呈柱状；集合体多呈粒状	{001}完全解理，{210}中等解理		3~3.5	4.0	蓝色、无色、浅绿色、淡红色	玻璃光泽
毒重石 $BaCO_3$	199	O	晶体少见，多呈球状、粒状、纤维状集合体	{010}清楚解理		3~3.5	4.3	白色、灰色	玻璃光泽
重晶石 $BaSO_4$	211	O	晶体常见，呈柱状、板状，单形有{001}、{210}；集合体多呈粒状	{001}、{210}完全解理		3~3.5	4.5	无色、白色、浅蓝色或绿色、浅黄色	玻璃光泽
白铅矿 $PbCO_3$	199	O	晶体常见，单形有{010}、{111}、{021}，呈网状结构；集合体多呈粒状	{110}清楚解理		3~3.5	6.6	无色、白色、灰色	金刚光泽
浊沸石 $Ca(Al_2Si_4)O_{12} \cdot 4H_2O$	388	M	晶体呈柱状，集合体呈块状	{010}、{110}完全解理	常呈白垩状	3~4	2.3	白色、无色、粉色	玻璃光泽
黑硬绿泥石 $K(Fe,Al)_8(Si,Al)_{12}(O,OH)_{36} \cdot nH_2O$	350	A	晶体罕见，多呈片状集合体	{001}完全解理	性脆	3~4	2.9	深绿色、黑色、金褐色或红褐色	玻璃光泽、半金属光泽
叶蛇纹石 $Mg_3Si_2O_5(OH)_4$	333	M、O	晶体不可见，呈致密状集合体	不可见		3~5	2.6	浅绿色、杂色、黄色、褐色、灰色	油脂光泽
纤蛇纹石 $Mg_3Si_2O_5(OH)_4$	333	M、O	晶体不可见，呈纤维状集合体	不可见		3~5	2.6	浅绿色、杂色、黄色、褐色、灰色	丝绢光泽
钾盐镁矾 $KMg(SO_4)Cl \cdot 3H_2O$	222	M	晶体罕见，多呈粒状集合体	{001}完全解理		3.5	2.1	无色	玻璃光泽
水镁矾 $MgSO_4 \cdot H_2O$	221	M	晶体罕见，多呈粒状集合体	{110}、{111}完全解理		3.5	2.6	无色、灰色、浅黄色	玻璃光泽

矿物	页码	晶系 (cs)	结晶习性	解理	脆性等	硬度 (H)	密度 (D)	颜色	光泽
硬石膏 $CaSO_4$	214	O	晶体少见，多呈粒状、块状、纤维状集合体	{100}、{010}完全解理，{001}中等解理		3.5	3.0	无色、灰色、浅蓝色	玻璃光泽、珍珠光泽
星叶石 $(K,Na)_3$ $(Fe,Mn)_7$ $Ti_2Si_8(O,OH)_{31}$	325	A	晶体呈板状、针状	{001}完全解理	薄片具脆性	3.5	3.4	黄铜色、深褐色	玻璃光泽、半金属光泽
羟砷锌石 $Zn_2AsO_4(OH)$	233	O	晶面多样，常呈扇形玫瑰状集合体	{101}中等解理		3.5	4.4	蜜黄色、棕色、淡绿色、白色、无色	玻璃光泽
羟钒锌铅石 $PbZnVO_4(OH)$	235	O	晶体呈柱状，单形有{110}、{111}；集合体多呈纤维状、粒状	无解理		3.5	6.2	褐色、黑褐色、红褐色	油脂光泽
片沸石 $(Na,K)Ca_4$ $(Al_9Si_{27})O_{72}$· $24H_2O$	389	M	晶体常见，依{010}成板状	{010}完全解理		3.5～4	2.2	无色、白色、浅黄色、淡红色	玻璃光泽
辉沸石 $NaCa_4(Al_9Si_{27})$ O_{72}·$30H_2O$	390	M	晶体常见，集合体多呈束状	{010}完全解理		3.5～4	2.2	无色、白色、灰色、浅黄色、褐色	玻璃光泽、珍珠光泽
银星石 $Al_3(PO_4)_2$ $(OH,F)_3·5H_2O$	244	O	晶体稀少，集合体呈放射状球形	{110}、{101}中等解理		3.5～4	2.4	无色、灰色、淡黄色、浅绿色	玻璃光泽
明矾石 $KAl_3(SO_4)_2$ $(OH)_6$	221	T	晶体少见，多呈致密状、粒状、土状集合体	{0001}清楚解理		3.5～4	2.8	白色、淡黄色、淡红色	玻璃光泽
白云石 $CaMg(CO_3)_2$	192	T	晶体呈简单的{10$\bar{1}$1}，集合体多呈粒状	{10$\bar{1}$1}完全解理		3.5～4	2.9	白色、灰色、浅绿色、浅褐色、浅粉色	玻璃光泽
文石 $CaCO_3$	196	O	晶体常见，多呈棱柱状，具双晶；集合体常呈柱状、皮壳状、豆状	{010}清楚解理		3.5～4	2.9	无色、白色、灰色、淡黄色、浅蓝色、浅绿色	玻璃光泽
菱锰矿 $MnCO_3$	191	T	晶体常为{10$\bar{1}$1}，集合体多呈粒状、葡萄状	{10$\bar{1}$1}完全解理		3.5～4	3.6	粉红色至深红色	玻璃光泽

矿物	页码	晶系（cs）	结晶习性	解理	脆性等	硬度（H）	密度（D）	颜色	光泽
蓝铜矿 $Cu_3(CO_3)_2(OH)_2$	202	M	晶体常见，集合体多呈柱状、块状、葡萄状	{011}完全解理		3.5~4	3.8	天蓝色到深蓝色，条痕浅蓝色	玻璃光泽
菱锶矿 $SrCO_3$	198	O	晶体少见，常呈柱状、粒状、纤维状集合体	{110}中等解理		3.5~4	3.8	白色、灰色、淡黄色、浅绿色	玻璃光泽
孔雀石 $Cu_2CO_3(OH)_2$	201	M	晶体罕见，多呈块状、葡萄状、钟乳状集合体	{$\bar{2}$01}完全解理 {010}清楚解理		3.5~4	4.0	浅绿色至深绿色，条痕浅绿色	玻璃光泽、丝绢光泽
闪锌矿 ZnS	100	C	晶体常见，主要为{111}、{1$\bar{1}$1}、{100}、{110}；集合体常呈块状	{110}完全解理		3.5~4	4.0	浅黄色、浅褐色至近黑色，条痕黄色至褐色	金刚光泽、半金属光泽
水胆矾 $Cu_4SO_4(OH)_6$	218	M	晶体少见，集合体多呈皮壳状、粒状	{100}完全解理		3.5~4	4.0	翠绿色、墨绿色	玻璃光泽
赤铜矿 Cu_2O	145	C	晶体常见，多呈{111}、{100}、{110}；集合体呈块状、土状	{111}清楚解理	性脆	3.5~4	6.1	红色至近黑色，条痕红褐色	金刚光泽、半金属光泽
磷氯铅矿 $Pb_5(PO_4)_3Cl$	238	H	晶体常见，单形有{10$\bar{1}$0}、{0001}、{10$\bar{1}$1}，呈桶状；集合体多呈球状	{10$\bar{1}$1}不清楚解理		3.5~4	7.0	浅黄色、浅褐色、浅绿色	树脂光泽
砷铅矿 $Pb_5(AsO_4)_3Cl$	239	H	晶形有{10$\bar{1}$0}、{0001}，呈桶状、球状	{10$\bar{1}$1}不清楚解理		3.5~4	7.3	浅黄色、黄褐色、橙黄色	树脂光泽
菱镁矿 $MgCO_3$	189	T	晶体少见，多呈土状、瓷状、粒状集合体	{10$\bar{1}$1}完全解理		4	3.0	白色、灰色、淡黄色、浅棕色	玻璃光泽
珍珠云母 $CaAl_2(Si_2Al_2)O_{10}(OH)_2$	344	M	晶体罕见，多呈叶片状、鳞片状集合体	{001}完全解理	性脆	4	3.0	白色、淡红色、珍珠灰	珍珠光泽
萤石 CaF_2	135	C	晶体常见，单形有{100}、{111}{110}、{$hk0$}、{hkl}；集合体常呈粒状	{111}完全解理		4	3.2	浅绿色、蓝绿色、紫色、无色、黄色、棕色等	玻璃光泽

矿物	页码	晶系（cs）	结晶习性	解理	脆性等	硬度（H）	密度（D）	颜色	光泽
菱铁矿 $FeCO_3$	190	T	晶形多为$\{10\bar{1}1\}$，集合体多呈粒状	$\{10\bar{1}1\}$完全解理		4	4.0	浅褐色至深褐色、红褐色、浅灰色，条痕白色	玻璃光泽
水锰矿 $MnO(OH)$	179	M	晶体少见，多呈棱柱状；集合体呈柱状、纤维状	$\{010\}$完全解理，$\{110\}$、$\{001\}$中等解理		4	4.3	钢灰色至黑色，条痕深棕色至黑色	半金属光泽
红锌矿 ZnO	148	H	晶体罕见，多呈粒状、叶片状集合体	$\{10\bar{1}0\}$完全解理；$\{0001\}$裂理		4	5.7	红色至橙黄色，条痕橙黄色	树脂光泽
硬硼钙石 $CaB_3O_4(OH)_3 \cdot H_2O$	207	M	晶体呈棱柱状，集合体多呈粒状	$\{010\}$完全解理，$\{001\}$清楚解理		4~4.5	2.4	无色、白色、淡黄色	玻璃光泽
热臭石 $(Fe,Mn)_8$$Si_6O_{15}$$(OH,Cl)_{10}$	349	T	晶体呈板状、柱状，集合体呈致密块状、细粒块状	$\{0001\}$完全解理		4~4.5	3.1	褐绿色、橄榄绿色	油脂光泽、半金属光泽
菱锌矿 $ZnCO_3$	192	T	晶体罕见，多呈肾状、皮壳状、钟乳状集合体	$\{10\bar{1}1\}$完全解理		4~4.5	4.4	深棕色、蓝色、绿色、黄色、粉色、白色，条痕白色	强玻璃光泽
菱沸石 $Ca(Al_2Si_4)$$O_{12} \cdot 6H_2O$	392	T	晶体常见，常呈立方体状菱面体	$\{10\bar{1}1\}$不清楚解理		4~5	2.1	无色、白色、淡黄色、粉色	玻璃光泽
磷钇矿 YPO_4	229	Q	晶形与锆石的类似，也依$\{001\}$成板状	$\{100\}$解理		4~5	4.5~5.1	浅黄色、浅褐色、浅灰色	油脂光泽
钠菱沸石 $Na_4(Al_4Si_8)$$O_{24} \cdot 11H_2O$	394	H	晶体简单，呈板状	$\{10\bar{1}0\}$中等解理		4.5	2.1	无色、白色、淡黄色、淡红色	玻璃光泽
钙十字沸石 $K(Ca_{0.5},Na)_2$$(Si_5Al_3) \cdot$$O_{16} \cdot 6H_2O$	391	M	双晶	$\{010\}$清楚解理，$\{100\}$不清楚解理		4.5	2.2	无色、白色、淡黄色	玻璃光泽
交沸石 $BaAl_2Si_6$$O_{16} \cdot 6H_2O$	392	M	双晶	$\{010\}$清楚解理		4.5	2.5	无色、白色	玻璃光泽
磷铝石 $AlPO_4 \cdot 2H_2O$	241	O	隐晶质			4.5	2.5	苹果绿色	蜡状光泽
磷铁锂矿 $LiFePO_4$	229	O	晶体罕见，多呈粗粒状集合体	$\{001\}$中等解理，$\{010\}$不完全解理		4.5~5	3.6	灰蓝色至灰绿色	玻璃光泽、树脂光泽

矿物	页码	晶系（cs）	结晶习性	解理	脆性等	硬度（H）	密度（D）	颜色	光泽
假孔雀石 $Cu_5(PO_4)_2(OH)_4$	233	M	晶体罕见，多呈纤维状、葡萄状、带状集合体	无明显解理		4.5~5	4.3	翠绿色、墨绿色	玻璃光泽
白钨矿 $CaWO_4$	224	Q	晶体常见，单形有｛101｝、｛112｝；集合体呈粒状	｛101｝清楚解理		4.5~5	6.1	白色、黄色、褐色	油脂光泽、树脂光泽
蓝晶石 Al_2SiO_5	265	A	晶体常见，单形有｛100｝、｛010｝；集合体呈叶片状	｛100｝完全解理		4.5 和 6.5	3.6	浅蓝色、苍白色、浅灰色、浅绿色	玻璃光泽、珍珠光泽
鱼眼石 $KCa_4Si_8O_{20}(F,OH)\cdot 8H_2O$	348	Q	晶体常见，常呈柱状，有晶纹	｛001｝完全解理		5	2.4	无色、白色、灰色、淡绿色、淡黄色	玻璃光泽
硅灰石 $CaSiO_3$	317	A	晶体少见，多呈放射状、柱状、叶片状、纤维状集合体	｛100｝、｛001｝完全解理，｛$1\bar{0}1$｝中等解理		5	2.9	无色、白色、灰色	玻璃光泽、丝绢光泽
针钠钙石 $NaCa_2Si_3O_8(OH)$	318	A	晶体罕见，多呈针状；集合体常呈放射状	｛100｝、｛001｝完全解理		5	2.9	无色、白色、灰色	玻璃光泽、丝绢光泽
硅硼钙石 $CaBSiO_4(OH)$	271	M	晶体呈柱状，集合体呈粒状、瓷状	无明显解理		5	3.0	无色、白色、淡绿色	玻璃光泽
磷灰石 $Ca_5(PO_4)_3(F,Cl,OH)$	236	H	晶体常见，单形有｛0001｝、｛$10\bar{1}0$｝、｛$10\bar{1}1$｝；集合体多呈粒状	无明显解理		5	3.2	黄绿色、灰绿色或蓝绿色、褐色、无色，含杂质	玻璃光泽、油脂光泽
透视石 $CuSiO_3\cdot H_2O$	291	T	晶体常见，呈柱状、菱面体状	｛$10\bar{1}1$｝中等解理		5	3.3	翠绿色	玻璃光泽
异极矿 $Zn_4Si_2O_7(OH)_2\cdot H_2O$	276	O	晶体常见，呈异极象，具扇形构造；集合体多呈钟乳状、皮壳状	｛110｝完全解理	热电性和压电性	5	3.4	白色、浅蓝色、浅绿色、浅黄色、棕色	玻璃光泽
方沸石 $Na(AlSi_2)O_6\cdot H_2O$	384	C	晶体常为｛211｝，集合体呈粒状	无解理		5~5.5	2.3	无色、白色、浅灰色、浅黄色、淡红色	玻璃光泽
钠沸石 $Na_2(Si_3Al_2)O_{10}\cdot 2H_2O$	384	O	晶体常见，常呈柱状、针状；集合体多呈纤维状、粒状	｛110｝完全解理		5~5.5	2.3	无色、白色、淡黄色、淡红色	玻璃光泽

矿物	页码	晶系（cs）	结晶习性	解理	脆性等	硬度（H）	密度（D）	颜色	光泽
杆沸石 $NaCa_2(Al_5Si_5)$ $O_{20} \cdot 6H_2O$	386	O	晶体少见，多呈柱状、扇状、球状集合体	$\{010\}$ 完全解理		5～5.5	2.3	白色、灰色、黄色、红色	玻璃光泽
针铁矿 $FeO(OH)$	180	O	晶体罕见，多呈棱柱状，亦有单形 $\{010\}$；集合体多呈块状、纤维状、土状	$\{010\}$ 完全解理，$\{100\}$ 中等解理		5～5.5	3.3～4.4	深褐色、黄褐色、红褐色，条痕黄褐色	金刚光泽至半金属光泽，暗淡光泽，丝绢光泽
榍石 $CaTiO(SiO_4)$	269	M	晶体常见，呈楔形；集合体呈粒状、片状	$\{110\}$ 清楚解理		5～5.5	3.4～3.6	褐色、浅黄色、浅绿色、浅灰色、黑色	弱金刚光泽
烧绿石 $(Ca,Na)_2Nb_2O_6$ (OH,F)	166	C	晶形常为 $\{111\}$，集合体常呈粒状、块状	$\{111\}$ 中等解理		5～5.5	4.5	棕色、黑色，带淡黄色或淡红色色调	玻璃光泽
独居石 (Ce,La,Nd,Th) PO_4	229	M	晶体少见，集合体多呈粒状、砂状	$\{100\}$ 中等解理，$\{010\}$ 不完全解理	放射性	5～5.5	4.6～5.4	黄褐色、红褐色	树脂光泽
蛋白石 $SiO_2 \cdot nH_2O$	363	-	呈块状、皮壳状、葡萄状、钟乳状集合体	贝壳状断口		5～6	2.0～2.2	无色、白色、灰色、淡黄色、褐色等	玻璃光泽、蜡状光泽、暗淡光泽
青金石 $Na_3Ca(Si_3Al_3)$ $O_{12}S$	379	C	晶体罕见，常呈块状集合体	$\{110\}$ 不清楚解理		5～6	2.4	天蓝色、绿蓝色，条痕淡蓝色	玻璃光泽
钙霞石 $(Na,Ca)_8$ (Si_6Al_6) $O_{24}(CO_3)_2 \cdot$ $2H_2O$	381	H	晶体少见，呈柱状；集合体呈块状	$\{10\bar{1}0\}$ 解理		5～6	2.5	淡黄色、白色、淡红色	玻璃光泽
方柱石 $(Ca,Na)_4$ $(Si,Al)_{12}O_{24}$ (CO_3,SO_4,Cl)	381	Q	晶体常见，单形有 $\{100\}$、$\{110\}$、$\{111\}$，晶面不平整；集合体呈粒状	$\{110\}$、$\{100\}$ 清楚解理		5～6	2.5～2.7	白色、灰色、浅绿色、浅黄色、浅蓝色、淡红色	玻璃光泽
绿松石 $CuAl_6(PO_4)_4$ $(OH)_8 \cdot 4H_2O$	246	A	晶体非常罕见，多呈隐晶质块状、致密状、皮壳状集合体	无解理	性脆	5～6	2.6～2.8	蓝色、蓝绿色、绿色	蜡状光泽
钠锆石 $Na_2ZrSi_3O_9 \cdot$ $2H_2O$	288	M	单形主要为 $\{001\}$，呈板状；玫瑰状集合体			5～6	2.8	无色、蜜黄色、棕色、浅蓝色、浅绿色	玻璃光泽

矿物	页码	晶系（cs）	结晶习性	解理	脆性等	硬度（H）	密度（D）	颜色	光泽
天蓝石 $(Mg,Fe)Al_2(PO_4)_2(OH)_2$	233	M	锥状晶体，单形有｛111｝、｛$\bar{1}$11｝；集合体呈粒状	无显著解理		5～6	3.1	天蓝色、蓝绿色或蓝白色	玻璃光泽
顽火辉石 $(Mg,Fe)SiO_3$	306	O	晶体罕见，多呈粒状、纤维状集合体	｛210｝清楚解理		5～6	3.2	灰色、绿色、棕色、近黑色	玻璃光泽、半金属光泽
易解石 $(Ce,Ca,Fe)(Ti,Nb)_2(O,OH)_6$	174	O	晶体少见，呈柱状；集合体呈块状		蜕晶质	5～6	4.2～5.3	深褐色、条痕褐色至黑色	金属光泽
钡硬锰矿 $(Ba,H_2O)_2Mn_5O_{10}$	171	O	集合体呈皮壳状、土状			5～6	4.7	黑色、褐黑色，条痕黑色或褐黑色	金属光泽
晶质铀矿 UO_2	175	C	单形有｛100｝、｛111｝，集合体多呈块状、带状	无解理	放射性	5～6	6.5～11	黑色、褐黑色，条痕褐黑色	沥青光泽、半金属光泽、暗淡光泽
褐钇铌矿 $YNbO_4$	174	Q	晶体呈柱状，集合体呈粒状		蜕晶质	5～6.5	4.2～5.7	黑色、黑褐色	半金属光泽
异性石 $Na_{15}Ca_6Fe_3Zr_3Si(Si_{25}O_{73})(O,OH,H_2O)_3(Cl,OH)_2$	297	T	晶体少见，多呈粒状集合体	无解理		5.5	2.9	红色、褐色、淡黄色	玻璃光泽
磷铝钠石 $NaAl_3(PO_4)_2(OH)_4$	235	M	晶体呈柱状	｛010｝中等解理		5.5	3.0	浅黄色、黄绿色	玻璃光泽
黄长石 $(Ca,Na)_2(Al,Mg)(Si,Al)_2O_7$	275	Q	晶体少见，多呈粒状集合体	｛001｝清楚解理，｛110｝不清楚解理		5.5	3.0	浅黄色、浅棕色、浅灰色、无色	玻璃光泽
三斜闪石 $Na_2(Fe^{2+})_5TiSi_6O_{20}$	325	A	晶体呈柱状	｛100｝、｛010｝完全解理		5.5	3.8	深黑色、褐黑色，条痕红褐色	玻璃光泽、油脂光泽
硅锌矿 Zn_2SiO_4	253	T	晶体罕见，多呈块状、粒状集合体	｛0001｝中等解理		5.5	4	白色、淡黄色、绿色、褐色	玻璃光泽、油脂光泽
钙钛矿 $CaTiO_3$	164	O	晶体呈立方体状，集合体呈粒状	无明显解理		5.5	4.0	黑色、褐色、黄色，条痕灰色或白色	金属光泽至金刚光泽
磷铝锂石 $(Li,Na)AlPO_4(F,OH)$	231	A	晶体少见，多呈粗粒状集合体	｛100｝完全解理，｛110｝、｛0$\bar{1}$1｝中等解理		5.5～6	3.0	白色、淡黄色、浅绿色	玻璃光泽、油脂光泽

矿物	页码	晶系 （cs）	结晶习性	解理	脆性等	硬度 （H）	密度 （D）	颜色	光泽
透闪石 $Ca_2(Mg,Fe)_5$ $Si_8O_{22}(OH)_2$	307	M	晶体呈柱状，集合体多呈放射状、柱状、纤维状	{110} 完全解理，解理夹角为124° 和56°	致密者具韧性	5.5～6	3.0～3.4	白色、灰色、浅绿色至深绿色、近黑色	玻璃光泽
普通角闪石 如 $Ca_2(Fe^{2+},Mg)_4$ $(Al,Fe^{3+})(Si_7Al)O_{22}$ $(OH,F)_2$	309	M	晶体呈棱柱状，集合体多呈放射状、柱状	{110} 完全解理，解理夹角为124° 和56°		5.5～6	3.0～3.4	深绿色到黑色、棕色	玻璃光泽
钠铁闪石 $Na_3(Fe^{2+},Mg)_4$ $Fe^{3+}Si_8O_{22}(OH)_2$	313	M	晶体呈棱柱状，集合体呈柱状、粒状	{110}完全解理		5.5～6	3.4	蓝黑色至黑色、条痕蓝灰色	玻璃光泽
褐帘石 $Ca(Ce,La)$ $(Al,Fe)_3(Si_2O_7)$ $(SiO_4)(O,OH)_2$	284	M	晶体少见，多呈粒状、块状集合体	不清楚解理	蜕晶质，具放射性	5.5～6	3.5～4.2	沥青黑色、深褐色，条痕深褐色	玻璃光泽、油脂光泽、半金属光泽
方镁石 MgO	146	C	晶体罕见，多呈粒状集合体	{100}完全解理		5.5～6	3.6	无色、黄棕色或绿色	玻璃光泽
锐钛矿 TiO_2	171	Q	晶体呈双锥体，单形有 {101}、{100}，偶呈板状	{001}、{101}完全解理		5.5～6	3.9	蓝黑色、黄色、棕色等，条痕发白	金刚光泽、半金属光泽
黑柱石 $CaFe^{3+}(Fe^{2+})_2$ $O(Si_2O_7)$ (OH)	279	M	晶体常见，呈柱状，具条纹集合体呈块状、放射	{010}、{001}清楚解理		5.5～6	4.0	黑色、棕黑色、条痕近黑色	玻璃光泽、半金属光泽
板钛矿 TiO_2	172	O	晶体依 {010} 成板状，或依 {120} 呈柱状	{120}不清楚解理		5.5～6	4.1	黄褐色、红褐色、黑色	金属光泽至金刚光泽
黑锰矿 Mn_3O_4	155	Q	晶体少见，常呈块状、粒状集合体	{001}完全解理		5.5～6	4.8	棕色至黑色，条痕棕色	半金属光泽
方钠石 $Na_4(Si_3Al_3)$ $O_{12}Cl$	376	C	晶体罕见，多为 {110}；常呈粒状、块状集合体	{110}不清楚解理		6	2.3	浅蓝色、浅绿色、淡红色、白色、灰色	玻璃光泽
整柱石 $(K,Na)Ca_2$ $(Be,Al)_3Si_{12}$ $O_{30}\cdot H_2O$	296	H	晶体呈柱状			6	2.5	无色、浅绿色、黄色	玻璃光泽
白榴石 $K(AlSi_2)O_6$	376	Q、C	晶体常见，单形多为等轴晶系晶形 {211}	无解理		6	2.5	白色、灰色、无色	玻璃光泽、暗淡光泽
霞石 $(Na,K)AlSiO_4$	375	H	晶体罕见，多呈粒状集合体	{10\overline{1}0}不清楚解理		6	2.6	无色、白色、灰色	油脂光泽

矿物	页码	晶系 (cs)	结晶习性	解理	脆性等	硬度 (H)	密度 (D)	颜色	光泽
透长石 $KAlSi_3O_8$	366	M	常依 {010} 成板状	{001} 完全解理, {010} 中等解理		6	2.6	无色、白色、 灰色、淡蓝 乳白色色调	玻璃光泽
正长石 $KAlSi_3O_8$	367	M	晶体常见, 常 呈柱状, 单 形有 {010}、 {110}、{001}; 集合体多呈 粒状	{001} 完全解理, {010} 中等解理		6	2.6	肉红色、白 色、灰色、 浅黄色、浅 绿色	玻璃光泽
微斜长石 $KAlSi_3O_8$	369	A	晶体常见, 呈 柱状, 单形有 {010}、{110}、 {001}; 集合 体多呈粒状	{001} 完全解理, {010} 中等解理		6	2.6	白色、浅黄 色、浅红色、 浅绿色	玻璃光泽
斜长石 (Na,Ca) $(Si,Al)_4O_8$	371	A	晶体多依 {010} 成板 状, 集合体呈 粒状	{001} 完全解理, {010} 中等解理	{001} 具 双晶条纹	6	2.6~2.8	白色、灰色、 无色、浅绿 色、淡红色	玻璃光泽
直闪石 $(Mg,Fe)_7$ Si_8O_{22} $(OH)_2$	315	O	晶体少见, 多 呈叶片状、纤 维状集合体	{210} 完全解理		6	2.8~3.3	棕色、浅黄 色、浅灰色、 浅绿色	玻璃光泽、 丝绢光泽
蓝闪石 $Na_2(Mg,Fe)_3$ $Al_2Si_8O_{22}(OH)_2$	310	M	晶体呈柱状、 针状; 集合体 多呈放射状、 粒状	{110} 清楚解理		6	3.0~3.2	蓝灰色、蓝 色至近黑色	玻璃光泽
硬柱石 $CaAl_2Si_2O_7$ $(OH)_2·H_2O$	278	O	粒状集合体	{001}、 {100} 完全解理, {110} 不 清楚解理		6	3.1	白色、浅蓝 色或浅灰色	玻璃光泽
镁铁闪石 $(Mg,Fe,Mn)_7$ $Si_8O_{22}(OH)_2$	315	M	晶体少见, 常 呈针状、纤维 状、放射状集 合体	{110} 完全解理		6	3.2~3.6	浅褐色至深 褐色、浅 绿色	玻璃光泽、 丝绢光泽
透辉石 $CaMgSi_2O_6$	300	M	晶体呈棱柱 状, 集合体多 呈粒状、块 状、柱状	{110} 清楚解理, 解理夹角为 87° 和 93°		6	3.3	白色、浅绿 色至深绿色	玻璃光泽
普通辉石 (Ca,Na) (Mg,Fe,Al) $(Si,Al)_2O_6$	302	M	晶体呈棱柱 状, 集合体多 呈粒状、块状	{110} 清楚解理, 解理夹角为 87° 和 93°		6	3.3	黑色、深 绿色	玻璃光泽

矿物	页码	晶系（cs）	结晶习性	解理	脆性等	硬度（H）	密度（D）	颜色	光泽
钙蔷薇辉石 $CaMnSi_2O_6$	318	A	晶体少见，呈致密状、纤维状	$\{100\}$ 完全解理 $\{110\}$、$\{1\bar{1}0\}$ 不完全解理		6	3.3	浅红色、褐红色	玻璃光泽
日光榴石 $Be_3Mn_4(SiO_4)_3S$	381	C	晶形常为 $\{111\}$、$\{1\bar{1}1\}$，集合体呈块状	$\{111\}$ 清楚解理		6	3.3	黄色	玻璃光泽
钠闪石 $Na_2(Fe^{2+},Mg)_3(Fe^{3+})_2Si_8O_{22}(OH,F)_2$	313	M	晶体少见，集合体多呈放射状、毡状、纤维状	$\{110\}$ 完全解理		6	3.4	蓝色、蓝黑色	玻璃光泽、丝绢光泽
硅铁灰石 $Ca_3(Fe^{2+},Mn)Fe^{3+}Si_5O_{14}(OH)$	322	A	晶体呈柱状	$\{110\}$、$\{1\bar{1}0\}$ 完全解理		6	3.4	深绿色、黑色	强玻璃光泽
霓石 $NaFe^{3+}Si_2O_6$	303	M	晶体呈柱状，集合体呈针状、纤维状、粒状	$\{110\}$ 清楚解理		6	3.5	暗绿色、绿黑色、棕黑色、条痕黄绿色	玻璃光泽
蔷薇辉石 $(Mn,Ca)_5Si_5O_{15}$	320	A	晶体多呈板状，集合体呈块状、粒状	$\{110\}$、$\{1\bar{1}0\}$ 完全解理		6	3.5～3.7	粉色、棕红色	玻璃光泽
葡萄石 $Ca_2Al(Si,Al)_4O_{10}(OH)_2$	348	O	晶体罕见，多呈钟乳状葡萄状、块状集合体	$\{001\}$ 清楚解理		6～6.5	2.9	浅绿至深绿色、白色、灰色	玻璃光泽
粒硅镁石 $(Mg,Fe,Ti)_5(SiO_4)_2(F,OH,O)_2$	256	M	晶体常见，晶形多样，常呈粒状集合体	无明显解理		6～6.5	3.2	黄色、橘红色、褐红色	玻璃光泽
金红石 TiO_2	167	Q	晶体常见，常为 $\{100\}$、$\{110\}$、$\{101\}$、$\{111\}$；集合体呈粒状	$\{110\}$ 清楚解理，$\{100\}$ 不清楚解理		6～6.5	4.2	红褐色、金褐色、红色、黑色、条痕浅褐色	金刚光泽、半金属光泽
褐锰矿 $Mn^{2+}(Mn^{3+})_6SiO_{12}$	165	Q	晶体罕见，多呈粒状、块状集合体	$\{112\}$ 完全解理		6～6.5	4.8	褐黑色、钢灰色、条痕灰色至黑色	金属光泽
铌铁矿 $(Fe,Mn)(Nb,Ta)_2O_6$	172	O	晶体常见，多依 $\{010\}$ 成板状，亦见柱状	$\{010\}$ 清楚解理		6～6.5	5.2～6.8	黑色、褐黑色、条痕褐色至黑色	金属光泽
夕线石 Al_2SiO_5	264	O	晶体罕见，常呈纤维状、柱状集合体	$\{010\}$ 完全解理		6～7	3.2	浅灰色、浅黄色、浅棕色或绿色	玻璃光泽、丝绢光泽

矿物	页码	晶系 (CS)	结晶习性	解理	脆性等	硬度 (H)	密度 (D)	颜色	光泽
绿帘石 Ca_2FeAl_2 $(Si_2O_7)(SiO_4)$ $(O,OH)_2$	282	M	晶体沿 b 轴延伸，有条纹；集合体多呈粒状、纤维状	{001} 中等解理， {100} 不 完全解理		6～7	3.4	黄绿色、深绿色、棕绿色、近黑色	玻璃光泽
斜黝帘石 $Ca_2Al_3(Si_2O_7)$ $(SiO_4)(O,OH)_2$	284	M	晶体沿 b 轴延伸，有条纹；集合体多呈粒状、纤维状	{001} 中等解理， {100} 不 完全解理		6～7	3.4	黄绿色、深绿色、棕色	玻璃光泽
锡石 SnO_2	169	Q	晶体常见，晶形有 {100}、{110}、{101}、{111}；集合体常呈粒状	{100} 不清楚 解理		6～7	7.0	红棕色、棕黑色，条痕白色、浅黄色	金刚光泽至金属光泽
方石英 SiO_2	363	Q	晶体小，呈八面体；集合体呈球状	无解理		6.5	2.3	白色	玻璃光泽
透锂长石 $LiAlSi_4O_{10}$	350	M	晶体罕见，呈粒状集合体	{001} 完全解理		6.5	2.4	无色、白色、灰色、淡红色、浅绿色	玻璃光泽
紫脆石 Na_2AlSi_3 $O_8(OH)$	382	A	粒状集合体	{001} 清楚解理， {110} 不清楚 解理		6.5	2.5	红紫色、白色	玻璃光泽
柱晶石 Mg_4Al_6 $(Si,Al,B)_5$ $O_{21}(OH)$	273	O	晶体呈棱柱状，集合体呈柱状、放射状	{110} 解理		6.5	3.3	无色、浅黄色、浅绿色、棕色	玻璃光泽
硬玉 $Na(Al,Fe)Si_2O_6$	304	M	晶体罕见，多呈微晶质致密状	{110} 解理， 极少见	韧性	6.5	3.3	浅绿色、深绿色、白色、褐色	玻璃光泽
符山石 $(Ca,Na)_{19}$ $(Al,Mg,Fe)_{13}$ $(SiO_4)_{10}(Si_2O_7)_4$ $(OH,F,O)_{10}$	286	Q	晶体常见，单形有 {100}、{101}、{110}；集合体多呈粒状、放射状	无明显 解理		6.5	3.4	绿色、棕色、黄色、蓝色	玻璃光泽、树脂光泽
硬绿泥石 (Fe,Mg,Mn) $Al_2SiO_5(OH)_2$	271	M、 A	晶体少见，多呈鳞片状、叶片状集合体	{001} 中等解理		6.5	3.6	浅绿色、黑色	玻璃光泽
蓝锥矿 $BaTiSi_3O_9$	288	H	晶体常见，呈三方双锥	无明显 解理		6.5	3.7	浅蓝色至深蓝色	玻璃光泽
硅铍钇矿 $Be_2FeY_2Si_2O_{10}$	273	M	晶体罕见，多呈致密状集合体	无解理	蜕晶质	6.5	4～4.7	褐色至黑色，条痕灰绿色	油脂光泽

矿物	页码	晶系 （cs）	结晶习性	解理	脆性等	硬度 （H）	密度 （D）	颜色	光泽
锂辉石 $LiAlSi_2O_6$	304	M	晶体常见，呈柱状，有条纹	｛110｝完全解理	｛100｝裂理	6.5～7	3.2	白色、灰色、粉色、绿色、黄色	玻璃光泽
斧石 $Ca_2(Mn,Fe,Mg)$ Al_2BSi_4 $O_{15}(OH)$	277	A	晶体常见，呈斧头状；集合体呈块状、粒状	一组中等解理		6.5～7	3.3	棕色、紫色、浅黄色、浅绿色、浅灰色	玻璃光泽
橄榄石 $(Mg,Fe)_2$ SiO_4	254	O	常见晶形有平行双面、棱柱、双锥体，集合体多呈粒状	无明显解理		6.5～7	3.3～4.4	黄绿色、橄榄绿色、棕色、黑色	玻璃光泽
硬水铝石 $AlO(OH)$	179	O	晶体罕见，多呈柱状、板状；集合体常呈块状、鳞片状	｛010｝完全解理，｛110｝清楚解理		6.5～7	3.4	白色、灰色、无色、淡绿色、淡棕色、粉红色	玻璃光泽、珍珠光泽
鳞石英 SiO_2	363	O	晶体小于1 mm，呈板状	无解理		7	2.3	无色、白色	玻璃光泽
石英 SiO_2	356	T	晶体常见，呈带菱面体的棱柱状，有条纹；集合体呈粒状、微晶质	无解理，贝壳状断口	压电性	7	2.65	无色、灰色、白色、紫罗色、黄色、棕色、粉色	玻璃光泽
蓝线石 $(Al,Mg,Fe)_{27}$ $B_4Si_{12}O_{69}$ $(OH)_3$	273	O	晶体呈柱状，集合体多呈致密状、纤维状			7	3.3	深蓝色、紫色、灰蓝色、棕色、淡红色	丝绢光泽
镁铝榴石 Mg_3Al_2 $(SiO_4)_3$	259	C	晶体常见，单形有｛110｝、｛211｝；集合体呈粒状	无解理		7	3.6	深红色、近黑色	玻璃光泽
钙铝榴石 $Ca_3Al_2(SiO_4)_3$	259	C	晶体常见，单形有｛110｝、｛211｝；集合体呈粒状	无解理		7	3.6	白色、黄色、粉色、绿色、褐色	玻璃光泽
十字石 $(Fe,Mg)_4Al_{17}$ $(Si,Al)_8O_{45}$ $(OH)_3$	267	M	晶体常见，单形有｛110｝、｛001｝、｛010｝、｛101｝，见双晶	｛010｝清楚解理		7	3.7	浅褐色、红褐色、褐黑色	玻璃光泽
钙铁榴石 $Ca_3Fe_2(SiO_4)_3$	259	C	晶体常见，单形有｛110｝、｛211｝；集合体呈粒状	无解理		7	3.9	黄色、绿色、褐色至黑色	玻璃光泽

矿物	页码	晶系（cs）	结晶习性	解理	脆性等	硬度（H）	密度（D）	颜色	光泽
钙铬榴石 $Ca_3Cr_2(SiO_4)_3$	259	C	晶形常见，单形有｛110｝、｛211｝；集合体呈粒状	无解理		7	3.9	翠绿色	玻璃光泽
锰铝榴石 $Mn_3Al_2(SiO_4)_3$	259	C	晶形常见，单形有｛110｝、｛211｝；集合体呈粒状	无解理		7	4.2	橘黄色、红色、褐色	玻璃光泽
铁铝榴石 $Fe_3Al_2(SiO_4)_3$	259	C	晶形常见，单形有｛110｝、｛211｝；集合体呈粒状	无解理		7	4.3	红色、褐色	玻璃光泽
堇青石 $Mg_2Al_4Si_5O_{18}$	291	O	晶体呈柱状，集合体多呈粒状	｛010｝不清楚解理	多色性	7～7.5	2.6	浅蓝色至深蓝色、紫色、无色、灰色	玻璃光泽
赛黄晶 $CaB_2Si_2O_8$	282	O	晶体呈柱状			7～7.5	3.0	无色、浅黄色	玻璃光泽、油脂光泽
方硼石 $Mg_3B_7O_{13}Cl$	208	O	常见单形｛100｝、｛110｝、｛111｝、｛1̄11｝，集合体呈致密粒状	无解理		7～7.5	3.0	白色至灰色、浅绿色或浅蓝色	玻璃光泽、暗淡光泽
电气石 如 $Na(Fe,Mg)_3$ $Al_6(BO_3)_3Si_6$ $O_{18}(OH)_4$	293	T	晶体常见，呈棱柱状，有条纹，半面象；集合体多呈块状、柱状、放射状	无明显解理	热电性和压电性	7～7.5	3.0～3.2	黑色、褐色、绿色、粉色、黄色、无色、蓝色，具色带	玻璃光泽
蓝柱石 $BeAlSiO_4(OH)$	263	M	晶体常见，呈柱状	｛010｝完全解理		7.5	3.0	无色、浅绿色或蓝色	玻璃光泽
红柱石 Al_2SiO_5	264	O	晶体呈柱状	｛110｝中等解理	表面常发生蚀变	7.5	3.2	浅灰色、浅绿色、褐色、淡红色、暗淡色	玻璃光泽
假蓝宝石 $Mg_7Al_{18}Si_3O_{40}$	326	M、A	晶体少见，呈板状；集合体多呈粒状	不清楚解理		7.5	3.5	天蓝色、浅绿色	玻璃光泽
锆石 $ZrSiO_4$	260	Q	晶体常见，呈柱状、双锥状	｛100｝不完全解理	高双折射率	7.5	4.7	棕色、棕红色、黄色、无色、蓝色	金刚光泽
绿柱石 $Be_3Al_2Si_6O_{18}$	289	H	晶体常见，单形有｛1̄010｝、｛0001｝，晶面有条纹、沟槽；集合体呈柱状	｛0001｝不清楚解理		7.5～8	2.7	淡绿色、蓝色、无色、黄色、深绿色、粉色、红色	玻璃光泽

矿物	页码	晶系 (cs)	结晶习性	解理	脆性等	硬度 (H)	密度 (D)	颜色	光泽
硅铍石 Be_2SiO_4	253	T	晶体呈菱面体状、柱状	不清楚解理、柱状		$7.5\sim8$	3.0	无色、白色	玻璃光泽
尖晶石 $MgAl_2O_4$	150	C	晶体常见，单形有 $\{111\}$、$\{110\}$、$\{100\}$；集合体多呈块状	无解理，具 $\{111\}$ 不清楚裂理		$7.5\sim8$	3.6	红色、蓝色、绿色、棕色、无色、黑色	玻璃光泽
黄玉 Al_2SiO_4 $(F,OH)_2$	268	O	晶体常见，呈柱状，有条纹；集合体呈粒状	$\{001\}$ 完全解理		8	3.5	无色、黄色、棕色、蓝色、绿色、粉色	玻璃光泽
金绿宝石 $BeAl_2O_4$	156	O	晶体常见，单形有 $\{001\}$、$\{110\}$、$\{010\}$；见双晶	$\{110\}$ 清楚解理，$\{010\}$ 不清楚解理		8.5	3.7	绿色、黄绿色、褐色、红色	玻璃光泽
刚玉 Al_2O_3	158	T	晶体常见，呈桶状，单形有 $\{hkil\}$、$\{0001\}$、$\{11\bar{2}0\}$；集合体多呈粒状	无解理，具 $\{0001\}$、$\{10\bar{1}1\}$ 裂理		9	4.0	灰色、蓝色、黄色、红色	玻璃光泽
金刚石 C	88	C	晶体常见，单形有 $\{111\}$、$\{110\}$	$\{111\}$ 完全解理	性脆	10	3.5	无色、浅黄色等	金刚光泽

元素周期表

图例说明：
- 原子序数
- 元素符号
- 元素中文名称
- 元素英文名称
- 惯用原子量
- 标准原子量

示例：
1 H 氢 hydrogen 1.008 [1.0078, 1.0082]

族	1	2	3	4	5	6	7	8	9	10	11	12	13	14	15	16	17	18
	1 H 氢 hydrogen 1.008 [1.0078, 1.0082]																	2 He 氦 helium 4.0026
	3 Li 锂 lithium 6.94 [6.938, 6.997]	4 Be 铍 beryllium 9.0122											5 B 硼 boron 10.81 [10.806, 10.821]	6 C 碳 carbon 12.011 [12.009, 12.012]	7 N 氮 nitrogen 14.007 [14.006, 14.008]	8 O 氧 oxygen 15.999 [15.999, 16.000]	9 F 氟 fluorine 18.998	10 Ne 氖 neon 20.180
	11 Na 钠 sodium 22.990	12 Mg 镁 magnesium 24.305 [24.304, 24.307]											13 Al 铝 aluminium 26.982	14 Si 硅 silicon 28.085 [28.084, 28.086]	15 P 磷 phosphorus 30.974	16 S 硫 sulfur 32.06 [32.059, 32.076]	17 Cl 氯 chlorine 35.45 [35.446, 35.457]	18 Ar 氩 argon 39.95 [39.792, 39.963]
	19 K 钾 potassium 39.098	20 Ca 钙 calcium 40.078(4)	21 Sc 钪 scandium 44.956	22 Ti 钛 titanium 47.867	23 V 钒 vanadium 50.942	24 Cr 铬 chromium 51.996	25 Mn 锰 manganese 54.938	26 Fe 铁 iron 55.845(2)	27 Co 钴 cobalt 58.933	28 Ni 镍 nickel 58.693	29 Cu 铜 copper 63.546(3)	30 Zn 锌 zinc 65.38(2)	31 Ga 镓 gallium 69.723	32 Ge 锗 germanium 72.630(8)	33 As 砷 arsenic 74.922	34 Se 硒 selenium 78.971(8)	35 Br 溴 bromine 79.904 [79.901, 79.907]	36 Kr 氪 krypton 83.798(2)
	37 Rb 铷 rubidium 85.468	38 Sr 锶 strontium 87.62	39 Y 钇 yttrium 88.906	40 Zr 锆 zirconium 91.224(2)	41 Nb 铌 niobium 92.906	42 Mo 钼 molybdenum 95.95	43 Tc 锝 technetium	44 Ru 钌 ruthenium 101.07(2)	45 Rh 铑 rhodium 102.91	46 Pd 钯 palladium 106.42	47 Ag 银 silver 107.87	48 Cd 镉 cadmium 112.41	49 In 铟 indium 114.82	50 Sn 锡 tin 118.71	51 Sb 锑 antimony 121.76	52 Te 碲 tellurium 127.60(3)	53 I 碘 iodine 126.90	54 Xe 氙 xenon 131.29
	55 Cs 铯 caesium 132.91	56 Ba 钡 barium 137.33	57-71 镧系 lanthanoids	72 Hf 铪 hafnium 178.49(2)	73 Ta 钽 tantalum 180.95	74 W 钨 tungsten 183.84	75 Re 铼 rhenium 186.21	76 Os 锇 osmium 190.23(3)	77 Ir 铱 iridium 192.22	78 Pt 铂 platinum 195.08	79 Au 金 gold 196.97	80 Hg 汞 mercury 200.59	81 Tl 铊 thallium 204.38 [204.38, 204.39]	82 Pb 铅 lead 207.2	83 Bi 铋 bismuth 208.98	84 Po 钋 polonium	85 At 砹 astatine	86 Rn 氡 radon
	87 Fr 钫 francium	88 Ra 镭 radium	89-103 锕系 actinoids	104 Rf 𬬻 rutherfordium	105 Db 𬭊 dubnium	106 Sg 𬭳 seaborgium	107 Bh 𬭛 bohrium	108 Hs 𬭶 hassium	109 Mt 䥑 meitnerium	110 Ds 𫟼 darmstadtium	111 Rg 𬬭 roentgenium	112 Cn 鿔 copernicium	113 Nh 鿭 nihonium	114 Fl 𫓧 flerovium	115 Mc 镆 moscovium	116 Lv 𫟷 livermorium	117 Ts 鿬 tennessine	118 Og 鿫 oganesson

镧系 lanthanoids:

57 La 镧 lanthanum 138.91	58 Ce 铈 cerium 140.12	59 Pr 镨 praseodymium 140.91	60 Nd 钕 neodymium 144.24	61 Pm 钷 promethium	62 Sm 钐 samarium 150.36(2)	63 Eu 铕 europium 151.96	64 Gd 钆 gadolinium 157.25(3)	65 Tb 铽 terbium 158.93	66 Dy 镝 dysprosium 162.50	67 Ho 钬 holmium 164.93	68 Er 铒 erbium 167.26	69 Tm 铥 thulium 168.93	70 Yb 镱 ytterbium 173.05	71 Lu 镥 lutetium 174.97

锕系 actinoids:

89 Ac 锕 actinium	90 Th 钍 thorium 232.04	91 Pa 镤 protactinium 231.04	92 U 铀 uranium 238.03	93 Np 镎 neptunium	94 Pu 钚 plutonium	95 Am 镅 americium	96 Cm 锔 curium	97 Bk 锫 berkelium	98 Cf 锎 californium	99 Es 锿 einsteinium	100 Fm 镄 fermium	101 Md 钔 mendelevium	102 No 锘 nobelium	103 Lr 铹 lawrencium

选定元素的元素符号和原子序数

名称	符号	原子序数	名称	符号	原子序数
氢	H	1	锶	Sr	38
氦	He	2	钇	Y	39
锂	Li	3	锆	Zr	40
铍	Be	4	铌	Nb	41
硼	B	5	钼	Mo	42
碳	C	6	铑	Rh	45
氮	N	7	钯	Pd	46
氧	O	8	银	Ag	47
氟	F	9	镉	Cd	48
钠	Na	11	锡	Sn	50
镁	Mg	12	锑	Sb	51
铝	Al	13	碲	Te	52
硅	Si	14	碘	I	53
磷	P	15	铯	Cs	55
硫	S	16	钡	Ba	56
氯	Cl	17	镧	La	57
氩	Ar	18	铈	Ce	58
钾	K	19	铪	Hf	72
钙	Ca	20	钽	Ta	73
钪	Sc	21	钨	W	74
钛	Ti	22	锇	Os	76
钒	V	23	铱	Ir	77
铬	Cr	24	铂	Pt	78
锰	Mn	25	金	Au	79
铁	Fe	26	汞	Hg	80
钴	Co	27	铅	Pb	82
镍	Ni	28	铋	Bi	83
铜	Cu	29	镭	Ra	88
锌	Zn	30	钍	Th	90
砷	As	33	铀	U	92
硒	Se	34			
溴	Br	35			
铷	Rb	37			

* 仅包括书中提及的元素。

术语表

此术语表包含了本书第二部分中矿物产状部分所出现的地质学术语。矿物学及结晶学术语在第一部分已做解释，可以在索引中查找。

alkali granite, alkali syenite 碱性花岗岩、碱性正长岩　碱金属含量特别高的花岗岩或正长岩，主要含有导致富钠辉石及角闪石形成的 Na、K 元素。

alkaline rock 碱性岩　Na、K 含量高而 Al、Si 含量相对较低的火成岩。除碱性长石和似长石外，碱性岩也含有富 Na 的辉石及角闪石。

Alpine vein 阿尔卑斯型矿脉　不同类型的热液脉，通常含有发育特别良好的晶体。

amphibolite 角闪岩　一种铁镁质（暗色）的变质岩，主要含普通角闪石和斜长石。

andesite 安山岩　一种浅色的、细粒状的火山岩，主要含斜长石（奥长石或中长石）、钾长石、少量石英及数量不等的暗色矿物。安山岩常见于岛弧及活动板块边缘，例如南美洲的安第斯山脉。

anorthosite 斜长岩　一种组成矿物几乎全都是斜长石（通常是拉长石）的深成岩。

basalt 玄武岩　指一种由富钙斜长石、辉石和铁氧化物组成的火山岩，也可能含橄榄石，其成分中 40%～52% 为 SiO_2。该术语也可指代任何暗色、细粒的岩石。玄武岩是最常见的一种火山岩，与辉长岩相当。它们以广泛伸展的熔岩流的形式出现在北大西洋地区、印度以及其他一些地方，并构成海底的主要组成部分。

basic rock 基性岩　未达到饱和的火成岩或变质岩，也就是说，其中 SiO_2 占 45%～53%（以重量计）。

bentonite 膨润土　主要成分为蒙脱石的黏土，由火山灰蚀变而来。

bitumen 沥青　各种天然碳氢化合物的混合物，如柏油。

breccia 角砾岩　由具棱角的岩石碎屑组成。棱角说明岩石碎屑并没有被搬运至离母岩很远的地方。

carbonatite 碳酸岩　含有大量碳酸盐矿物（通常为方解石或白云石）的火成岩。有些碳酸岩因含有稀有金属矿物（例如 Nb 矿物）而具有重要的经济价值。

chalk 白垩　一种多孔的、细粒的石灰岩，常呈白色或浅黄色，主要由微生物残骸（主要是有孔虫）组成。

clay 黏土　颗粒直径小于 0.004 mm（4 μm）的沉积岩。颗粒为黏土矿物或其他矿物岩石的碎屑。

concretion 结核　沉积岩中的圆形矿物结核。通常具有同心环状结构，围绕一个核心而形成。

conglomerate 砾岩　一种由直径超过 2 mm 的磨圆碎屑组成的粗粒沉积岩，这些碎屑由更细的基质（例如砂、黏土或白垩）胶结在一起。

contact metamorphism 接触变质作用 见**变质作用**。

crust 地壳 地球最外层到莫霍面的部分。大陆地壳相当于花岗质的，厚约 30～40 km；大洋地壳相当于玄武质的，厚约 7～13 km。

deposition 凝华 由气相直接结晶。例如含硫蒸气直接结晶而形成自然硫晶体。

differentiation 分异作用 见**火成岩**。

diorite 闪长岩 一种中性成分的中粒至粗粒的深成岩。主要含斜长石（奥长石或中长石）、普通角闪石，其次含黑云母、辉石，还含微量（或不含）石英或钾长石。

dolomite（1）**白云石**，一种碳酸盐矿物，主要成分为 $CaMg(CaCO_3)_2$；（2）**白云岩**（也写作"dolostone"），一种主要成分为白云石的岩石，外观与石灰岩相似。

dunite 纯橄榄岩 一种呈暗绿色或棕色且橄榄石含量超过 90% 的超基性岩。

dyke (dike) 岩墙（岩脉） 侵入并横切年代更老的岩石的板状火成岩岩体。岩墙通常垂直或者近乎垂直，其颗粒大小通常介于深成岩和火山岩之间。

eclogite 榴辉岩 一种在高温高压下形成的岩石，主要含浅红色的石榴子石（富镁铝榴石）和浅绿色的辉石（绿辉石）。至少部分榴辉岩是变质成因的。

enriched copper zone 铜富集带 见**辉铜矿**（第 95 页）。

evaporite 蒸发岩 从海水或盐湖中沉淀而成的沉积岩。沉淀源自水或饱和溶液的蒸发。参见**石盐**和**石膏**（第 130 页和第 215 页）。

fumarole 喷气孔 位于地球表面能让火山气体喷出的开口。气体包含水蒸气、二氧化碳、硫化氢等。能喷出含硫气体的喷气孔也被称为硫质喷气孔（solfatara）。

gabbro 辉长岩 一种暗色、中粗粒的深成岩，由富钙斜长石和单斜辉石组成，通常含有少量橄榄石。辉长岩对应的喷出岩是玄武岩。见**苏长岩**。

gangue mineral 脉石矿物 相对于矿石矿物而言，矿床中没有经济价值的矿物。

gneiss 片麻岩 一种中粗粒、叶片状的变质岩，由沉积岩或火成岩经高级区域变质作用而来。矿物以浅色矿物和暗色矿物交替排列为特征。典型的片麻岩含有斜长石、钾长石、石英，以及数量不等的云母、角闪石或辉石等暗色矿物。

granite 花岗岩 一种粗粒过饱和深成岩，包含石英（至少 20%）、钾长石、富钠斜长石（含量低于钾长石）、云母（白云母或黑云母，或两者都有），以及少量磷灰石、磁铁矿等暗色副矿物；还可能含普通角闪石。花岗岩对应的喷出岩是流纹岩。花岗岩构成了大部分大陆地盾。

granodiorite 花岗闪长岩 一种粗粒火成岩，与花岗岩的不同之处是它的斜长石含量高于钾长石的。

greenschist 绿片岩 一种含绿泥石的变质岩，在相对较低的温度及中等压强条件下形成。

hornfels 角岩 一种细粒的、外形像角的变质岩，由接触变质作用形成。

hydrothermal deposit 热液矿床 矿物从热液（含水溶液，通常源于岩浆）中沉淀而形成的矿床。可被划分为低温矿床（形成温度约为 50 ℃～150 ℃）、中温矿床（形成温度约为 150 ℃～400 ℃）和高温矿床（形成温度约为 400 ℃～600 ℃）。热液矿床常作为岩脉或交代矿床（参阅该条）产出。与伟晶岩相比，热液岩层在岩浆活动阶段更后期形成。

igneous complex 火成杂岩 一个由大致同期、密切相关的各种不同种类火成岩侵入体组成的岩石系统。

igneous rock 火成岩 由硅酸盐熔体（一种岩浆）结晶而成的岩石。火成岩分为火山岩（或喷出岩），生成于地表；浅成岩，生成于地表浅层；深成岩，生成于更深层。浅成岩与其他两种岩石之间的区别模糊，因此该术语未得到某些地质学家认可。火山岩结晶较快，因此呈细粒。深成岩结晶慢，因此呈粗粒。根据二氧化硅（SiO_2）的含量，火成岩可分为过饱和（酸性）岩、饱和岩和不饱和（基性）岩。超基性岩为极度不饱和岩。过饱和岩的主要成分为石英、钾长石和富钠斜长石；而饱和岩含斜长石或钾长石，大多不含石英；不饱和岩也不含石英，其中的长石部分被似长石代替。超基性岩由大量的暗色矿物组成（例如辉石、橄榄石）。花岗岩和玄武岩是最常见的火成岩。

部分火成岩由岩浆分异作用形成。这一过程发生在岩浆房中，已结晶的物质从岩浆房中分离（无论是由于岩浆部分损失，还是由于晶体较重而沉淀在岩浆房底中）。这影响了残余岩浆的成分，以及由该岩浆所形成的岩石的矿物成分。

intermediate rock 中性岩 SiO_2 含量为 52%～66% 的火成岩。

intrusive rock 侵入岩 岩浆侵入先期存在的岩石后结晶而形成的岩石。

kimberlite 金伯利岩 一种含金刚石的超基性岩，呈绿色至黑色；含大量橄榄石，有时也含金云母。金伯利岩常见斑状结构，与角砾岩有些相似。已知产地有南非等，在那里以深度超过 150 km 的胡萝卜状的岩管产出，也就是说，直达地幔。

lava 熔岩 喷出地表的硅酸盐熔体。

lignite 褐煤 低级煤。例如有木质纹理的褐色煤。

limestone 石灰岩 指一种浅色的沉积岩，通常呈白色或黄白色。主要成分为碳酸钙矿物，即方解石或文石，有时含白云石。石灰岩可由有机物沉淀形成，也可由化学沉淀形成。

mantle 地幔 莫霍面（地壳和地幔的分界线）与地球外核（深度约为 2 900 km）之间的区域。

marble 大理岩 由石灰岩或白云岩经变质作用而形成的变质岩。大理岩主要含方解石，以及少量白云石，通常呈白色。在商业上，所有被抛光过的钙质岩石都统称为"大理石"。

marl 泥灰岩 一种含大致等量的黏土和碳酸钙的沉积岩，即钙质泥岩。

massif（1）**块体**，一种大型构造形态；（2）**山丘**，一种大型地形特征；（3）**地块**，一种大型的火成岩侵入体或变质岩体，形成稳定地块。

metamorphism 变质作用 指岩石因受到温度、压力或流体作用而发生变化的过程。在变质作用下，母岩的矿物成分重结晶而形成新条件下更稳定的新矿物。变质作用可分为四个主要类型：接触变质作用（contact metamorphism）或热变质作用（thermal metamorphism），发生在高温条件下，例如与岩浆（硅酸盐熔体）接触；区域变质作用（regional metamorphism），发生在由大规模地质运动引起的温压上升条件下，例如造山运动；碎裂变质作用（cataclastic metamorphism），由物理变形或断裂引起，几乎没有温度上升，具有特征断裂带；冲击变质作用（impact metamorphism），由陨石撞击地表时产生的冲击波引起。根据变质程度不同，变质岩可分为低级变质岩、中级变质岩和高级变质岩。这些不同程度的变质作用有特定的矿物组合。片麻岩、云母片岩、大理岩和石英岩是常见的变质岩。见**交代作用**。

metasomatism 交代作用　一个用于表示通过化学成分的引入和带出（循环流体）而导致组分发生变化的专业术语。受交代作用影响的岩石称为交代岩（metasomatic rock）。

Moho 莫霍面　莫霍不连续面（Mohorovičić discontinuity）为地壳（本质上相当于花岗岩）和上地幔（本质上相当于橄榄岩）的分界线。莫霍面的深度通常位于大陆表面以下 25～90 km，海底以下 7～10 km。

nepheline-syenite 霞石正长岩　主要由碱性长石、霞石、辉石和角闪石组成的正长岩。

norite 苏长岩　斜方辉石含量高于单斜辉石的辉长岩。

obsidian 黑曜岩　一种黑色的玻璃质岩石，其成分与流纹岩的一致。

ore mineral 矿石矿物　相对于没有商业价值的脉石矿物而言，矿床中有价值的矿物。

pegmatite 伟晶岩　一种粗粒火成岩，通常具有花岗岩的成分，以岩墙或岩脉的形式出现，在火成岩侵入体结晶末期形成。在这些时期出现的挥发分（H_2O、F、B、Cl 等）令流体的黏度降低，使得侵入其他岩石变得容易。伟晶岩体可发育得非常大，能重达上百吨。有些伟晶岩中的矿物富含 Li、Be、B、F、P、Nb、Ta、U 等元素。

peridotite 橄榄岩　一种粗粒的暗色超基性岩，主要矿物为橄榄石。

phonolite 响岩　一种细粒斑状火山岩，其成分与霞石正长岩的对应。

plutonic rock 深成岩　见**火成岩**。

pneumatolysis 气成作用　在化学及矿物学中，指岩石与来自岩浆的热气体在结晶最后阶段发生反应而改变的过程。这些热气体富含 F、Cl、S、B 和 CO_2，能促使黄玉、电气石、锡石、辉钼矿及白钨矿等矿物的形成。从生成角度说，气成作用是伟晶岩和热液脉之间的一个中间过程。

porphyry 斑岩　一种侵入岩，相当大的一部分矿物颗粒（斑晶）嵌入细粒基质中。

pyroxenite 辉石岩　主要成分为辉石的超基性岩，通常含有少量橄榄石。

quartzite 石英岩　主要成分为石英的变质岩。石英岩通常由砂岩经变质作用而形成。

replacement deposit 交代矿床　由一种岩石经过热液矿化作用而形成的矿体。交代通常为等体积交换的过程，与矿脉或类似裂隙的填充截然相反。

rhyolite 流纹岩 一种细粒火山岩，通常呈浅色，其成分与花岗岩的一致。有些流纹岩部分为玻璃质。

rock 岩石 一种或多种矿物颗粒的集合体，在地质规模上形成大致均匀的块体。在广义上，岩石根据成因可分为火成岩、沉积岩和变质岩。

sandstone 砂岩 由砂粒组成的沉积岩，由 SiO_2、方解石、铁氧化物或黏土矿物等胶结在一起。砂粒直径为 0.06～2 mm，常为石英，也可为长石或其他矿物。

schist 片岩 一种典型的片状（schistose）变质岩。片岩通常以特征矿物命名，例如滑石、绿泥石、云母、石榴子石等。其中有些矿物象征了不同的变质等级。

sedimentary rock 沉积岩 由固体碎屑颗粒（矿物颗粒、岩屑或有机物残骸）在地表或近地表堆积而形成的岩石。大多数沉积物由原岩遭受侵蚀和搬运而形成；有些还可经化学作用（从溶液中沉淀、有机质堆积，以及火山喷发的碎片沉积）形成。常见的沉积物有黏土、砂、砂岩和砾石。

serpentinite 蛇纹岩 主要成分为蛇纹石的岩石。蛇纹岩由橄榄岩或纯橄榄岩等富橄榄石的超基性岩蚀变而成。

shale 页岩 一种固结的、超细粒的沉积岩，易裂碎（易剥裂）。

skarn 矽卡岩 一种由硅酸盐矿物组成的接触变质岩。矽卡岩源于受交代作用影响的石灰岩和白云石质灰岩，且与特定的铁矿或其他矿床有关。典型的矽卡岩矿物包括钙铝榴石、钙铁榴石、透辉石、绿帘石。

syenite 正长岩 一种中粗粒的深成岩，主要成分为长石（其中 2/3 以上是钾长石或富钠斜长石），以及角闪石、云母或辉石；还含极微量的石英。

trachyte 粗面岩 成分与正长岩一致的火山岩。

travertine 钙华 在大气条件下形成于温泉的一种钙质沉淀。

ultrabasic rock 超基性岩 极其不饱和的火成岩或变质岩，也就是说 SiO_2 含量低于 45%（以重量计）。

vein 矿脉 指在裂缝中形成的矿床，通常为热液成因。

volcanic rock 火山岩 见**火成岩**。

索 引

α-iron α-Fe 84

Absorption colour 吸收色 67

Acanthite 螺状硫银矿 94—95，398

Acmite 锥辉石 303

Actinolite 阳起石 307，*308*，*309*

Acute rhombohedron 尖菱面体 38

Adamantine lustre 金刚光泽 66

Adamite 羟砷锌石 *232*，233，407

Adularia 冰长石 368

Aegirine 霓石 *249*，303—304，415

Aenigmatite 三斜闪石 325—326，412

Aeschynite 易解石 173—174，400，412

Agalmatolite 寿山石 338

Agate 玛瑙 *50*，357，*362*

Aggregate 集合体 49—50

Åkermanite 镁黄长石 275

Al₂SiO₅ group Al₂SiO₅族 263—266

Alabandite 硫锰矿 98

Alabaster 雪花石膏 217

Albite 钠长石 365，371—374

Albite (twin) law 钠长石律 371

Alexandrite 变石 67，156

Alkali feldspar 碱性长石 365，372

Allanite 褐帘石 284—285，400，413

Alleghanyite 粒硅锰石 256

Allemontite 砷锑矿 86，*87*

Almandine 铁铝榴石 259，418

Alpine vein 阿尔卑斯型矿脉 422

Altaite 碲铅矿 98

Alunite 明矾石 221，407

Amalgam 银汞齐 80，85

Amazonite 天河石 371

Amber 琥珀 *395*，396

Amblygonite 磷铝锂石 *230*，231，412

Amethyst 紫水晶 *51*，*69*，70，356，*359*

Amosite 铁石棉 315

Amphibole group 角闪石族 *63*，306—316

Amphibolite 角闪岩 422

Analcime 方沸石 *383*，384，410

Anatase 锐钛矿 171—172，413

Andalusite 红柱石 263，264—265，418

Andesine 中长石 372

Andesite 安山岩 422

Andradite 钙铁榴石 *252*，259，260，*261*，417

Anglesite 铅矾 213—214，405

Anhydrite 硬石膏 214—215，407

Anion 阴离子 55

Anisotropic 各向异性的 65

Ankerite 铁白云石 195

Annabergite 镍华 243

Annite 铁云母 341

Anorthite 钙长石 365，371—373

Anorthoclase 歪长石 366

Anorthosite 斜长岩 422

Anthophyllite 直闪石 315—316，414

Antigorite 叶蛇纹石 333—334，406

Antimony 自然锑 86—87，399

Antiperthite 反条纹长石 368

Antlerite 块铜矾 218

Apatite 磷灰石 *18*，236—238，410

Apophyllite 鱼眼石 348，410

Aquamarine 海蓝宝石 *36*，*287*，290

Aragonite 文石 *55*，196—198，407

   group 文石族 195

Arfvedsonite 钠铁闪石 313—315，413

Argentite 辉银矿 94

Arsenic 自然砷 85—86，399

Arsenolite 砷华 112，158

Arsenopyrite 毒砂 120—121，401

Artinite 纤水碳镁石 205—206

Asbestos 石棉 *51*，313，316，317，*333*，
   334；见 Amosite

Astrophyllite 星叶石 325，*326*，407

Atacamite 氯铜矿 *142*，143，406

Augite 普通辉石 302—303，414

Aurichalcite 绿铜锌矿 203，402

Autunite 钙铀云母 *247*，248，403

Aventurine 砂金石 356，373，*374*

Axis of symmetry 对称轴 20—21

Axinite 斧石 *16*，*46*，277—278，417

Azurite 蓝铜矿 *15*，67，*70*，*183*，202，408

Babingtonite 硅铁灰石 322，415

Barite 重晶石；见 Baryte

Baryte 重晶石 *42*，211—212，406

Basalt 玄武岩 422

Bastnäsite 氟碳铈矿 203—204

Bauxite 铝土矿 177—178

Bavenite 硅铍钙石 328，*329*

Baveno twin 巴韦诺双晶 367

Benitoite 蓝锥矿 288，416

Bentonite 膨润土 422

Bertrandite 羟硅铍石 276

Beryl 绿柱石 *36*，*287*，289—291，418

Betafite 贝塔石 166

Biotite 黑云母 341—342，404

Birefringence 双折射 65

Bismuth 自然铋 87，398

Bismuthinite 辉铋矿 113

Bixbyite 方铁锰矿 158

Black-band ore 黑菱铁矿 190

Blomstrandine 钇易解石 174

Blue asbestos 青石棉 313

Bog iron ore 沼铁矿 *180*，*181*，182

Böhmite 软水铝石 179

Boléite 氯铜银铅矿 *142*，143

Bond

   covalent 共价键 58—59

   ionic 离子键 56—57

   metallic 金属键 57—58

   van der Waals 范德瓦耳斯键 58

Boracite 方硼石 208，418

Borax 硼砂 206，403

Bornite 斑铜矿 96—97，399

Bort 圆粒金刚石 90

Boulangerite 硫锑铅矿 128，398

Bournonite 车轮矿 127—128，398

Braunite 褐锰矿 165，401，415

Brazil (twin) law 巴西双晶律 356

Brazilianite 磷铝钠石 235，412

Breithauptite 红锑镍矿 108

Britholite 铈磷灰石 237

Brochantite 水胆矾 218，*219*，408

Bromargyrite 溴银矿 134

Bronzite 古铜辉石 306

Brookite 板钛矿 172，400，413

Brucite 水镁石 176—177，404

Bustamite 钙蔷薇辉石 318，415

Byssolite 绿石棉 *48*

Bytownite 培长石 372

Calamine 异极矿 192，276

Calaverite 碲金矿 123

Calcite 方解石 *39*, *53*, *54*, 185—188, 405
  group 方解石族 184—185

Campylite 磷砷铅矿 239

Cancrinite 钙霞石 375, *380*, 381, 411

Carbonado 黑金刚石 90

Carbonate-apatite 碳磷灰石 237

Carbonatite 碳酸岩 422

Carlsbad (twin) law 卡式（双晶）律 367

Carnallite 光卤石 142, 402

Carnelian 光玉髓 356, *362*

Carnotite 钒钾铀矿 248, 403

Cassiterite 锡石 *33*, 169, 416

Catapleiite 钠锆石 288, 411

Cation 阳离子 55

Cat's eye (chrysoberyl) 猫眼石（金绿宝石）
  156;（石英） 356

Cavansite 水硅钒钙石 352, *353*

Celadonite 绿鳞石 340

Celestine 天青石 212—213, 406

Celsian 钡长石 368—369

Centre of symmetry 对称中心 19—20

Cerargyrite 角银矿（旧称） 134

Cerussite 白铅矿 199—201, 406

Chabazite 菱沸石 392, *393*, 409

Chalcanthite 胆矾 217—218, 404

Chalcedony 玉髓 *13*, *50*, 356—357, *361*,
  362, *363*

Chalcocite 辉铜矿 95—96, 398

Chalcopyrite 黄铜矿 104—105, 399

Chalcotrichite 毛赤铜矿 145

Chalk 白垩 422

Chamosite 鲕绿泥石 346

Charoite 紫硅碱钙石 327

Chert 燧石 357

Chiastolite 空晶石 265

Chiavennite 水硅锰钙铍石 328

Chiolite 锥冰晶石 140

Chkalovite 硅铍钠石 322

Chlorapatite 氯磷灰石 237

Chlorargyrite 角银矿 133—134, 403

Chloritoid 硬绿泥石 270—271, 416

Chondrodite 粒硅镁石 256, 415

Chrome diopside 铬透辉石 301

Chromite 铬铁矿 155, 400

Chromophore 发色团 67

Chrysoberyl 金绿宝石 156, 419

Chrysocolla 硅孔雀石 351—352, 403

Chrysolite 贵橄榄石 254

Chrysoprase 绿玉髓 356, *361*

Chrysotile 纤蛇纹石 *332*, 333—334, 406

Cinnabar 辰砂 111, 404

Citrine 黄水晶 356, *360*

Clausthalite 硒铅矿 98

Clay 黏土 422
  ironstone 泥铁岩 190

Clevelandite 叶钠长石 372

Clinochlore 斜绿泥石 345—347, 404

Clinohumite 斜硅镁石 256, *257*

Clinoptilolite 斜发沸石 389

Clinozoisite 斜黝帘石 284, 416

Clintonite 绿脆云母 344, *345*

Cobaltite 辉砷钴矿 119—120, 400

Coesite 柯石英 354

Coffinite 铀石 262

Colemanite 硬硼钙石 207, 409

Collophane 胶磷矿 238

Columbite 铌铁矿 172—173, 401, 415

Conchoidal fracture 贝壳状断口 63

Concretion 结核 422

Contact twin 接触双晶 53

Cookeite 锂绿泥石 346—347

Copper 自然铜 82, 398

Cordierite 堇青石 291—292, *293*, 418

Corundum 刚玉 158—160，*161*，419

Covellite 铜蓝 110，398

Cristobalite 方石英 354，363，416

Crocidolite 纤铁钠闪石 313

Crocoite 铬铅矿 223，405

Cryolite 冰晶石 138—140，404

Cryolithionite 锂冰晶石 140

Cryptomelane 锰钾矿 171

Cryptoperthite 隐纹长石 368

Crystal(s) 晶体 11

    class 晶类 22

    face 晶面 23—25，47—49

    form 晶形 25—26

    geometry and morphology 晶体几何学和形
       态学 19—26

    lattice 晶格 11

    system 晶系 22

Crystallographic axis 结晶轴 23

Cube 立方体 26

Cubic close packing of sphere 球体立方紧密堆
    积 58

Cummingtonite 镁铁闪石 315，414

Cuprite 赤铜矿 145—146，399，408

Cuprosklodowskite 硅铜铀矿 273

Cyclosilicate 环状硅酸盐 250，287—297

Danalite 铍榴石 381

Danburite 赛黄晶 282，418

Dark ruby silver 浓红银矿（旧称） 124

Datolite 硅硼钙石 271，410

Dauphiné (twin) law 道芬双晶律 356

Demantoid 翠榴石 259

Descloizite 羟钒锌铅矿 235，407

Desmine 辉沸石（旧称） 390

Diamagnetic mineral 抗磁性矿物 72

Diamond 金刚石 58，88—92，419

Diaspore 硬水铝石 179—180，417

Diatomite 硅藻岩 364

Dichroite 堇青石（旧称） 292

Dickite 地开石 336

Didodecahedral class 偏方复十二面体晶类
    30—31

Didodecahedron 偏方复十二面体 31

Digenite 蓝辉铜矿 96

Dihexagonal bipyramid 复六方双锥 37

    bipyramidal class 复六方双锥晶类 34—37

    prisin 复六方柱 36

Diopside 透辉石 *298*，300—302，414

Dioptase 透视石 291，*292*，410

Diorite 闪长岩 423

Diploid 偏方复十二面体 31

Dispersion 色散 71

Disthene 蓝晶石（旧称） 266

Ditetragonal bipyramid 复四方双锥 *32*，34

    bipyramidal class 复四方双锥晶类 31—34

    prism 复四方柱 *32*，33，39

Ditrigonal prism 复三方柱 39

    pyramid 复三方单锥 39

    pyramidal class 复三方单锥晶类 39

    scalenohedral class 复三方偏三角面体晶类
       37—38

    scalenohedron 复三方偏三角面体 39

Dog-tooth spar 犬牙石 185

Dolomite 白云石 192，194，195，407，423

Dome 坡面 45

Dravite 镁电气石 293

Dumortierite 蓝线石 *272*，273，417

Dunite 纯橄榄岩 423

Eckermannite 镁铝钠闪石 315

Eclogite 榴辉岩 303，423

Edenite 浅闪石 310

Elbaite 锂电气石 293

Electron configuration 电子组态 55—56

Electrum 银金矿 77

Elpidite 纤硅锆钠石 325

Emerald 祖母绿 290

Emery 金刚砂 159

Enargite 硫砷铜矿 127，399，405

Enstatite 顽火辉石 306，412

Epididymite 板晶石 *324*，325

Epidote 绿帘石 *44*，*50*，*274*，282—283，416

Epistolite 水硅钠铌石 281

Epitaxy 面衍生 51

Epsomite 泻利盐 218，403

Erythrite 钴华 243，402

Etch figure 蚀象 52

Etching 刻蚀 52

Ettringite 钙铝矾 223

Euclase 蓝柱石 263，418

Eudialyte 异性石 297，*378*，412

Eudidymite 双晶石 *249*，323，325

Euxenite 黑稀金矿 174

Evaporite 蒸发岩 423

Fayalite 铁橄榄石 254

Feldspathoid 似长石 375—378

Ferberite 钨铁矿 223，*224*

Ferro-actinolite 铁阳起石 307—308

Ferroaxinite 铁斧石 278

Ferrocolumbite 铁铌铁矿 173

Ferromagnetic mineral 铁磁性矿物 72

Ferrosilite 铁辉石 306

Ferrotantalite 钽铁矿 173

Ferrotapiolite 重钽铁矿 173

Fibrolite 细夕线石 264

Fire opal 火蛋白石 364

Flint 黑燧石 357，*361*

Flos ferri 文石华 196

Fluorapatite 氟磷灰石 237

Fluorapophyllite 氟鱼眼石 348

Fluorescence 荧光 71

Fluorite 萤石 *52*，*69*，*129*，135—138，408

Form (crystal) 晶形 25—26，49

   general 一般形 26

   special 特殊形 26

Forsterite 镁橄榄石 254

Fracture 断口 61—64

Franklinite 锌铁尖晶石 155

Freibergite 银黝铜矿 127

Fuchsite 铬云母 339

Fumarole 喷气孔 423

Gabbro 辉长岩 423

Gadolinite 硅铍钇矿 273，416

Gahnite 锌尖晶石 150，151

Galaxite 锰尖晶石 150

Galena 方铅矿 97—100，398

Gangue mineral 脉石矿物 423

Garnet 石榴子石 67，256，258—260，*261*

Garnierite 硅镁镍矿 334

Gedrite 铝直闪石 316

Gehlenite 钙铝黄长石 275

Genthelvite 锌日光榴石 381

Gersdorffite 辉砷镍矿 120

Geyserite 硅华 364

Gibbsite 三水铝石 177—178，405

Glauber salt 芒硝（旧称） 220

Glauberite 钙芒硝 211

Glauconite 海绿石 340

Glaucophane 蓝闪石 310—311，414

Gmelinite 钠菱沸石 394，409

Gneiss 片麻岩 *14*，423

Goethite 针铁矿 180—182，400，411

Gold 自然金 *65*，*76*，77—79，398

Gold nugget 块金 77

Golden beryl 金色绿柱石 290

Gonnardite 纤沸石 386，*387*

Granite 花岗岩 423

Granodiorite 花岗闪长岩 423

Graphic granite 文象花岗岩 *370*

Graphite 石墨 92，398

Greenockite 硫镉矿 101

Grossular 钙铝榴石 *28*，259，*260*，*261*，417

Grunerite 铁闪石 315

Gypsum 石膏 *209*，215—217，403

Gyrolite 白钙沸石 350

Habit (crystal)（结晶）习性 49

Haematite 赤铁矿（旧称）161

Halite 石盐 46，*62*，130—131，404

Halloysite 埃洛石 336

Halotrichite 铁明矾 218，*219*

Hambergite 硼铍石 207

Hanksite 碳钾钠矾 222

Harmotome 交沸石 392，409

Hastingsite 绿钙闪石 310

Hausmannite 黑锰矿 155—156，400，413

Haüyne 蓝方石 376

Hedenbergite 钙铁辉石 300—302

Heliodor 金绿柱石 290

Heliotrope 红斑绿石髓 357

Helvite 日光榴石 381，415

Hematite 赤铁矿 161—162，401

Hemimorphite 异极矿 *43*，276—277，410

Hepatic cinnabar 肝辰砂 111

Hercynite 铁尖晶石 150，155

Herderite 磷铍钙石 230

Hessonite 铁钙铝榴石 260

Heterosite 磷铁石 229

Heulandite 片沸石 389，*390*，407

Hexagonal bipyramid 六方双锥 36

　bipyramidal class 六方双锥晶类 37

　closest packing 六方最紧密堆积 58

prism 六方柱 35—36，38

pyramid 六方单锥 37

pyramidal class 六方单锥晶类 37

(crystal) system 六方晶系 23，34—37

Hexahedron 六面体 26

Hexoctahedral class 六八面体晶类 26—29

Hexoctahedron 六八面体 28—29

Hextetrahedral class 六四面体晶类 29—30

Hextetrahedron 六四面体 29

Hiddenite 翠铬锂辉石 305

Hingganite 兴安矿 271

Holmquistite 锂闪石 316，*317*

Homilite 硅硼钙铁矿 271

Horn silver 角银矿（旧称）134

Hornblende 普通角闪石 *63*，309—310，413

Hübnerite 钨锰矿 223，*225*

Humite 硅镁石 256

Hyacinth 红锆石 262

Hyalite 玻璃蛋白石 364

Hyalophane 钡冰长石 369

Hydrargillite 三水铝石（旧称）177

Hydrogrossular 水钙铝榴石 260

Hydroxyapophyllite 羟鱼眼石 348

Hydroxylapatite 羟磷灰石 237

Hydrozincite 水锌矿 202，*203*

Hypersthene 紫苏辉石 306

Iceland spar 冰洲石 185

Icositetrahedron 四角三八面体 27—28

Idocrase 符山石（旧称）286

Illite 伊利石 336

Ilmenite 钛铁矿 163，*164*，401

Ilvaite 黑柱石 279，413

Indigolite 蓝电气石 294

Inesite 红硅钙锰石 322

Inosilicate 链状硅酸盐 250，299—329

Inversion axis 倒反轴 21

point 倒反点，见对称中心

Iodargyrite 碘银矿 134

Iolite 堇青石（旧称） 292

Iridescence 晕彩 71

Iron 自然铁 84—85，399

Isomorphism, isomorph 类质同象 59

Isotope 同位素 54

Jacobsite 锰铁矿 154

Jade 玉石 304，308

Jadeite 硬玉 304，*305*，416

Jamesonite 脆硫锑铅矿 128

Jarosite 黄钾铁矾 221

Jasper 碧玉 357，*362*

Joaquinite 硅钠钡钛矿 289

Johannsenite 锰钙辉石 301

Jordanite 约硫砷铅矿 128

Kaersutite 钛闪石 310，*311*

Kainite 钾盐镁矾 222，406

Kalsilite 原钾霞石 376

Kamacite 铁纹石 84—85

Kämmererite 铬斜绿泥石 347

Kaolinite 高岭石 334，335—336，403

Kasolite 硅铅铀矿 273

Katophorite 红钠闪石 315

Kernite 贫水硼砂 207，403

Kidney (iron) ore 肾铁矿 161

Kieserite 水镁矾 221，406

Kimberlite 金伯利岩 90，424

Korneurpine 柱晶石 *272*，273，416

Krennerite 白碲金银矿 123

Kunzite 紫锂辉石 305

Kupfernickel 红砷镍矿 107

Kutnahorite 锰白云石 195

Kyanite 蓝晶石 *61*，263，265—266，410

Labradorite 拉长石 372，*373*

Lamprophyllite 闪叶石 *280*，281，404

Lapis lazuli 青金石 379

Laterite 红土 178，182

Lattice 晶格

  plane 晶格面 23

Laumontite 浊沸石 388—389，406

Låvenite 钠钙锆石 279

Lawsonite 硬柱石 278，414

Lazulite 天蓝石 233，*234*，412

Lazurite 青金石 379，411

Lead 自然铅 85

Leadhillite 硫碳铅矿 204

Leonhardite 黄浊沸石 389

Lepidocrocite 纤铁矿 182

Lepidolite 锂云母 342—343，405

Lepidomelane 铁黑云母 341

Leucite 白榴石 375，376，*377*，413

Leucophanite 白铍石 276

Libethenite 磷铜矿 231

Light ruby silver 淡红银矿（旧称） 126

Lignite 褐煤 424

Limestone 石灰岩 424

Limonite 褐铁矿 170，182

Linarite 青铅矾 220

Linnaeite 硫钴矿 120

Lithiophilite 磷锰锂矿 229

Lizardite 利蛇纹石 *332*，333—334

Löllingite 斜方砷铁矿 121

Loparite 铈铌钙钛矿 165

Lorenzenite 硅钠钛矿 322—323

Luminescence 发光性 71

Maghemite 磁赤铁矿 155

Magnesio-arfvedsonite 镁钠铁闪石 315

Magnesiochromite 镁铬铁矿 155

Magnesioferrite 镁铁矿 154

Magnesite 菱镁矿　189，408

Magnetite 磁铁矿　*29*，68，*73*，152—154，401

Malachite 孔雀石　*182*，201，408

Manebach (twin) law 曼尼巴（双晶）律　367，*368*

Manganaxinite 锰斧石　278

Manganite 水锰矿　*178*，179，399，409

Manganocolumbite 锰铌铁矿　173

Manganosite 方锰矿　*147*，148

Manganotantalite 锰钽铁矿　173

Marcasite 白铁矿　118—119，401

Margarite 珍珠云母　344，408

Marialite 钠柱石　381

Martite 假象赤铁矿　154

Meerschaum 海泡石（旧称）　354

Meionite 钙柱石　381

Melanite 黑榴石　*252*，260，*261*

Melanterite 水绿矾　218，402

Melilite 黄长石　275—276，412

Meliphanite 蜜黄长石　276

Mellite 蜜蜡石　396

Mercury 自然汞　85

Mesolite 中沸石　*355*，385，*386*

Metallic bond 金属键　57—58

Metallic lustre 金属光泽　66

Metamictization 蜕晶作用　71

Metamorphic rock 变质岩　12

Microcline 微斜长石　365，369—371，414

Microlite 细晶石　166

Microperthite 微纹长石　368

Milarite 整柱石　296，*297*，413

Milky quartz 乳石英　356

Miller indices 米勒指数　24

Millerite 针镍矿　*108*，109，399

Mimetic twin 模拟双晶　54

Mimetite 砷铅矿　239，408

Minette ore 鲕褐铁矿　182

Minnesotaite 铁滑石　337

Mirabilite 芒硝　220

Mohs scale 莫氏硬度　60

Molybdenite 辉钼矿　122

Monazite 独居石　229—230，411

Monoclinic

　domatic class 单斜坡面晶类　45

　prismatic class 单斜柱晶类　43—45

　sphenoidal class 轴双面晶类　45

　(crystal) system 单斜晶系　23，43—45

Montebrasite 羟磷铝锂石　231

Monticellite 钙镁橄榄石　254

Montmorillonite 蒙脱石　334，336

Moonstone 月长石　366，372

Mordenite 丝光沸石　386，*388*

Morganite 铯绿柱石　290

Mosandrite 层硅铈铁矿　279，*280*

Moss agate 苔玛瑙　357

Mottramite 羟钒铜铅石　235

Mullite 莫来石　263

Murmanite 水硅钛钠石　281

Muscovite 白云母　*62*，339—340，404

Nacrite 珍珠石　336

Nail-head spar 钉头石　185

Narsarsukite 短柱石　326—327

Natrolite 钠沸石　384—385，410

Natron 泡碱　205，402

Naujakasite 瑙云母　352，*353*

Nepheline 霞石　375—376，413

Nepheline-syenite 霞石正长岩　*15*，425

Nephrite 软玉　308

Neptunite 柱星叶石　328

Nesosilicate 岛状硅酸盐　250，253—273

Nickeline 红砷镍矿　107—108，400

Nitratine 钠硝石　206，402

Nitre 硝石 206

Non-metallic lustre 非金属光泽 66

Norbergite 块硅镁石 256

Norite 苏长岩 425

Nosean 黝方石 376

Obsidian 黑曜岩 425

Obtuse rhombohedron 钝菱面体 38

Octahedron 八面体 27

Okenite 水硅钙石 323，*324*

Oligoclase 奥长石 372，*374*

Olivenite 橄榄铜矿 231，*232*

Olivine 橄榄石 *59*，254—255，417

Omphacite 绿辉石 303

Onyx 缟玛瑙 357

Opal 蛋白石 363，411

Opaque material 不透明矿物 65

Open form 开形 25

Orpiment 雌黄 112—113，402

Orthite 褐帘石（旧称） 285

Orthoclase 正长石 *44*，*249*，365，367—
　　369，414

Orthorhombic bipyramid 斜方双锥 43

　bipyramidal class 斜方双锥晶类 41—3

　pyramidal class 斜方单锥晶类 43

　sphenoidal class 斜方四面体晶类 43

　(crystal) system 斜方晶系 23，41—43

Osumilite 大隅石 296

Pachnolite 霜晶石 140—142

Palygorskite 坡缕石 352

Paragonite 钠云母 340

Parallel growth 平行连生 51

Paramagnetic mineral 顺磁性矿物 72

Pargasite 韭闪石 310

Parisite 氟碳钙铈矿 204

Parting 裂理 64

Pectolite 针钠钙石 *48*，318—319，410

Pedion 单面 39，43

Pegmatite 伟晶岩 425

Penetration twin 贯穿双晶 53

Pentagonal dodecahedron 五角十二面体 30

Pentlandite 镍黄铁矿 109，399

Periclase 方镁石 146—148，413

Pericline (twin) law 肖钠长石（双晶）律 371

Peridot 宝石级橄榄石 254

Peristerite 晕长石 372，*374*

Perovskite 钙钛矿 164—165，400，412

Perthite 条纹长石 368，*370*

Petalite 透锂长石 350，416

Petrified wood 硅化木 357，*364*

Phenakite 硅铍石 253，419

Phillipsite 钙十字沸石 *17*，391，409

Phlogopite 金云母 *18*，*330*，340—341，405

Phonolite 响岩 425

Phosgenite 角铅矿 204，405

Phosphorescence 磷光 71

Phosphorite 磷块岩 *238*

Phyllosilicate 层状硅酸盐 250，331—354

Piemontite 红帘石 284

Pigeonite 易变辉石 303

Pinacoid 平行双面 *32*，33，35，38，41，
　　43，45

Pistacite 绿帘石（旧称） 283

Pitchblende 沥青铀矿 175

Plagioclase 斜长石 365，414

　series 斜长石系列 365，371—375

Plasma 深绿玉髓 357

Platinum 自然铂 83，399

Plattnerite 块黑铅矿 170

Play of color 变彩 71

Pleochroism 多色性 68

Pleonaste 亚铁尖晶石 150

Pneumatolysis 气成作用 425

Polianite 软锰矿（旧称） 170

Pollucite 铯沸石 384

Polybasite 硫锑铜银矿 125

Polycrase 复稀金矿 174

Polyhalite 杂卤石 220，405

Polylithionite 多硅锂云母 342

Polysynthetic twin 聚片双晶 53

Polytype 多型 60

Potassium feldspar 钾长石 365

Powellite 钼钙矿 225

Prehnite 葡萄石 *49*，348—349，415

Principal axis 主轴 21

Priorite 钇易解石 174

Prismatine 硼柱晶石 273

Proustite 淡红银矿 125，403

Pseudomalachite 假孔雀石 233，*234*，410

Pseudomorph 假象 52

Psilomelane 硬锰矿 171

Pumpellyite 绿纤石 285

Purpurite 磷锰矿 *228*，229

Pyralspite 铝榴石类 259

Pyrargyrite 浓红银矿 124—125，404

Pyrite 黄铁矿 31，*66*，93，114—118，401

Pyritohedron 五角十二面体 30

Pyrochlore 烧绿石 166，411

Pyrolusite 软锰矿 170—171，398，401

Pyromorphite 磷氯铅矿 *37*，*227*，238—239，408

Pyrope 镁铝榴石 259，417

Pyrophyllite 叶蜡石 337—338，402

Pyrosmalite 热臭石 349，409

Pyroxmangite 三斜锰辉石 320

Pyrrhotite 磁黄铁矿 105—107，399

Quartz 石英 *12*，*40*，41，*51*，*66*，*69*，70，*249*，354，356—362，417

Quartzite 石英岩 425

Rammelsbergite 斜方砷镍矿 123

Realgar 雄黄 111—112，402

Red beryl 红色绿柱石 290，*291*

Repeated twin 聚片双晶 53

Reyerite 铝白钙硅石 350

Rhodizite 硼铍铝铯石 207—208

Rhodochrosite 菱锰矿 191—192，407

Rhodonite 蔷薇辉石 320，*321*，415

Rhomb porphyry 菱长斑岩 *14*

Rhomb dodecahedron 菱形十二面体 27

Rhombohedron 菱面体 38，41

　　acute 尖菱面体 38

　　obtuse 钝菱面体 38

Rhyolite 流纹岩 426

Richterite 钠透闪石 315

Riebeckite 钠闪石 *312*，313，415

Rock salt 石盐 131

Romanèchite 钡硬锰矿 171，400，412

Rose beryl 红绿柱石 290

Rose quartz 蔷薇石英 356，*360*

Rosenbuschite 锆针钠钙石 279

Rubellite 红锂电气石 294

Ruby 红宝石 67，159

Rutile 金红石 *55*，*64*，*144*，167，*168*，415

Safflorite 斜方砷钴矿 123

Sal ammoniac 卤砂 134，402

Samarskite 铌钇矿 175

Sanidine 透长石 365，366，414

Sapphire 蓝宝石 69，159

Sapphirine 假蓝宝石 326，*327*，418

Sard 肉红玉髓 356

Sardonyx 缠丝玛瑙 357

Sassolite 天然硼酸 207

Satin spar 纤维石膏 217

Scapolite 方柱石 381—382，411

Scheelite 白钨矿 224—225，410

Schizolite 锰针钠钙石　319

Scholzite 磷钙锌矿　244

Schorl 黑电气石　293，*294*，295

Schorlomite 钛榴石　259

Scolecite 钙沸石　385，*386*

Scorodite 臭葱石　241，*242*

Scorzalite 铁天蓝石　233

Sedimentary rock 沉积岩　12，426

Selenite 透石膏　217

Senarmontite 方锑矿　157

Sepiolite 海泡石　352，354

Sérandite 桃针钠石　319，*320*

Sericite 绢云母　340

Serpentinite 蛇纹岩　426

Shale 页岩　426

Siderite 菱铁矿　190—191，409

Siliceous sinter 硅华　364

Silicified wood 硅化木　357，364

Sillimanite 夕线石　263，264，415

Silver 自然银　80—81，398

Simple twin 简单双晶　53

Skarn 矽卡岩　426

Skutterudite 方钴矿　123，401

Smithsonite 菱锌矿　192，409

Smoky quartz 烟晶　356，*360*

Soapstone 块滑石　337

Sodalite 方钠石　375，376，*378*，413

Sorensenite 硅铍锡钠石　320

Sorosilicate 双岛状硅酸盐　250，275—287

Special form 特殊形　26

Specular hematite 镜铁矿　161

Sperrylite 砷铂矿　119，401

Spessartine 锰铝榴石　*16*，*47*，*258*，259，260，418

Sphalerite 闪锌矿　100—103，408

Sphene 榍石（旧称）270

Spinel 尖晶石　150，419

Spiral growth (crystal) 螺旋生长　47

Spodumene 锂辉石　304—306，417

Stannite 黄锡矿　105，399

Staurolite 十字石　267—268，417

Steenstrupine 斯坦硅石　296

Stephanite 脆银矿　125

Stibiconite 黄锑华　157

Stibnite 辉锑矿　113—114，398

Stilbite 辉沸石　390，407

Stilpnomelane 黑硬绿泥石　350，*351*，406

Stishovite 斯石英　354

Streak 条痕　71

Strengite 红磷铁矿　241

Strontianite 菱锶矿　198，408

Struvite 鸟粪石　244，*245*

Sudoite 铝绿泥石　346

Sulphur 自然硫　*13*，*42*，88，*89*，402

Sunstone 日长石　373

Sylvanite 针碲金银矿　123，398

Sylvite 钾盐　132—133，403

Symmetry 对称　19—22，26—45

axis 对称轴　19，20

centre 对称中心　19，20

element 对称要素　19，21—22

operation 对称操作　19，21

plane 对称面　19

Synchysite 直氟碳钙铈矿　204

Taenite 镍纹石　84

Talc 滑石　337，402

Tanzanite 坦桑黝帘石　284

Tectosilicate 架状硅酸盐　250，354—394

Tennantite 砷黝铜矿　126—127

Tenorite 黑铜矿　149

Tephroite 锰橄榄石　254

Tetragonal bipyramid 四方双锥　*32*，34

bipyramidal class 四方双锥晶类　34

prism 四方柱　*32*，33，34

scalenohedral class 四方偏三角面体晶类　34

scalenohedron 四方偏三角面体　34

sphenoid 四方四面体　34

(crystal) system 四方晶系　23，31—34

Tetrahedrite 黝铜矿　*30*，126—127，399

Tetrahedron 四面体　29

Thenardite 无水芒硝　210—211

Thermoluminescence 热发光　71

Thermonatrite 水碱　205

Thomsenolite 汤霜晶石　140—142

Thomsonite 杆沸石　386，*387*，411

Thorianite 方钍石　175

Thorite 钍石　262

Thortveitite 钪钇石　275

Thulite 锰黝帘石　284

Thuringite 鳞绿泥石　346

Tiger's eye 虎眼石　313，357

Tincal 粗硼砂　206

Tincalconite 三方硼砂　206

Titanite 榍石　269—270，411

Topaz 黄玉　*42*，268—269，419

Torbernite 铜铀云母　*247*，248

Tourmaline 电气石　*39*，*40*，*68*，*73*，293—296，418

Trachyte 粗面岩　426

Translucent 半透明的　65

Transparent 透明的　65

Trapezohedron 偏方面体　28，39，*40*

Travertine 钙华　426

Tremolite 透闪石　*48*，*51*，307—308，413

Triboluminescence 摩擦发光　71

Triclinic holohedral class 三斜全面象晶类　45

(crystal) system 三斜晶系　23，45

Tridymite 鳞石英　354，363，417

Trigonal

prism 三方柱　39

rhombohedral class 三方菱面体晶类　41

(crystal) system 三方晶系　23，37—41

trapezohedral class 三方偏方面体晶类　39—41

trapezohedron 三方偏方面体　39，*40*

Trilling 三连晶　53

Triphylite 磷铁锂矿　229，409

Triplite 氟磷锰石　231

Troilite 陨硫铁　106

Trona 天然碱　205

Troostite 锰硅锌矿　253，*254*

Tsavorite 铬钒钙铝榴石　260

Tschermakite 镁钙闪石　310

Tugtupite 硅铍铝钠石　379，*380*

Tundrite 硅钛铌铈矿　328，*329*

Turquoise 绿松石　246—248，411

Twin axis 双晶轴　53

Twin crystal 双晶　52—54

albite law 钠长石（双晶）律　371，*374*

Carlsbad law 卡式（双晶）律　53，367，*368*，369

contact 接触双晶　53

Manebach law 曼尼巴（双晶）律　367，*368*

mimetic 模拟双晶　54

multiple 聚片双晶　53

penetration 贯穿双晶　53

pericline law 肖钠长石（双晶）律　371

polysynthetic 聚片双晶　53

repeated 聚片双晶　53

simple 简单双晶　53

spinel law 尖晶石（双晶）律　53

Twin law 双晶律　52—53，见双晶

plane 双晶面　53

Ugrandite 钙榴石类　259

Ulexite 钠硼解石　207，403

Ullmannite 辉锑镍矿　120

Ultrabasic rock 超基性岩　426

Ulvöspinel 钛铁晶石　154

Unit cell 晶胞　22—23

Uraninite 晶质铀矿　175—176，400，412

Uranophane 硅钙铀矿　273，404

Ussingite 紫脆石　382，*383*，416

Uvarovite 钙铬榴石　259，418

Valentinite 锑华　157—158

Van der Waals bond 范德瓦耳斯键　58

Vanadinite 钒铅矿　*240*，241，405

Variscite 磷铝石　241—242，409

Vein 矿脉　426

Verdelite 绿电气石　294

Vermiculite 蛭石　334，336

Vesuvianite 符山石　286，416

Villiaumite 氟盐　133

Vitreous lustre 玻璃光泽　66

Vivianite 蓝铁矿　68，242，*243*，402

Vuonnemite 磷硅钛铌钠石　281

Wad 锰土　170

Wagnerite 氟磷镁石　231

Wavellite 银星石　244，*245*，407

Whewellite 水草酸钙石　395

White sapphire 白色蓝宝石　159

Widmanstätten structure 维德曼构造　85

Willemite 硅锌矿　253，*254*，412

Wiluite 硼符山石　286

Witherite 毒重石　199，406

Wöhlerite 硅铌锆钙钠石　279

Wolframite 黑钨矿　223—224，400

Wollastonite 硅灰石　317—318，410

Wulfenite 钼铅矿　*33*，226，405

Wurtzite 纤锌矿　101，*103*

Xenotime 磷钇矿　229，409

Xonotlite 硬硅钙石　323

Yellow sapphire 黄色蓝宝石　159

Zincite 红锌矿　148—149，409

Zinnwaldite 铁锂云母　343

Zircon 锆石　260，262，418

Zoisite 黝帘石　284

Zwieselite 氟磷铁石　231